环境土壤学

第三版

贾建丽 于 妍 等编著

化学工业出版社

·北京·

内容简介

本书共 8 章,结合土壤学经典内容如土壤的基本物理、化学和生物学性质,从土壤环境基本问题和污染物种类、特点及其运移出发,论述了土壤环境体系中污染的产生及其风险评估、风险控制;重点阐述了土壤环境污染及其修复的国内外主流技术,分析了各修复技术的特点、原理、适用污染物和土壤类型,并介绍了污染场地的环境管理。最后一章包括 11 个环境土壤方面的实验。

本书在上一版的基础上更新了土壤学目前的研究热点和发展趋势、土壤评估方法和内容、污染土壤修复技术和实际案例等,内容更加先进,结构更加紧凑,可供高等学校环境科学与工程、生态工程、农业资源与环境及相关专业师生教学使用,也可供环保领域科研人员、工程技术人员和管理人员作为参考书使用。

图书在版编目(CIP)数据

环境土壤学 / 贾建丽等编著. —3 版. —北京:
化学工业出版社,2022.7(2024.11 重印)
ISBN 978-7-122-41238-6

Ⅰ.①环… Ⅱ.①贾… Ⅲ.①环境土壤学 - 教材
Ⅳ.①X144

中国版本图书馆 CIP 数据核字(2022)第 065198 号

责任编辑:刘兴春 刘 婧
责任校对:田睿涵
装帧设计:刘丽华

出版发行:化学工业出版社
　　　　　(北京市东城区青年湖南街13号 邮政编码100011)
印　　装:北京科印技术咨询服务有限公司数码印刷分部
787mm×1092mm 1/16 印张16 字数362千字
2024年11月北京第3版第5次印刷

购书咨询:010-64518888
售后服务:010-64518899
网　　址:http://www.cip.com.cn
凡购买本书,如有缺损质量问题,本社销售中心负责调换。

定　　价:68.00元　　　　　　版权所有　违者必究

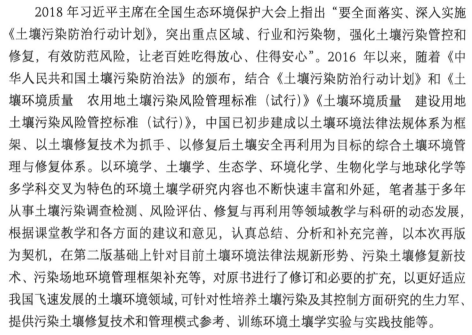

前·言

2018 年习近平主席在全国生态环境保护大会上指出"要全面落实、深入实施《土壤污染防治行动计划》，突出重点区域、行业和污染物，强化土壤污染管控和修复，有效防范风险，让老百姓吃得放心、住得安心"。2016 年以来，随着《中华人民共和国土壤污染防治法》的颁布，结合《土壤污染防治行动计划》和《土壤环境质量　农用地土壤污染风险管理标准（试行）》《土壤环境质量　建设用地土壤污染风险管控标准（试行）》，中国已初步建成以土壤环境法律法规体系为框架、以土壤修复技术为抓手、以修复后土壤安全再利用为目标的综合土壤环境管理与修复体系。以环境学、土壤学、生态学、环境化学、生物化学与地球化学等多学科交叉为特色的环境土壤学研究内容也不断快速丰富和外延，笔者基于多年从事土壤污染调查检测、风险评估、修复与再利用等领域教学与科研的动态发展，根据课堂教学和各方面的建议和意见，认真总结、分析和补充完善，以本次再版为契机，在第二版基础上针对目前土壤环境法律法规新形势、污染土壤修复新技术、污染场地环境管理框架补充等，对原书进行了修订和必要的扩充，以更好适应我国飞速发展的土壤环境领域，可针对性培养土壤污染及其控制方面研究的生力军、提供污染土壤修复技术和管理模式参考、训练环境土壤学实验与实践技能等。

本书共分基础理论和实验两部分，基础理论部分在第二版系统论述环境土壤学的产生、发展和学科体系的基础上，针对近年污染场地环境管理体系的更新与完善包括中国污染场地风险评估体系更新、现场修复技术开发与扩充、污染土壤修复后再利用途径开发与完善等，对土壤环境法律法规体系、土壤污染环境风险评估与控制体系、污染土壤修复技术体系、污染土壤环境管理体系等进行补充和更新；实验部分则在第二版土壤基本物理、化学与生物学性质测定，土壤有机污染物与重金属分析实验分类基础上，补充土壤污染生态毒性测定实验，完善土壤环境基本性质测定、土壤污染物检测、土壤污染毒性与风险评估等多层次、综合性的环境土壤学实验体系。

本书主要由贾建丽、于妍编著；另外，参加本书编著及材料整理的还有王巍然、张犇、邹祎萍、赵燊炜、何海斌、赵阳、胡嘉辉，在此表示感谢。

鉴于编著者水平及编著时间，本书疏漏及不足之处在所难免，敬请读者批评指正。

编著者
2021 年 10 月

第一版·前言

目前，世界范围的土壤环境污染等问题造成了越来越多的经济损失，同时引发一定的社会问题，受到环境工作者的广泛关注并开展了一系列的研究工作。然而，由于土壤介质的非均质各向异性等造成其物质迁移、转化特点等，与其他环境子系统如水环境和大气环境相比有很大差异，因此土壤环境问题有较强的隐蔽性与潜伏性，会造成更大的危害。鉴于土壤污染的危害及土地资源的重要性，土壤环境问题及其治理已成为环境、资源、生态等相关领域的重要研究课题，其中涉及的科学与技术问题也是方兴未艾。

环境土壤学作为环境科学的重要组成部分，其研究内容和相关规律、定律等涉及环境化学、生态学、土壤学、化工原理等相关内容，具有较强的综合性和学科交叉性。对于目前土壤环境问题的成因、危害及其防控体系进行全面、系统的研究，对于土壤环境的可持续发展具有重要的意义。

本书分为基础理论和实验两部分，基础理论部分系统论述环境土壤学的产生、发展和学科体系，土壤的基本构成与物理、化学和生物学性质，土壤污染的产生、危害与相关标准，土壤环境体系的典型污染物及其危害，污染土壤修复技术体系，并对污染场地环境管理进行论述。实验部分则包括土壤基本物理、化学与生物学性质测定，土壤有机与无机污染物分析实验。

本书主要由贾建丽、于妍和王晨编著，另外，参加本书编著及整理材料的还有赵丽娜、张岳、彭娟、王海文、房增强等。

由于时间和水平所限，本书疏漏和不足之处在所难免，敬请读者批评指正。

编著者
2012 年 3 月

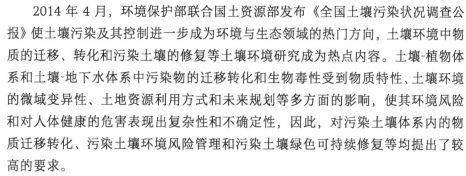

　　2014 年 4 月，环境保护部联合国土资源部发布《全国土壤污染状况调查公报》使土壤污染及其控制进一步成为环境与生态领域的热门方向，土壤环境中物质的迁移、转化和污染土壤的修复等土壤环境研究成为热点内容。土壤-植物体系和土壤-地下水体系中污染物的迁移转化和生物毒性受到物质特性、土壤环境的微域变异性、土地资源利用方式和未来规划等多方面的影响，使其环境风险和对人体健康的危害表现出复杂性和不确定性，因此，对污染土壤体系内的物质迁移转化、污染土壤环境风险管理和污染土壤绿色可持续修复等均提出了较高的要求。

　　随着近年土壤环境体系理论研究与实践的快速发展，以环境学、土壤学、生态学、生物化学与地球化学等多学科交叉为特色的环境土壤学研究内容也不断丰富和外延，对于土壤环境体系中污染物的防控和环境风险的综合管理与治理提出了全新的要求。在从事与环境土壤学相关的教学和科研过程中，笔者一直关注和追踪相关学科的发展动态与前沿，根据课堂教学和各方面的建议和意见，认真总结、分析和补充完善，以本次再版为契机，在原版的基础上针对目前污染场地管理的最新研究成果和相关的法律法规新进展，对原书进行了修订和必要的扩充，以使其在我国飞速发展的土壤环境领域研究过程中更好地发挥培养研究生力军、提供污染土壤修复技术和管理模式参考、训练环境土壤学实验与实践技能等方面的作用。

　　本书共分基础理论和实验两部分，基础理论部分在原书系统论述环境土壤学的产生、发展和学科体系的基础上，针对目前国际尤其是近几年中国关于污染场地管理、监测、风险评价和修复技术的导则与规范快速更新的特点，结合近年污染土壤修复技术特别是现场应用技术比例和种类的改变与不同种类修复技术联用增多等发展趋势，对污染土壤修复技术体系、污染土壤管理体系、污染土壤环境风险评价与控制体系等进行补充和更新。实验部分则在原书土壤基本物理、化学与生物学性质测定，土壤有机与重金属分析实验分类基础之上，根据目前各高校和单位着重培养创新性、复合型人才的需求，归纳并补充建立起土壤环境基本性质测定、土壤污染物检测、污染土壤修复模拟等多层次、综合性环境土壤学实验体系。

本书具有较强的知识性、系统性和实用性，可供环境科学与工程及相关专业的本科生和研究生作教材使用，亦可供相关专业领域如环境管理、风险评价和土壤修复等技术和管理人员参考使用。

本书主要由贾建丽、于妍、张凯编著，另外，参加本书编著及材料整理的还有赵丽娜、王冰冰、史少贺、李小军、娄满君、赵燊炜、胡磊等，在此表示感谢。

鉴于时间和水平所限，本书疏漏及不足之处在所难免，敬请读者批评指正。

编著者

2016 年 2 月

目　录

第三章　土壤污染及其特点

第四章　土壤典型污染物的迁移转化

第五章　土壤环境法律法规体系与土壤污染风险评估

第六章　污染土壤修复技术

参考文献

第一章

绪论

　　土壤是地球陆地表面由矿物质、有机物质、水、空气和生物组成，具有肥力，能生长植物的未固结层，是大气圈、水圈、岩石圈及生物圈的交界带。土壤界面体系中生命部分和非生命部分互相依存、紧密结合，共同构成了人类和其他生物生存环境的重要组成部分，对社会经济的可持续发展及生态环境的平衡具有十分重要的意义。

第一节　土壤环境特点及其功能

一、土壤环境

　　土壤环境（soil environment）即地球表面能够生长植物，具有一定环境容量及动态环境过程的地表疏松层连续体构成的环境。它区别于大气、河流、海洋、森林及生物群落等其他自然生态环境，是处于其他环境要素交汇地带的中心环境要素，对人类（包括其他生物体）的生存与发展起着重要的支持和保障作用。土壤环境体系是由气（土壤气体）、液（土壤水溶液）、固（土壤颗粒，包括有机、无机物质和外源输入固体颗粒）三相构成的非均质各向异性复合体系，其中由水、肥、气、热条件及生命活动为土壤环境体系的基本物质循环和转化提供条件，同时对各种人类活动输入污染物的迁移和转化等过程起着重要的推动或阻滞作用。

二、土壤环境特点

　　土壤是地球陆地表面的覆盖层，是地球系统中生物多样性最丰富、能量交换和物质循环最活跃的体系，是生态环境的核心要素。土壤环境主要具备以下特点。

　　1. 具有生产力

　　土壤含有植物生长必需的营养元素、水分等适宜条件，是最为重要的生产力要素之一，对社会的稳定与发展起着至关重要的作用。同时，土壤亦可作为建筑物的基础和工程材料，为多用途的生产力要素。

2. 具有生命力

土壤圈是地球各大圈层中生物多样性最高的部分，由于生命活动的存在，在土壤环境中不停地发生着快速的物质循环和能量交换。

3. 具有环境净化能力

土壤是由气、液、固三相组成的非均质各向异性的复杂体系，对污染物具有一定的缓冲和净化能力，是具有吸附、分散、中和、降解环境污染物功能的复合体系。

4. 为中心环境要素

由气、液、固三相组成的土壤环境体系是联结大气圈、水圈、岩石圈和生物圈的纽带，是自然环境的中心要素和环节，是一个开放的、具有生命力，对地球其他圈层起到深刻影响和作用的圈层。

三、土壤圈与其他圈层的关系

从圈层的观点出发，土壤圈作为与生态、水、气系统之间物质和能量交换的重要构成单元和核心环境子系统，与地球其他圈层共同作用、相互依存，对人类和其他生物的生存环境及其全球变化有着深远的影响。土壤所具有的表生生态环境维持、水分输送、耗氧输酸、物质储存与输移、物化-生物作用等功能是维持体系稳定性的重要保障。土壤圈与其他圈层的动态关系如图 1.1 所示。考虑土壤圈与其他圈层的动态作用，其主要功能体现在以下几个方面。

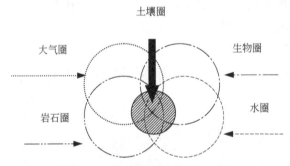

图 1.1　土壤圈与其他圈层的动态关系

1. 对大气圈的作用

土壤作为复杂庞大的多孔介质体系，与大气环境间普遍存在着频繁的水、气、热的交换，复合土壤环境中微生物、植物根系等生命活动的影响，使其在不同程度上影响着大气圈的化学组成、水分与热量平衡，对全球大气变化有明显的影响。土壤从大气中吸收 O_2，通过生物、化学等作用过程释放 CO_2、CH_4 和 N_2O 等温室气体，已成为影响全球气候变化和全球变暖的重点关注对象之一。

2. 对水圈的作用

土壤环境的高度非均质性会影响降水在陆地环境和水体环境的重新分配，影响元素的生物地球化学行为以及水圈的水循环与水平衡，进而影响和改变地球各圈层的生物分布。

3. 对岩石圈的作用

岩石作为土壤的母质来源，覆盖其上的土壤圈作为地球的"皮肤"，对岩石圈具有一定的保护作用，可减少各种外营力对其影响和作用。

4. 对生物圈的作用

土壤是各种动植物、微生物以及人类生存的最基本的环境和重要的栖息场所。土壤环境含有生物生长所必需的各种的营养成分、水分与适宜的物理条件，支持和调节生物过程，形成适应各种土壤类型的植被与生物群落，对地球生态系统的分布与稳定具有重要的作用。

四、土壤环境功能

土壤环境功能（soil environmental function）是指土壤环境对人类和自然整体环境的综合作用能力。土壤环境功能是土壤及其自身的环境状态所能承担的职能和所能发挥的作用，是土壤功能的组成与延伸。重要的土壤环境功能包括以下几个方面（李发生等，2009）：a. 作为生态系统的组成部分，控制物质循环和能量的流动；b. 动植物和人类生命的基础；c. 基因储存库；d. 农产品繁育的基础；e. 建筑物稳定的基础；f. 聚积大气和水污染物的载体；g. 接收沉降物质和承载孔隙水的载体；h. 防止水、污染物或其他因子进入地下水的缓冲器；i. 堆放废弃物质，如城市生活垃圾、工业固体废物、疏浚物质等的载体；j. 历史遗留物和古生态遗物的储藏库。

此外，近年来，由于持续受到人类生产、生活等活动的影响，土壤与外部环境的物质和能量交换过程与强度发生了显著改变，引起土壤特征要素的改变，使土壤环境的物质组成、结构、性质和功能等体系要素在与外部环境的物质和能量交换过程中发生变化，产生各种土壤环境问题，进而对其他环境子系统产生巨大作用与影响。因此，土壤环境的自净能力和其维持表生生态环境稳定的功能愈发重要，而其受到的冲击、影响及其恢复也是广大环境工作者普遍关心的科学与技术问题。

第二节　土壤质量及土壤环境问题

改革开放 40 多年以来，我国经济的快速发展，带来了社会的繁荣和进步，但同时由于经济发展的模式仍基本上遵循传统的工业化道路，资源耗损量大、生态破坏严重、污染物排放量大面广，从而导致生态、土壤和水环境污染形势日益严峻，区域或局部污染严重，土壤质量下降，成为制约社会经济可持续发展的重大资源与环境问题。

一、土壤质量

土壤质量（soil quality）是与土壤利用和土壤功能有关的土壤内在属性，是衡量和反映土壤资源与环境特性、功能和变化状态的综合标志，它包含了土壤维持生产力、环境净化能力、对人类和动植物健康的保障能力，是指在由土壤所构成的天然或人为控制的生态系统中，土壤所具有的维持生态系统生产力和人与动植物健康而自身不发生退化及其他生态与环境问题的能力，是土壤特定或整体功能的总和（周健民，2003；李发生等，2009）。土壤质量概念的内涵不仅包括作物生产力、土壤环境保护，还包括食品安全及人类和动植物健康。土壤质量概念类似于环境评价中的环境质量综合指标，从整个生态系统中考察土壤的综合质量。这一概念超越了土壤肥力的概念，超越了通常的土壤环境质量概念，它不只是把食品安全作为土壤质量的最高标准，还关系到生态系统的稳定性，地球表层生态系统的可持续性，是与土壤形成因素及其动态变化有关的一种固有的土壤属性。许多环境与土壤领域的专家与学者普遍认同，土壤科学的研究除了应继续重视土壤肥力质量的研究外，还必须向土壤环境质量和土壤健康质量方面转移。

综上，土壤质量包括土壤肥力质量、土壤健康质量和土壤环境质量等多个方面，这几个方面相互影响、相互依存，共同决定了土壤质量。在环境土壤学相关研究领域中，更倾向于土壤环境质量的追踪、评估与控制。土壤环境质量是指在一定的时间和空间范围内，土壤自身性状对其持续利用以及对其他环境要素，特别是对人类或其他生物的生存、繁衍以及社会经济发展的"适宜性"，是土壤"优劣"的一种概念，是特定需要的"环境条件"的度量。它与土壤的健康或清洁状态，以及遭受污染的程度密切相关。一旦土壤环境质量遭到污染和破坏，我们必须对其进行适当的修复，以减少对其自身以及对大气、水和生物等其他环境子系统的污染和危害，即必须保持土壤环境适当的清洁和健康以维持合适的土壤环境质量水平。

土壤质量的研究是近年土壤学科与环境学科的重要研究领域，其评价和评估则成为研究土壤质量的重要依据和标准。理想的土壤质量评价指标体系应秉承下列原则：a.公正、灵敏、有预测能力、有参考阈值；b.其信息可转化、综合，并易于收集与交流。

由于土壤质量是土壤物理、化学和生物学等性质的综合，体系复杂，目前尚无统一的评估标准或指标体系。土壤质量评价指标体系应该从土壤系统组分、状态、结构、理化及生物学性质、功能以及时空等方面，加以综合考虑。土壤质量评价指标体系大致可分为两大类：一类是描述性指标，即定性指标；另一类是分析性定量指标，选择土壤的各种属性，进行定量分析，获取分析数据，然后确定数据指标的阈值和最适值。根据分析指标的性质，土壤质量的评价指标分为土壤质量物理指标、土壤质量化学指标和土壤质量生物学指标3种。

（1）土壤质量物理指标 土壤物理状况对植物生长和环境质量有直接或间接的影响。土壤物理指标包括土壤质地及粒径分布、土层厚度与根系深度、土壤容重和紧实度、孔隙度及孔隙分布、土壤结构、土壤含水量、田间持水量、土壤持水特性、渗透率和导水率、土壤排水性、土壤通气、土壤温度、障碍层次深度、土壤侵蚀状况、氧扩散率、土壤耕性等。

（2）土壤质量化学指标　土壤中各种养分和土壤污染物质等的存在形态和浓度，直接影响植物生长和动物及人类健康。土壤质量的化学指标包括土壤有机碳和全氮、矿化氮、磷和钾的全量和有效量、CEC（土壤阳离子交换量）、土壤 pH 值、电导率（全盐量）、盐基饱和度、碱化度、各种污染物存在形态和浓度等。

（3）土壤质量生物学指标　土壤生物是土壤生态系统中具有生命力的部分，是各种生物体的总称，包括土壤微生物、土壤动物和高等植物根系，是评价土壤质量和健康状况的重要指标之一。目前，许多生态与环境领域的研究均利用土壤微生物群落、土壤植物和蚯蚓等对土壤受污染或退化后的质量进行评估。但需要注意的是，土壤中许多生物可以改善土壤质量状况，也有一些生物如线虫、病原菌等会降低土壤质量。

二、土壤环境问题

土壤作为重要的生产资料和环境要素，在人类活动广泛影响的情况下，其功能和各种物理、化学及生物学过程产生了不同程度的改变，致使土壤肥力质量、健康质量及环境质量下降，引发各种土壤质量问题。

土壤环境质量下降即土壤环境问题广义上包括土壤荒漠化、盐渍化、土壤侵蚀等土壤质量退化和土壤污染问题。其中，土壤污染及其修复等相关问题是其中关注较多、危害较大的土壤环境问题，也是目前广泛研究的领域和方向。本书后续的土壤环境问题、特点、危害及其修复、治理等相关的研究内容也主要从土壤污染的角度展开。

1. 土壤荒漠化

土壤荒漠化（soil desertification）是指由于人为和自然因素的综合作用使土壤环境本身的自然循环状态受到影响和破坏，使得干旱、半干旱甚至半湿润地区自然环境退化的总过程。土壤荒漠化会造成土壤质量下降，引发土壤侵蚀、水土流失等环境问题，已成为世界范围的区域性土壤环境问题，由此引发了干旱、沙尘暴、河流断流、地下水位下降等一系列生态环境问题。有资料表明，过去一万年中 15% 的土地被人为诱发的土壤退化掠夺。土壤荒漠化包括草场退化、水土流失、土壤沙化、沙漠化（狭义荒漠化）、植被荒漠化等不同种类。

2. 土壤盐渍化

土壤盐渍化（soil salinization）是指土壤底层或地下水的盐分随毛管水上升到地表，水分蒸发后，使盐分积累在表层土壤中的过程，此过程中易溶性盐分在土壤表层积累，也称盐碱化。由于漫灌和只灌不排，导致地下水位上升，土壤底层或地下水的盐分随毛管水上升到地表，水分蒸发后，使盐分积累在表层土壤中，当使土壤含盐量太高（超过 0.3%）时，即形成盐碱灾害。我国盐渍土或盐碱土的分布范围广、面积大、类型多，总面积约 1 亿公顷，主要发生在干旱、半干旱和半湿润地区。土壤盐渍土或盐碱土可分为盐土、碱土等不同种类。

① 盐土。盐土是土壤中的中性盐大量积累达到一定浓度后，在毛管作用下，盐分随水上升到地表，使表层土壤中的盐分达到一定含量，影响植物生长的盐渍土。盐土中主要的盐分是氯化物和硫酸盐，土壤 pH 为中性或弱碱性。

② 碱土。碱土是由于土壤中含有较多的交换性钠离子而使土壤呈碱性反应的盐渍土；土壤的 pH 值大于 9.0，使土壤呈强碱性，土壤物理性质变坏，植物无法生长。另外，盐碱土还可以根据其不同的地理位置进行划分，其中海淀盐碱土是滨海地区由于海水浸渍而形成的盐碱土，而内陆盐碱土则是由于积水区边缘或局部高处形成的积盐中心蒸发快，造成盐分随毛管水由低处向高处迁移而积累盐分（积盐）形成的，总体来说地下水埋深越浅和矿化度越高，土壤积盐越严重。

另外，现代农业中化肥的大量使用致使土壤板结，理化性质改变，甚至进一步演变成盐渍化，造成严重的土壤质量退化。

3. 土壤侵蚀

土壤侵蚀（soil erosion）的本质是使土壤肥力下降，理化性质变劣，土壤利用率降低，生态环境恶化。除自然侵蚀之外，在人类改造利用自然、发展经济过程中移动了大量土体，而不注意水土保持，直接或间接地加剧了侵蚀，增加了河流的输砂量。例如，矿山开采、毁坏树林、过度放牧、地下水过度开采、农用化学品过度施用等造成土壤质量下降，引发土壤侵蚀、水土流失等。我国是世界上土壤侵蚀最为严重的国家之一，研究土壤侵蚀机理，有效对其进行监控和治理已经成为全球关注的焦点。

4. 土壤污染

土壤污染（soil polution）是人类生产和生活造成的土壤严重的环境问题，一方面，随着现代人类社会的生产和生活节奏的加快，现代农业农药、化肥施用及污灌造成农业环境污染严重，约 1/5 的耕地受到污染；另一方面，城市交通、现代工业排放、生活源等各种类型和途径污染物的大量排放，致使土壤环境的污染加剧，已成为不可忽视的生态与环境问题。

第三节　环境土壤学的发展与研究内容

一、环境土壤学的产生与发展

环境科学是环境问题产生后发展起来的一门新兴的综合性交叉学科，其涉及地学、生物学、化学、物理学、医学、工程学、数学以及社会科学、经济学、法学等多种学科知识。而现代土壤科学的快速发展，尤其是 20 世纪 80 年代以来，现代土壤学的研究重点已从增产粮食为主转向以提高粮食品质、保护环境和可持续发展及促进人畜健康为主要目标的阶段，从而快速促进了环境科学与土壤学的相互渗透，体现了土壤学在环境科学中日益重要的特点，孕育了环境土壤学的创建与发展。

环境土壤学是环境问题出现和发展后在土壤学和环境科学中发展起来的一门综合性交叉学科，是环境科学和土壤学的重要组成部分，它起源于土壤环境保护的理论与实践。环境土壤学这一学科概念虽在20世纪80年代就已提出，但对其缺乏深入的研讨。近年来，随着研究工作的深化与发展，对环境土壤学的认识无论在理论上还是实践上都有所深入和拓展。环境土壤学是研究自然因素和人为条件下土壤环境质量的变化，影响及其调控的一门学科，它涉及土壤质量与生物品质，土壤与水和大气质量的关系，土壤元素丰缺与人类健康的关系，土壤与其他环境要素的交互作用，土壤质量的保护与改善等土壤环境科学的相关研究与土壤应用等。总体来说环境土壤学的产生和发展经历了以下几个阶段。

（1）起步阶段（20世纪50～60年代末）　此阶段为环境土壤学萌生初期，主要引用传统土壤学的研究方法对出现的土壤环境问题寻求解决办法，如城市污水的农田灌溉、工业废渣的农业利用（研制钢渣磷肥、施用粉煤灰）、土壤污染物分析测试方法探索及局部土壤污染的治理等，这时的环境土壤学尚未形成完整而独立的科学体系。

（2）发展阶段（20世纪70～80年代末）　进入20世纪70年代环境土壤学研究内容日趋丰富，从土壤环境背景值研究起步，分析元素由最初的几种主要有毒重金属元素，扩展到60多种化学元素，研究区域从若干重点城市，到主要农业区，"七五"期间发展到全国除台湾省以外的30个省（市、自治区），并注意了背景获取和实际应用相结合，同时开展对土壤环境容量、污染承载负荷、污水土地处理系统研究、土壤环境质量评价、土壤污染发生机制、各种污染物在土壤中的迁移转化行为与危害、控制土壤污染的工程技术与方法等方面的研究。

（3）逐渐完善阶段（20世纪90年代以后）　环境土壤学研究的深度和广度都有大的扩展，以土壤重金属污染研究为例，宏观上扩展到大范围、洲际的分布、迁移规律和动态变化，微观上研究重金属对生物的毒害机理从个体水平、组织水平、细胞水平发展到分子水平。在继续研究污染物在土壤—植物系统迁移转化和累积规律的同时，开始关注污染物累积所引起土壤环境质量的变化以及这一变化对生态系统结构、功能和人体健康的影响，多种元素多种污染物的交互作用和复合污染开始涉及，土壤环境与温室气体排放的关系研究取得进展，在污染物迁移化方面开始重视土壤胶体的影响和作用，包括土壤背景值的影响，对土壤负载容量的影响，对酸雨危害的影响，对污染物化学行为的影响等。

近年，随着基于人体健康风险和生态风险评估与控制基本模式的污染土壤环境管理快速发展与完善，在强化修复技术效果与机理研究的同时，随着绿色、可持续修复理念逐渐推广与深入，环境土壤学的研究与实践也进入新的时期，即污染土壤综合管理与风险控制阶段。

二、环境土壤学的研究内容

人为活动复合自然因素变化对土壤环境质量产生了深入的影响，这种影响反过来又会对土壤—环境复合界面系统产生冲击、影响等反作用，二者的相互影响，尤其是人为影响下土壤环境质量的下降特别是土壤污染及其修复、对策是环境土壤学的核心研究内容。基于基础的土壤物理、化学与生物学过程，复合环境科学的基本理论体系，环境土壤学从土壤环境体系的组成、性质与基本特点出发，对典型土壤环境污染物的来源、危害等进行阐述，对污染物在土壤环境体系中的吸附、分散、迁移、转化与归宿过程进行探讨，并基于土壤环境修复技术体系，对土壤环境污染物的清除与治理及土壤环境功能的恢复进行研究，同时，对土壤环境相关的法律、法规、标准及其评估、评价体系进行梳理，对土壤环境问题的研究及其修复具有理论与实践意义。

(1) 土壤环境背景值及土壤环境容量　　土壤环境背景值及其环境容量是判别土壤环境是否受污染及土壤缓冲性大小的重要依据，通过研究还可对土壤的使用功能、期限作出判断。通过土壤环境背景值和土壤环境容量研究，为土壤环境相关标准的制定和修订提供依据。据研究，由于人类活动排放的大量污染物尤其是区域化和全球性环境污染的产生和持续作用，导致许多人类聚集区如城市、交通干线等人类活动强度较大的地区其土壤环境背景值已相比以前大大提高，这对于判别污染和研究环境所致疾病有重要的意义。我国已启动全国污染源普查项目，对全国范围的典型污染源排放及其特点进行清查，对于我国的土壤环境背景值研究和土壤环境容量分析及其相关研究有重要的推动作用。

(2) 土壤环境质量评估与评价　　土壤质量是土壤相关学科中均非常关注的内容，对于环境土壤学更为关注的土壤污染、土壤质量退化等内容，对其环境质量在影响土壤—植物—人体复合系统中的影响进行研究，对土壤环境质量进行评估与评价，为其与人类健康和生态环境健康的关系打下基础，为其修复和治理提供依据。

(3) 化学物质在土壤环境体系中的迁移与转化　　包括化学物质在该系统中的迁移、转化、毒性、归属及其影响因素的研究。土壤是重要的环境舱，高负载容量的土壤与低负载容量者相比，能够容纳更多的某一特定的污染物。土壤中毒性物质的生物有效性依赖于它们在环境中的反应行为和归宿。控制土壤中化学物质归宿的过程包括静电作用、吸附、解吸、沉淀、溶解、氧化、还原、络合、催化、水解、异构化、光化学反应和生物过程等，研究这些过程及其影响因素有助于加深对土壤环境（负载）容量研究的理解。在研究中应重视黏粒矿物的表面效应，土壤组分和性质与污染物迁移、转化、危害的关系，有机污染物的化学结构与降解的关系，污染物之间的交互作用反应动力学等。在综合研究的基础上确立土壤环境质量的指标体系和迁移、转化的数学模型。

(4) 人类活动对土壤环境的影响及其生态效应　　主要研究土壤异常与地方病的关系，研究与人类和动物健康有关的疾病和营养问题的土壤因素，这些因素与土壤地球化学和矿物学有关。土壤中许多微量元素同动物营养、人类的健康密切相关。因此，从土壤生态系统的角度出发，量化人类活动对土壤环境的影响和危害，并明确其生态效应，对于目前许多水土病的成因和防治，环境"三致"（致畸、致癌、致突变）物质的作用机理和防治有重要的意义。

(5) 土壤环境修复技术体系及实践　　此部分主要研究土壤与温室效应和全球变暖的关系、经济开发与土壤生态环境的演变、工矿开发和重大工程对土壤环境质量的影响、污染对持续农业的潜在冲击、土壤环境质量监测、废水和固体废物的土地处理等，通过这些研究提出针对性防治措施，并构建土壤修复技术体系，开展大量的污染土壤修复工程实践，在我国土地资源紧张的大局势下，具有非常大的市场前景和应用潜能。

(6) 土壤环境管理及修复风险控制　　随着土壤与地下水等风险评价的研究深入，污染场地的环境管理已经成为污染土壤修复的重要研究内容和土壤修复体系的重要组成部分。其主要内容包括筛选、登记、场地调查、风险评价、修复工程实施与管理、修复工程的后评价等。另外，污染土壤修复技术实施过程中的二次风险及其技术、管理等控制措施和方法体系也成为环境土壤学的重要研究领域。

三、环境土壤学的研究热点与趋势

环境土壤学从起步开始，经过几十年的研究和探索，已在污染物迁移转化及修复技术体系等方面取得了一系列的成果，其目前关注的研究热点和发展方向、趋势主要包括以下几个方面：a. 土—水—植物系统中的元素循环与环境质量的关系；b. 土壤环境中污染物的生物有效性及其调控；c. 污染物在土壤—植物—动物—人类食物链的传递与危害机理；d. 土壤环境风险管理与评价；e. 土壤环境对城市生态环境及持续发展的影响；f. 新型土壤污染高效修复技术开发与集成；g. 典型行业污染土壤修复技术及其应用；h. 区域土壤环境问题及其管理；i. 修复后土壤再利用技术与管理体系。

思考题

1. 土壤质量与环境质量的关系如何？
2. 土壤环境的主要特点和功能有哪些？
3. 土壤质量主要指标有哪几类？
4. 土壤环境问题主要有哪些？
5. 环境土壤学的研究热点与发展趋势包括哪些方面？

第二章
土壤组成与基本性质

第一节 土壤生态系统的组成及其环境生态意义

　　生态系统就是在一定空间内共同栖居着的所有生物（即生物群落）与环境之间通过不断的物质循环和能量流动过程而形成的统一整体（杨持，2014）。土壤环境体系是生物—土壤—水—环境复合界面上不断进行的物质循环和能量流动，具备生态系统的主体特征。因此，可将土壤生态系统（soil ecosystem）定义为土壤生物与其所在的土壤环境相互作用而形成的物质循环与能量流动的统一整体。由土壤介质供给微生物所需的食物与能量，这些物质与能量主要源于植物的光合作用与新陈代谢。因为植物根系吸取了土壤的矿质营养与水分，通过同化作用转化为自身的组成成分，其死后的残体亦可为土壤动物与微生物所粉碎、分解与消耗，将有机物储存的物质与能量部分地转化为有效养分与热能释放出来，一部分有机物则转化为腐殖质储存在土壤中，从而使土壤变得更肥沃。肥沃的土壤又为植物和微生物创造更好的生长与发育环境。如此循环发展，土壤与植物之间相互作用、相互促进、相互制约的紧密关系不断改善了土壤生态系统的功能，同时也改善了植物的生长条件，从而促进植物固定与利用更多的太阳辐射能，提高生态系统的初级生产力，微生物活性的提高则会加速生态系统分解作用。植物生物量增加，就为整个生物界的生存繁育提供了物质和能量基础。所以，土壤生态系统就是整个生态系统最基础、最关键的环节，对生物的生存起着决定性的作用。

　　土壤生态系统包括土壤生物、土壤矿物质、土壤有机质、土壤水溶液及土壤气体5个部分，其中土壤矿物质与有机质构成土壤的固相部分，与土壤水相及气相等粒间物质共同构成土壤的非均质各向异性的三相结构（图2.1）。在土壤生态系统中，土壤生物为土壤生态系统的核心，其他4部分则构成土壤生物所处的动态环境，同时土壤植物根系与微生物、植物根系与动物、土壤微生物之间又相互影响、互为环境，以上各部分共同作用，进行不间断的物质与能量的迁移与转化，构成动态的土壤生态系统，形成了土壤环境中各种生物化学过程及环境污染物在土壤环境体系中的迁移和转化。

土壤生态系统
- 生物体　包括各类昆虫、线虫、节肢动物，植物根系，土壤微生物。一般1g肥沃土壤中数量可达数十亿
- 固相骨骼
  - 矿物质：占固相质量的95%左右，总体积的38%左右
  - 有机质：占固相质量的5%左右，总体积的12%左右
- 粒间物质
  - 气相：组成与大气有差异，取决于生物活动及气体交换的难易程度
  - 液相：粒间水分及溶解于其中的多种溶解性物质

图2.1　土壤生态系统的构成

一、土壤生物

土壤生物是栖居在土壤（包括枯枝落叶层和枯草层）中的生物体的总称，主要包括土壤动物、土壤微生物和高等植物根系（图2.2）。土壤生物作为土壤环境具有生命力的核心部分，是土壤生态系统的本质活性成分，在土壤形成和发育过程中起主导作用，其数量、活性、群落构成是土壤发育及其特点的核心要素；土壤受到污染后，土壤生物亦由于其自净作用等成为土壤生物修复过程的功能主体，其区系组成甚至影响了土壤环境体系中污染物的去除过程、机制和效率；同时，土壤生物群落亦是评价土壤质量和健康状况的重要指标之一。

种类	形态	大小	地表15cm栖息的数量和重量	
			数量/(个/m^2)	重量/(g/m^2)
原生动物	 阿米巴变形虫　鞭毛虫　纤毛虫	10～100μm	10^9～10^{10}	2～20
藻类	 蓝藻　　绿藻	1～10μm	10^9～10^{10}	1～50
丝状菌	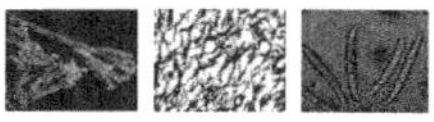 青霉菌　毛霉菌　镰刀菌	3～10μm	10^{10}～10^{11}	100～1500
放线菌	 直线状　螺旋状　轮生状	约1μm	10^{12}～10^{13}	40～500
细菌	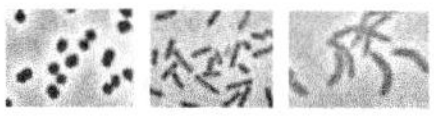 球菌　杆菌　螺旋菌	约1μm	10^{12}～10^{13}	40～500

图2.2　土壤生物种类及其含量

（一）土壤动物及其环境生态意义

土壤动物指长期或一生中大部分时间生活在土壤或地表凋落物层中的动物。它们直接或间接地参与土壤中物质和能量的转化，是土壤生态系统中不可分割的组成部分。土壤动物通过取食、排泄、挖掘等生命活动破碎生物残体，使之与土壤混合，为微生物活动和有机物质进一步分解创造了条件。土壤动物活动使土壤的物理性质（通气状况）、化学性质（养分循环）以及生物化学性质（微生物活动）均发生变化，对土壤形成及土壤肥力发展起着重要作用。近年，随着土壤动物在环境生态毒理学分析中的应用，其对生态环境的指示乃至修复功能也受到了关注。

1. 原生动物

原生动物是生活于土壤和苔藓中的真核单细胞动物,属原生动物门,相对于原生动物而言,其他土壤动物门类均为后生动物。原生动物结构简单、数量巨大,大小只有几微米至几毫米,而且一般每克土壤中有 $10^4 \sim 10^5$ 个原生动物,在土壤剖面上分布为上层多、下层少。已报道的原生动物有 300 种以上,按其运动形式可分为 3 类: a. 变形虫类(靠假足移动); b. 鞭毛虫类(靠鞭毛移动); c. 纤毛虫类(靠纤毛移动)。从数量上以鞭毛虫类最多,主要分布在森林的枯落物层;其次为变形虫类,通常能进入其他原生动物所不能到达的微小孔隙;纤毛虫类分布相对较少。原生动物以微生物、藻类为食物,在维持土壤微生物动态平衡上起着重要作用,可使养分在整个植物生长季节内缓慢释放,有利于植物对矿质养分的吸收。

2. 土壤线虫

线虫属线形动物门的线虫纲,是一种体形细长(1mm 左右)的白色或半透明无节动物,是土壤中最多的非原生动物,已报道种类达 1 万多种,每平方米土壤的线虫个体数达 $10^5 \sim 10^6$ 条。线虫一般喜湿,主要分布在有机质丰富的潮湿土层及植物根系周围。线虫可分为腐生型线虫和寄生型线虫,前者的主要取食对象为细菌、真菌、低等藻类和土壤中的微小原生动物。腐生型线虫的活动对土壤微生物的密度和结构起控制和调节作用,另外通过捕食多种土壤病原真菌,可防止土壤病害的发生和传播。寄生型线虫的寄主主要是活的植物体的不同部位,寄生的结果通常导致植物发病。线虫是多数森林土壤中湿生小型动物的优势类群。

3. 蚯蚓

土壤蚯蚓属环节动物门的寡毛纲,是被研究最早(自 1840 年达尔文起)和最多的土壤动物。蚯蚓体圆而细长,其长短、粗细因种类而异,最小的长 0.44mm,宽 0.13mm;最长的达 3600mm,宽 24mm。身体由许多环状节构成,体节数目是分类的特征之一,蚯蚓的体节数目相差悬殊,最多达 600 多节,最少的只有 7 节,目前全球已命名的蚯蚓大约有 2700 多种,中国已发现有 200 多种。蚯蚓是典型的土壤动物,主要集中生活在表土层或枯落物层,因为它们主要捕食大量的有机物和矿质土壤,因此有机质丰富的表层蚯蚓密度最大,平均最高可达每平方米 170 多条。土壤中枯落物类型是影响蚯蚓活动的重要因素,不具蜡层的叶片是蚯蚓容易取食的对象(如榆、柞、椴、槭、桦树叶等),因此,此类树林下土壤中蚯蚓的数量比含蜡叶片的针叶林土壤要丰富得多(柞树林下,每公顷 294 万条蚯蚓,而云杉林下仅每公顷 61 万条)。蚯蚓通过大量取食与排泄活动富集养分,促进土壤团粒结构的形成,并通过掘穴、穿行改善土壤的通透性,提高土壤肥力。因此,土壤中蚯蚓的数量是衡量土壤肥力的重要指标。

土壤中主要的动物还包括蠕虫、蛞蝓、蜗牛、千足虫、蜈蚣、蚂蚁、蜘蛛及昆虫等。

(二)土壤微生物及其环境生态意义

土壤微生物是指生活在土中借用光学显微镜才能看到的微小生物。包括细胞核构造不完善的原核生物，如细菌、蓝细菌、放线菌，和具完善细胞核结构的真核生物，如真菌、藻类、地衣等。土壤微生物参与土壤物质转化过程，在土壤形成和发育、土壤肥力演变、养分有效化和有毒物质降解等方面起着重要作用。土壤微生物种类繁多、数量巨大，其中以细菌量为最大，占 70%～90%。在每克肥土中可含 25 亿个细菌，70 万个放线菌，40 万个真菌，5 万个藻类以及 3 万个原生动物。土壤微生物主要包括细菌、真菌、放线菌和藻类等，其特点主要是在土壤环境中数量大、繁殖快。土壤中的微生物分布十分不均匀，受空气、水分、黏粒、有机质和氧化还原物质分布的制约。另外，土壤微生物在土壤生态系统的物质循环起着重要的分解作用，具体包括分解有机质、合成腐殖质等，对土壤总的代谢活性至关重要。土壤细菌、真菌等微生物对有机污染物的降解和对重金属的转化或固定已成为土壤生物修复的重要研究内容。

由于植物残体是土壤微生物主要营养和能量的来源，因而肥沃土壤和有机质丰富的森林土壤微生物数量常较多，缺乏有机质的土壤微生物数量较少。表 2.1 是我国几种土壤的微生物数量。

表2.1　我国不同土壤微生物数量

单位：个/g 土

土壤	植被	细菌	放线菌	真菌
黑土	林地	3370	2410	17
	草地	2070	505	10
灰褐土	林地	438	169	4
黄绵土	草地	357	140	1
红壤	林地	144	6	3
	草地	100	3	2
砖红壤	林地	189	10	12
	草地	64	14	7

注：引自《中国土壤》，1987。

1. 土壤细菌

（1）土壤细菌的一般特点　土壤细菌是一类单细胞、无完整细胞核的生物。它占土壤微生物总数的 70%～90%，每克土壤中 100 万个以上细菌。细菌菌体通常很小，直径为 0.2～0.5μm，长度约几微米，因而土壤细菌所占土壤体系重量并不高，但由于其数量庞大，变异性与适应性好，故对土壤生态系统中污染物的转化有重要作用。细菌的基本形态有球状、杆状和螺旋状三种，相应的细菌种类则为球菌、杆菌和螺旋菌。

土壤细菌中与有机物转化有关的常见属有节杆菌属（*Arthrobacter*）、芽孢杆菌属（*Bacillus*）、假单胞菌属（*Pseudomonas*）、土壤杆菌属（*Agrobacterium*）、产碱杆菌属（*Alcaligenes*）和黄杆菌属（*Flavobacterium*）。

（2）土壤细菌的主要生理群　土壤中存在中各种细菌生理群，其中主要的有纤维分解细菌，固氮细菌、氨化细菌、硝化细菌和反硝化细菌等。它们在土壤元素循环中起着主要作用。

2. 土壤真菌

土壤真菌是指生活在土壤中菌体多呈分枝丝状菌丝体，少数菌丝不发达或缺乏菌丝的具有真正细胞核的一类微生物。土壤真菌数量约为每克土含 2 万～10 万个繁殖体，虽数量比土壤细菌少，但由于真菌菌丝体长，真菌菌体远比细菌大。据测定，每克表土中真菌菌丝体长度 10～100m，每公顷表土中真菌菌体质量可达 500～5000kg。因而在土壤中细菌与真菌的菌体质量比较接近，可见土壤真菌也是构成土壤微生物生物量的重要组成部分。

土壤真菌是常见的土壤微生物，它适宜酸性，在 pH 值低于 4.0 的条件下，细菌和放线菌已难以生长，而真菌却能很好增殖。所以在许多酸性森林土壤中真菌起了重要作用。我国土壤真菌种类繁多、资源丰富，分布最广的有青霉属（*Penicillium*）、曲霉属（*Aspergillus*）、木霉属（*Trichoderma*）、镰刀菌属（*Fusarium*）、毛霉属（*Mucor*）和根霉属（*Rhizopus*）。

土壤真菌属好氧性微生物，通气良好的土壤中多，通气不良或渍水的土壤中少；土壤剖面表层多，下层少。土壤真菌为化能有机营养型，以氧化含碳有机物质获取能量，是土壤中糖类、纤维类、果胶和木质素等含碳物质分解的积极参与者。

3. 土壤放线菌

土壤放线菌是指生活于土壤中呈丝状单细胞、革兰氏阳性的原核微生物。土壤放线菌数量仅次于土壤细菌，通常是细菌数量的 1%～10%，每克土壤中有 10 万个以上放线菌，占了土壤微生物总数的 5%～30%，其生物量与细菌接近。常见的土壤放线菌主要有链霉菌属（*Streptomyces*）、诺卡菌属（*Nocardia*）、小单胞菌属（*Micromonospora*）、游动放线菌属（*Actinoplanes*）和弗兰克菌属（*Frankia*）等。其中链霉菌属占了 70%～90%。

土壤中的放线菌和细菌、真菌一样，参与有机物质的转化。多数放线菌能够分解木质素、纤维素、单宁和蛋白质等复杂有机物。放线菌在分解有机物质过程中，除了形成简单化合物以外，还产生一些特殊有机物，如生长刺激物质、维生素、抗生素及挥发性物质等。

4. 土壤藻类

土壤藻类是指土壤中的一类单细胞或多细胞、含有各种色素的低等植物。土壤藻类构造简单，个体微小，并无根、茎、叶的分化。大多数土壤藻类为无机营养型，可由自身含有的叶绿素利用光能合成有机物质，所以这些土壤藻类常分布在表土层中。也有一些藻类可分布在较深的土层中，这些藻类常是有机营养型，它们利用土壤中有机物质为碳营养，进行生长繁殖，但仍保持叶绿素器官的功能。

土壤藻类可分为蓝藻、绿藻和硅藻三类。蓝藻亦称蓝细菌，个体直径为 $(0.5～60)×10^{-3}\mu m$，其形态为球状或丝状，细胞内含有叶绿素 a、藻蓝素和藻红素。绿藻除了含有叶绿素外还含有叶黄素和胡萝卜素。硅藻为单细胞或群体的藻类，它除了有叶绿素 a、叶绿素 b 外，还含有 β 胡萝卜素和多种叶黄素。

土壤藻类可以和真菌结合成共生体，在风化的母岩或瘠薄的土壤上生长，积累有机质，同时加速土壤形成。有些藻类可直接溶解岩石，释放出矿质元素，如硅藻可分解正长石、高岭石，补充土壤钾素。许多藻类在其代谢过程中可分泌出大量黏液，从而改良了土壤结构性。藻类形成的有机质比较容易分解，对养分循环和微生物繁衍具有重要作用。在一些沼泽化林地中，藻类进行光合作用时，吸收水中的二氧化碳，放出氧气，从而改善了土壤的通气状况。

5. 地衣

地衣是真菌和藻类形成的不可分离的共生体。地衣广泛分布在荒凉的岩石、土壤和其他物体表面，地衣通常是裸露岩石和土壤母质的最早定居者。因此，地衣在土壤发生的早期起重要作用。

（三）高等植物根系

高等植物根系作为土壤生物的重要组成部分，是植物吸收水分和养分的主要器官，另外土壤中的重金属、有机物等污染物亦是通过植物根系的吸收、转运到达植物地上部分，对植物的生长发育起着不可忽视的作用，同时对土壤系统中污染物的富集和去除也扮演了重要的角色，植物修复已成为目前世界范围内广泛使用的绿色生物修复技术。另外，在土壤生态系统的生成和发育过程中，植物根系和微生物、土壤动物等共同作用，在水分的参与下，形成了特定的土壤水、肥、气、热条件，对土壤的生产力和净化能力都有重要的影响。

二、土壤矿物质

土壤矿物质是土壤固相部分的主体，一般占到土壤固相总质量的 95%左右，构成土壤的"骨骼"。其中粒径 < 2μm 的矿质胶体作为土壤体系中最活跃的部分，对土壤环境中元素的迁移、转化和生物、化学过程起着重要的作用，影响土壤的物理、化学与生物学性质和过程。因此，研究土壤矿物质的组成及其分布对于鉴定土壤质地、分析土壤性质、考察土壤环境中物质的迁移转化有着重要的意义和作用，而且和土壤的污染与自净能力也密切相关。

（一）元素组成

土壤的化学组成很复杂，几乎包括地壳中的所有元素（表 2.2）。其中氧、硅、铝、铁、钙、镁、钠、钾、碳、钛 10 种元素占土壤矿物质总量的 99%以上，这些元素中以氧、硅、铝、铁4 种元素含量最多，共占地壳中所有元素的 88.7%以上 [根据克拉克第（1924）、菲尔斯曼（1939）和泰勒（1964）的估计，地壳的化学元素组成与表 2.2 稍有不同，但总的趋势是一致的]，但植物必需营养元素含量低且分布很不平衡。

表 2.2 地壳和土壤的平均化学组成（质量分数） 单位：%

元素	地壳	土壤	元素	地壳	土壤
O	47.0	49.0	Mn	0.10	0.085
Si	29.0	33.0	P	0.093	0.08
Al	8.05	7.13	S	0.09	0.085
Fe	4.65	3.80	C	0.023	2.0
Ca	2.96	1.37	Cu	0.01	0.1
Na	2.50	1.67	Zn	0.005	0.005
K	2.50	1.36	B	0.003	0.001
Mg	1.37	0.60	Mo	0.003	0.0003

注：本表来源于维诺格拉多夫，1950，1962。

（二）矿物组成

土壤矿物按岩石风化程度及来源可分为原生矿物和次生矿物。其中原生矿物是由岩石直接风化而来，未改变晶格结构和化学性质的部分；而原生矿物进一步风化、分解，则形成化学构成和性质均发生变化的次生矿物。原生矿物和次生矿物相互搭配，构成了土壤样品中不同粒径及组成的组分，共同决定了土壤的粒级、结构及基本性质。

1. 原生矿物

在风化过程中没有改变化学组成而遗留在土壤中的一类矿物成为原生矿物。原生矿物以硅酸盐和铝酸盐为主，如石英、长石、云母、辉石、角闪石等，主要为土壤的砂粒和粉砂粒等粒径较大的组分，对土壤环境中污染物的吸附等迁移过程影响较小，其含量高低对土壤质地及因此决定的土壤修复技术的效果和适用性可能有不同程度的影响。

2. 次生矿物

原生矿物经物理、化学风化作用，组成和化学性质发生变化，形成的新矿物称次生矿物。次生矿物以黏土矿物为主，同时也包括结晶层状硅酸盐矿物，此外还有 Si、Al、Fe 氧化物及其水合物，如方解石、高岭石等。其中，层状硅酸盐和含水氧化物类是构成土壤黏粒的主要成分，因此土壤学上将此两类矿物称为次生黏粒矿物（对土壤而言简称黏粒矿物，对矿物而言简称黏土矿物）。黏粒矿物包括硅氧四面体通过共用底部氧在平面方向上延伸而形成的硅片和铝氧八面体通过共用底部两个氧的方式在平面方向上伸展排列成的铝片。土壤黏粒是土壤矿物中最活跃的组分，其具有的荷电性和高吸附性使其成为土壤环境中污染物的集中分布组分，亦可作为物理分离等修复技术按土壤组成分别治理的依据。

土壤矿物形成时性质相近的元素在矿物晶格中相互替换而不破坏晶体结构的现象称为同晶置换。硅酸盐黏粒矿物中，最普遍的同晶置换现象是晶体中心离子被低价离子所代替，所以土壤黏粒矿物一般以带负电荷为主，为达到电荷平衡，矿物晶层之间常吸附阳离子。被吸附的阳离子通过静电引力被束缚在土壤黏粒矿物表面而不易随水流失，可能导致某些重金属等污染元素在土壤中的积累和污染。

3. 主要成土矿物及其性质

（1）石英　一般为白色透明，含有杂质时呈其他颜色。石英是最主要的造岩矿物，分布最广，为酸性岩浆的主要成分，在沉积岩石中常呈不透明或半透明晶粒，烟灰色，油脂光泽。石英的伴生矿物是云母、长石。石英硬度大，化学性质稳定，不易风化，岩石风化后，石英形成砂粒，含砂粒多的土壤含盐极少，形成的母质养分一般贫乏，酸性也较强。

（2）正长石　晶体短柱状，肉红色、浅黄色、浅黄红色等，玻璃光泽，完全解离，硬度6.0。正长石在岩石中呈晶粒，长方形的小板状，板面具有玻璃光泽。伴生矿物为石英、云母等。正长石易风化，风化后形成黏土矿物高岭石等，可为土壤提供大量钾养分。正长石类矿物一般含氧化钾16.9%。

（3）斜长石　常呈板状晶体，白色或灰白色，玻璃光泽，完全解离，硬度 6.0～6.5。伴生矿物主要是辉石和角闪石。斜长石比正长石容易风化，风化产物主要是黏土矿物，能为土壤提供 K、Na、Ca 等矿物养分。

（4）云母　云母根据化学成分不同分为白云母和黑云母。

白云母，常见片状、鳞片状。白云母无色透明或浅色（浅黄、浅绿）透明。极完全解理，薄片具有弹性，珍珠光泽，硬度 2.0～3.0。白云母较难风化，风化产物为细小的鳞片状，强烈风化后能形成高岭石等黏土矿物，对土壤中农药等污染物有较强的吸附性。

黑云母为深褐色或黑色，其他性质同白云母。黑云母主要分布在花岗岩、片麻岩中，伴生矿物是石英、正长石等。黑云母较白云母易于风化，风化物为碎片状，因此黑云母很少能看见。

（5）角闪石　角闪石呈细长柱状，深绿至黑色，玻璃光泽，完全解理，硬度 5.0～6.0。角闪石主要分布在岩浆岩和变质岩中的片麻岩和片岩中。在岩石中呈针状或纤维状。伴生矿物为正长石、斜长石和辉石，角闪石易风化，风化产物为黏土矿物。

（6）辉石　呈短柱状、致密块状，棕至暗黑色，条痕灰色，中等解理，硬度 5.5。辉石多呈晶粒状，伴生矿物为角闪石、斜长石、辉石等，较角闪石难风化，风化物为黏土矿物，富含 Fe。

（7）橄榄石　橄榄石呈粒状集合体出现，橄榄绿色，玻璃光泽或油脂光泽。橄榄石为超基性岩的主要组成矿物，伴生矿物为斜长石、辉石，不与石英共生，易风化，风化产物有蛇纹石、滑石等。蛇纹石呈绿色，玻璃光泽或油脂光泽，断口上有时呈蜡状光泽，相对密度 2.5，硬度 2.0～4.0。

（8）方解石　方解石为次生矿物，呈菱面体，半透明，乳白色，含杂质时呈灰色、黄色、红色等，完全解理，玻璃光泽，与稀盐酸反应生成 CO_2 气泡。方解石分布很广，是大理岩、石灰岩的主要矿物，常为砂岩、砾岩的胶结物，也可在基性喷出岩气孔中出现。方解石的风化主要是受含 CO_2 的水的溶解作用，形成重碳酸盐随水流失，石灰岩地区的溶洞就是这样形成的。

（9）绿泥石　绿泥石种类多，成分变化大，结晶体呈片状、板状，一般呈鳞片状存在。暗绿色至绿黑色。完全解理，玻璃光泽至珍珠光泽。绿泥石由黑云母、角闪石、辉石变质而成。存在于变质岩中，如绿泥片岩。绿泥石较难风化，风化物为细粒。

（10）白云石　白云石呈弯曲的马鞍状、粒状、致密块状等，灰白色，有时带微黄色，玻璃光泽，性质与方解石相似，但较稳定，与冷盐酸反应微弱，只能与热盐酸反应，粉末遇稀盐酸起反应，这是与方解石的主要区别。白云石是组成白云岩的主要矿物，也存在与石灰岩中。白云石风化物是土壤 Ca、Mg 养分的主要来源。

（11）磷灰石　磷灰石呈致密块状、土状等，灰白、黄绿、黄褐等色，不完全解理，硬度 5.0。在矿物上加钼酸铵，再加一滴硝酸即有黄色沉淀生成，这是鉴别磷灰石的主要方法。磷灰石以次要矿物存在于岩浆岩和变质岩中。磷灰石较难风化，风化产物是土壤磷养分的重要来源。

（12）石膏　石膏呈板状、块状，无色或白色，玻璃光泽，硬度 2.0，是干旱炎热气候条件下的盐湖沉积。常作为土壤改良剂。

总之，矿物质作为构成土壤的基本物质，又是植物矿物营养的源泉，是全面影响土壤肥力高低的一个重要因素。土壤中的矿物质来自岩石的风化物，而岩石又是由矿物质组成的，不同的矿物质构成不同的岩石。不同的岩石经过风化作用，形成土壤的矿物质，所以矿物能影响土壤的理化性质和土壤养分状况；同时，土壤矿物对体系中污染物的分布与迁移转化有重要的影响。

（三）土壤矿物质的环境生态意义

（1）提供植物、微生物等土壤生物体生命活动所需的营养元素　土壤矿物质按其含量的高低分为常量元素与微量元素，其含量和性质会决定土壤中生物体生命活动的强弱。

（2）造成土壤元素背景值差别　矿物质含量高低是决定土壤元素背景值的内在因素，其决定的不同地区土壤环境中元素的丰缺可能会造成天然的水土病，属于环境健康领域的重要研究内容。另外，土壤原有矿物质含量与人为或自然源对土壤环境的输入相结合，共同影响土壤环境中各元素的含量高低，对土壤生态环境质量共同造成影响。

（3）影响土壤修复技术的选择　土壤中铁、锰等作为固有的矿物质组分，不作为土壤污染物进行调控，同时还可影响土壤修复技术的选择，如选择化学氧化技术则高锰酸钾作氧化剂时其被还原产生的 MnO_2 不会成为土壤的二次污染物，同样含铁化合物可以作为芬顿氧化体系的添加剂，或化学还原剂、固化稳定化药剂，而不对土壤产生二次污染。

三、土壤有机质

土壤有机质是土壤发育过程的重要标志，对土壤性质影响重大，是土壤固相的重要组成成分之一。广义上，土壤有机质是指各种形态存在于土壤中的所有含碳的有机物质，包括土壤中的各种动、植物残体，微生物及其分解和合成的各种有机物质。狭义上，土壤有机质一般是指有机残体经微生物作用形成的一类特殊、复杂、性质比较稳定的高分子有机化合物（腐殖酸）。

土壤有机质是土壤固相的组成成分，一般占到土壤总重的 5%左右。尽管有机质含量只占固相总量的很小一部分，但它对土壤的形成与发育、土壤肥力、环境保护及农林业可持续发展等方面都有着极其重要的意义。一方面，它含有植物生长需要的各种元素，也是土壤微生物活动的能量来源，对土壤物理、化学和生物学性质都有着深远的影响；另一方面，土壤有机质对重金属、农药等各种有机、无机污染物的行为都有显著的影响。而且土壤有机质对全球碳平衡起着重要的作用，被认为是影响全球温室效应的重要因素。

（一）土壤有机质的来源

1. 微生物

微生物是最早出现在母质中的有机质，虽然这部分来源相对较少，但微生物是最早的土壤有机质来源，也是土壤发育过程中的重要作用因素。

2. 植物

地面植被残落物和根系是土壤有机质的主要来源，如树木、灌丛、草类及其残落物，每年都向土壤提供大量有机残体，对森林土壤尤为重要。森林土壤相对农业土壤而言具有大量的凋落物和庞大的树林根系等特点。我国林业土壤每年归还土壤的凋落物干物质量按气候植被带划分，从高到低依次为热带雨林、亚热带常绿阔叶林和落叶阔叶林、暖温带落叶阔叶林、温带针阔混交林、寒温带针叶林。热带雨林凋落物干物质量可达 16700kg/（km^2·a），而荒漠植物群落物干物质量仅为 530kg/（km^2·a）。

3. 动物

蚯蚓、蚂蚁、鼠类、昆虫等的残体和分泌物，亦是土壤有机质的来源之一，这部分来源虽然很少，但对土壤有机质的转化也是非常重要的。

4. 施入土壤的有机类物质

人为施入土壤中的各种有机肥料（厩肥、堆沤肥、腐殖酸肥料、污泥以及土杂肥等），工农业和生活废渣等土壤添加物或改良剂，还有各种微生物制品等，对土壤尤其是现代农业土壤中有机质的改变有重要的影响。

5. 进入土壤的有机污染物

通过人为与自然途径进入土壤环境的有机污染物如石油烃类、氯代烃、POPs 等也是土壤有机质来源的特殊种类。尤其对于污染严重的土壤样品，有机污染物可能是土壤有机质的主要来源。如有研究表明，我国油田开发造成的落地原油可使个别地区土壤中石油烃含量达到 10%，由此带来土壤有机质含量达到 15%以上。

（二）土壤有机质的组成

1. 物质组成

土壤有机质主要包括以下几个部分。

（1）未分解的动植物残体　它们仍保留着原有的形态等特征。

（2）分解的有机质　经微生物的分解，已使进入土壤中的动植物残体失去了原有的形态等特征。有机质已部分或全部分解，并且相互缠结，呈褐色。包括有机质分解产物和新合成的简单有机化合物。

（3）腐殖质　特殊性有机质，指有机质经微生物分解后再合成的一种褐色或暗褐色的大分子胶体物质。与土壤矿物质土粒紧密结合，是土壤有机质存在的主要形态类型，占土壤有机质总量的 85%～90%。

2. 化学组成

各种动植物残体的化学成分和含量因动植物种类、器官、年龄等不同而有很大的差异。一般情况下，动植物残体主要的有机化合物有碳水化合物、木质素、蛋白质、树脂、蜡质等。

(1) 碳水化合物　碳水化合物是土壤有机质中最重要的有机化合物，碳水化合物的含量占有机质总量的 15%～27%，包括糖类、纤维素、半纤维素、果胶质、甲壳质等。

糖类有葡萄糖、半乳糖、六碳糖、木糖、阿拉伯糖、氨基半乳糖等。虽然各土类间植被、气候条件等差异悬殊，但上述各糖的相对含量都很相近，在土壤剖面分布上，无论绝对含量或相对含量均随深度而降低。

纤维素和半纤维素为植物细胞壁的主要成分，木本植物残体含量较高，两者均不溶于水，也不易化学分解和微生物分解，是土壤有机质中性质较稳定的部分。

(2) 木质素　木质素是木质部的主要组成部分，是一种芳香性的聚合物，较纤维素含有更多的碳。木质素在林木中的含量约占 30%，木质素的化学构造尚未完全清楚，关于木质素中是否含氮的问题目前尚未阐明。木质素作为土壤有机质中最稳定的组分，难被细菌分解，但在土壤中可不断被真菌、放线菌所分解。^{14}C 研究指出，有机物质的分解顺序为：葡萄糖 > 半纤维素 > 纤维素 > 木质素。

(3) 含氮化合物　动植物残体中主要含氮物质是蛋白，它是构成原生质和细胞核的主要成分，在各植物器官中的含量变化很大，见表 2.3。

表 2.3　不同植物、器官中蛋白质含量

植物与器官种类	蛋白质含量/%
针叶、阔叶	3.5～9.2
苔藓	4.5～8.0
禾本科植物茎秆	3.5～4.7

蛋白质由各种氨基酸构成，蛋白质的平均氮含量为 10%，其主要组成元素除氮之外为碳、氢、氧，某些蛋白质还含有硫（0.3%～2.4%）或磷（0.8%）。

一般含氮化合物易为微生物分解，生物体中常有一小部分比较简单的可溶性氨基酸可为微生物直接吸收，但大部分的含氮化合物需要经过微生物分解后才能被利用。

(4) 脂溶性物质　树脂、蜡质、脂肪等有机化合物均不溶于水，而溶于醇、醚及苯中，都是复杂的化合物。

脂溶性物质有很多种，主要都是多元酚的衍生物，易溶于水，易氧化，与蛋白质结合形成不溶性的、不易腐烂的稳定化合物。木本植物木材及树皮中富含脂溶性物质，而草本植物及低等生物中则含量很少。

（三）土壤有机质的含量

土壤学中一般把耕层有机质含量在 20%以上的土壤称有机质土壤，20%以下则为矿质土壤。按土壤质地而言，黏土中有机质含量超过 5%或砂土中超过 3%即为有机质土。

土壤有机质含量与气候、植被、地形、土壤类型、农耕措施密切相关，如表 2.4 和表 2.5 所列，草甸土可高达 20%以上，但漠境土和砂质土壤不足 0.5%。目前，我国土壤有机质含量普遍偏低，耕层有机质大多数在 5%以下，东北土壤有机质较多，华北、西北大多在 1%左右，个别为 1.5%～3.5%，旱地土壤有机质也较少。

表 2.4　中国某些自然土壤有机质含量

土类	有机质含量/%	统计的标本数	土类	有机质含量/%	统计的标本数
棕色森林土	2.64～19.3	74	砖红壤、赤红壤	2.32～2.98	24
褐土	1.03～10.69	22	高山草甸土、亚高山草甸土	4.81～21.96	26
黄壤	2.71～20.5	32	高山草原土、亚高山草原土	1.38～6.66	10
红壤	0.52～1.95	47	黄棕壤、黄褐土	2.07～7.05	32
黑土、黑钙土	2.14～16.4	29			

表 2.5　不同地区旱地和水田耕层土壤有机质含量

地区	有机质含量/%		地区	有机质含量/%	
	旱地	水田		旱地	水田
东北平原	4.45	4.96	南方红壤丘陵	1.65	2.52
黄淮海平原	0.99	1.27	珠江三角洲平原	2.01	2.73
长江中下游平原	1.74	2.74			

（四）土壤腐殖质

除未分解的动植物组织和土壤生命体等以外的土壤中有机化合物的总称。土壤腐殖质不是一种纯化合物，而是代表一类有着特殊化学和生物特性、构造复杂的高分子化合物。由此可知，腐殖质是土壤中有机物存在的一种特殊形式，是土壤有机质存在的主要形态。土壤腐殖质作为与土壤矿物质主体结合紧密的部分，其提取和分析难度较大，很难对其化学组分进行分析。因此，通常按其提取的难易进行人为操作定义上的划分，将土壤腐殖质物质分为胡敏酸、富啡酸和胡敏素 3 个组分。其分子量常在几至几百万之间变动，一般情况下，土壤腐殖质中富啡酸平均相对分子质量最小，胡敏素平均分子量最大，而胡敏酸则处于二者之间。

腐殖质作为土壤有机胶体的主体，对土壤的吸附性、稳定性等具有重要的影响。腐殖质吸水能力很强，对于保持土壤水分含量有一定作用；由于腐殖质中含有羧基、酚羟基、醚基、酮基等多种酸性、中性及碱性官能团，使其表现出多种性质，如离子交换、对金属离子的配位作用、氧化-还原性及生理活性等。可见，腐殖质不仅是土壤养分的主要来源，而且对土壤的物理、化学和生物学性质都有重要影响，是重要的土壤肥力指标。

（五）土壤有机质的转化

土壤有机质在水分、空气和土壤生物的共同作用下，发生极其复杂的转化过程，这些过程综合起来可归结为两个对立的过程，即土壤有机质的矿质化过程和腐殖化过程。

1. 矿质化过程

土壤有机质在生物作用下，分解为简单的无机化合物二氧化碳、水、氨和矿质养分（磷、硫、钾、钙、镁等简单化合物或离子），同时释放出能量的过程。

土壤有机质的矿化过程分为化学的转化过程、动物的转化过程和微生物的转化过程。有机化合物进入土壤后，在微生物酶的作用下发生氧化反应，彻底分解而最终释放出二氧化碳、水和能量，所含氮、磷、硫等营养元素在一系列特定反应后，释放成为植物可利用的矿质养料，同时释放出能量。这一过程为植物和土壤微生物提供了养分和活动能量，并直接或间接地影响着土壤性质，同时也为合成腐殖质提供了物质基础。

(1) 化学的转化过程　降水可将土壤有机质中可溶性的物质淋出。这些物质包括简单的糖、有机酸及其盐类、氨基酸、蛋白质无机盐等。5%～10%水溶性物质淋溶的程度取决于气候条件（主要是降水量）。淋溶出的物质可促进微生物生长增殖，从而促进其残余有机物的分解。此过程对森林土壤尤为重要，因森林常有下渗水流可将地表有机质（枯落物）中可溶性物质带进地下供林木根系吸收。

(2) 动物的转化过程　从原生动物到脊椎动物，大多数以植物及植物残体为食。在森林土壤中，生活着大量的各类动物，如温带针阔混交林下每公顷蚯蚓可达 258 万条，可见动物对有机质的转化起着极为重要的作用。

机械转化：动物将植物或残体碎解，或将植物残体进行机械的搬迁及与土粒混合，可促进有机物被微生物分解。

化学转化：经过动物吞食的有机物（植物残体）中未被动物吸收的部分，经过肠道，以排泄物或粪便的形式排到体外，此类分解或半分解过程促进了有机质的转化。

(3) 微生物的转化过程　土壤有机质的微生物的转化过程是土壤有机质转化的最重要、最积极的进程。

① 微生物对不含氮有机物的转化。不含氮的有机物主要指碳水化合物，主要包括糖类、纤维素、半纤维素、脂肪、木质素等。其中，单糖简单易分解，而多糖类则较难分解；淀粉、半纤维素、纤维素、脂肪等分解缓慢，木质素最难分解，但在表性细菌的作用下可缓慢分解。

葡萄糖在好气条件下，在酵母菌和醋酸细菌等微生物作用下，生成简单的有机酸（醋酸、草酸等）、醇类、酮类。这些中间产物在空气流通的土壤环境中继续氧化，最后完全分解成二氧化碳和水，同时放出热量。

② 微生物对含氮有机物的转化。土壤中含氮有机物可分为两种类型：一是蛋白质型，如各种类型的蛋白质；二是非蛋白质型，如几丁质、尿素和叶绿素等。土壤中含氮有机物在土壤微生物的作用下，最终分解为无机态氮（NH_4^+-N 和 NO_3^--N）。

③ 微生物对含磷有机物的转化。土壤有机态的磷经微生物作用，分解为无机态可溶性物质后，才能被植物吸收利用。

土壤表层有 26%～50%的磷是以有机磷状态存在的，主要有核蛋白、核酸、磷脂、核素等，这些物质在多种腐生性微生物作用下，分解的最终产物为正磷酸及其盐类，可供植物吸收利用。在嫌气条件下，很多嫌气性土壤微生物能引起磷酸还原作用，产生亚磷酸，并进一步还原成磷化氢。

④ 微生物对含硫有机物的转化。土壤中含硫的有机化合物如含硫蛋白质、胱氨酸等，经微生物的腐解作用产生硫化氢。硫化氢在通气良好的条件下，在硫细菌的作用下氧化成硫酸，并和土壤中的盐基离子生成硫酸盐，不仅消除硫化氢的毒害作用，而且能成为植物易吸收的硫养分。

在土壤通气不良条件下，已经形成的硫酸盐也可以还原成硫化氢，即发生反硫化作用，造成硫素散失，当硫化氢积累到了一定程度时，对植物根素有毒害作用，应尽量避免。

另外，土壤酶在有机质转化过程中亦具有重要的作用。土壤中的酶的来源有 3 个方面：①植物根系分泌酶；②微生物分泌酶；③土壤动物区系分泌释放酶。土壤中已发现的酶有 50～60 种。研究较多的有氧化还原酶、转化酶和水解酶等。酶是有机体代谢的动力，因此，可以想象酶在土壤有机质转化过程中所起的巨大作用。

综上，进入土壤的有机质是由不同种类的有机化合物组成，即有一定生物构造的有机整体。其在土壤中的分解和转化过程不同于单一有机化合物，表现为整体性的动力学特点。植物残体中各类有机化合物的大致含量范围是：可溶性有机化合物（糖分、氨基酸）5%～10%，纤维素 15%～60%，半纤维素 10%～30%，蛋白质 2%～15%，木质素 5%～30%。它们的含量差异对植物残体的分解和转化有很大影响。

2. 腐殖化过程

土壤腐殖质的形成过程称为腐殖化作用。腐殖化作用是一系列极其复杂过程的总称，其中主要是由微生物为主导的生化过程，但也可能有一些纯化学的反应。整个作用现在还很不清楚，近年的研究虽提供了一些新的论据，但均非定论。目前，一般的看法是，腐殖化作用可分为两个阶段。

第一阶段，产生腐殖质分子的各个组成成分。如多元酚、氨基酸、多肽等有机物质。

第二阶段，由多元酚和含氮化合物缩合成腐殖质单体分子。此缩合过程，首先是多元酚在多酚氧化酶作用下氧化为醌；然后醌和含氮化合物（氨基酸）缩合，最后腐殖质单体分子继续缩合成高级腐殖质分子。

土壤有机质转变为腐殖质的过程，可用腐殖化系数表示：

$$腐殖化系数 = \frac{植物残体某时间段后的残留量}{原进入土壤的量} \tag{2.1}$$

矿化与腐殖化作为土壤环境中有机物在微生物作用下相反的两个变化方向，二者共同决定了有机物在土壤中的变化方向与最终产物。在土壤有机污染物的微生物降解过程中，更需要关注腐殖化对有机物的作用，尤其是腐殖化带来的转化中间产物的络合及相互作用，对土壤环境的毒理学特性可能产生重要的影响，对有机污染土壤生物修复技术的评估具有重要的意义，是有机污染土壤体系中物质迁移转化过程的重要因素。

3. 影响土壤有机质转化的因素

（1）土壤特性　气候和植被在较大范围内影响土壤有机质的分解和积累，而土壤质地在局部范围内影响土壤有机质的含量。

（2）土壤 pH 值　土壤 pH 值通过影响微生物的活性而影响有机质的降解。大多数细菌活动的最适 pH 在中性附近（pH=6.5～7.5），放线菌的最适 pH 略偏碱，真菌则最适于酸性条件下（pH=3～6）活动。pH 值过低（<5.5）或过高（>8.5）对一般的微生物都不大适宜。

（3）土壤温度　0℃以下，有机质分解速率很小；0～35℃，提高温度可促进有机质的分解，温度每升高 10℃，土壤有机质最大分解速率提高 2～3 倍；一般土壤微生物最适宜的温度范围约为 25～35℃，超过这一范围，微生物的活动会受到明显的抑制，从而使微生物主导下的有机质分解速率降低。

（4）土壤水分和通气状况　　土壤微生物的活动需要适宜的含水量，但过多水分导致进入土壤的氧气减少，从而改变土壤有机质的分解过程的产物。因此，适宜的土壤孔隙度及土壤质地是保证土壤具有综合较优的水分和通气状况的前提，从而有利于土壤中有机质的转化。

（5）植物残体的特性　　新鲜多汁的有机质较干枯秸秆易于分解；有机质的细碎程度影响其与外界因素的接触面，密实有机质的分解速率比疏松有机质缓慢；有机质 C/N 比对其分解速率影响很大，土壤中的有机质经过微生物的反复作用后，在一定条件下，C/N 比或迟或早会稳定在一定的数值；S、P 等作为微生物活动必需的营养元素，当缺乏时也会抑制土壤有机质的分解。

（六）土壤有机质的作用及其环境生态意义

1. 土壤有机质的作用

（1）植物营养的主要来源　　有机质含有极为丰富的氮、磷、钾和微量元素，可为植物生长提供营养元素。有机质分解后产生的二氧化碳是供给植物光合作用的原料，是生态系统初级生产力的基础。

（2）刺激根系的生长　　腐殖质物质可在很稀的浓度（$10^{-6} \sim 10^{-3}$）下以分子态进入到植物体，可刺激根系的发育，促进植物对营养物质的吸收。

（3）改善土壤的物理状况　　促进土壤团粒结构的形成，是良好的土壤胶结剂。

（4）具有高度保水、保肥能力　　腐殖质是一种土壤胶体，有巨大的比表面积，有巨大的吸收代换能力。黏土颗粒的吸水率为 50%～60%，而腐殖质的吸水率为 500%～600%，是目前土壤改良中常用的保水、保肥剂。

（5）具有络合作用　　腐殖质能和磷、铁、铝离子形成络合物或螯合物，避免难溶性磷酸盐的沉淀，提高有效养分的数量。另外，腐殖质还可通过络合、螯合等作用对重金属进行固定，在土壤和底泥等介质的修复中近年得到了应用。

（6）促进微生物的活动　　为微生物提供营养物质。

（7）提高土壤温度的作用　　有机质为暗色物质，一般是棕色到黑褐色，吸热能力强，可改善土壤热状况。

2. 土壤有机质的环境生态意义

基础土壤学中重点关注土壤有机质在土壤肥力保持及其影响等方面的作用，而环境土壤学则更看重土壤有机质的生态与环境效应。

（1）有机质对农药等有机污染物的固定作用　　土壤有机质对农药等有机污染物有强烈的亲和力，对有机污染物在土壤中的生物活性、残留、生物降解、迁移和蒸发等过程有重要的影响；极性有机污染物可以通过离子交换、氢键、范德华力、配位体交换、阳离子桥等各种不同机理与土壤有机质结合；对于非极性有机污染物则可以通过分配机理与之结合；可溶性腐殖质能增加农药从土壤向地下水的迁移；腐殖物质还能作为还原剂改变农药的结构；一些有毒有机化合物与腐殖物质结合后，可使其毒性降低或消失。

（2）有机质对重金属的固定与吸附　　土壤环境体系中，土壤有机胶体腐殖质会与金属元素形成腐殖物质-金属离子复合体，从而固定和吸附一定量的重金属离子，对土壤中重金属离子的毒性和生物有效性有重要的影响；同时，重金属离子的存在形态也受腐殖物质的配位反应和氧化还原反应的影响，从而影响土壤溶液体系中重金属离子的浓度，对其迁移和转化产生一定的影响。有机质除对土壤体系中重金属的作用外，腐殖酸对无机矿物也有一定的溶解作用，对土壤环境的营养水平、物质迁移等均有一定的影响。

（3）土壤有机质对全球碳平衡的影响　土壤有机质是全球碳平衡过程中非常重要的碳库，土壤有机质的总碳量在 $(1.4 \sim 1.5) \times 10^{18} g$，约为陆地生物总碳量的 2.5～3 倍；每年因土壤有机质分解释放到大气的总碳量为 $6.8 \times 10^{16} g$，而全球每年因焚烧燃料释放到大气的碳仅为 $6 \times 10^{15} g$，是土壤呼吸作用释放碳量的 8%～9%。从全球看，土壤有机碳水平的变化，对全球气候变化的影响不亚于人类活动向大气排放的影响。

四、土壤水溶液

土壤液相作为充填在固相物质孔隙中的重要部分，包括土壤水分和溶解在水相体系的无机离子、有机组分等，是土壤的重要组成部分之一。它在土壤形成过程中起着极其重要的作用，因为形成土壤剖面的土层内各种物质的转移，主要是以溶液的形式进行的，也就是说，这些物质随同液态土壤水一起运动。同时，土壤水分在很大程度上参与了土壤内进行的许多物质的迁移转化过程，如矿物质风化、有机化合物的合成和分解等。不仅如此，土壤水是作物吸水的最主要来源，它也是自然界水循环的一个重要环节，处于不断地变化和运动中，势必影响到作物的生长和土壤中许多化学、物理和生物学过程。

（一）土壤水的类型和性质

土壤学中的土壤水是指在一个大气压下，在 105℃条件下能从土壤中分离出来的水分（图 2.3）。

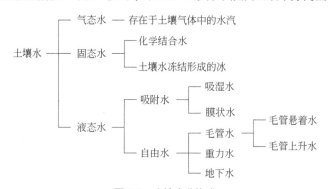

图 2.3　土壤水分构成

土壤中液态水数量最多，与植物的生长关系最为密切。液态水类型的划分是根据水分受力的不同来划分的，这是水分研究的形态学观点。在土壤学中，一般按照存在状态将土壤液态水大致分为如下几种类型。

1. 吸湿水

干土从空气中吸着水汽所保持的水称为吸湿水。把烘干土放在常温、常压的大气之中，土壤的重量逐渐增加，直到与当时空气湿度达到平衡为止，并且随着空气湿度的高低变化而相应的作增减变动。

土壤的吸湿性是由土粒表面的分子引力作用所引起的，一般来说，土壤中吸湿水的多少，取决于土壤颗粒表面积大小和空气相对湿度。由于这种作用力非常大，最大可达一万个大气压，所以植物不能利用此水，称之为紧束缚水。

2. 膜状水

土粒吸足了吸湿水后，还有剩余的吸引力，可吸引一部分液态水成水膜状附着在土粒表面，这种水分称为膜状水。

重力不能使膜状水移动，但其自身可从水膜较厚处向水膜较薄处移动，植物可以利用此水。但由于这种水的移动非常缓慢（0.2～0.4mm/d），不能及时供给植物生长需要，植物可利用的数量很少。当植物发生永久萎蔫时，往往还有相当多的膜状水。

3. 毛管水

毛管水属于土壤自由水的一种，其产生主要是土壤中毛管力吸持的结果。根据土层中地下水与毛管水是否相连，可分为毛管悬着水和毛管上升水两类。

4. 重力水

降水或灌溉后，不受土粒和毛管力吸持，而在重力作用下向下移动的水，称为重力水。植物能完全吸收重力水，但由于重力水很快就流失（一般两天就会从土壤中移走），因此利用率很低。

5. 地下水

在土壤中或很深的母质层中，具有不透水层时，重力水就会在此层之上的土壤孔隙中聚积起来，形成水层，这就是地下水，即狭义地下水，指的是含水层中可以运动的饱和地下水，而广义的地下水则是包括所有地面以下，赋存于土壤和岩石空隙中的水。地下水往往具有水质好、分布广、便于开采等特征，是生活饮用水、工农业生产用水的重要水源。

在干旱条件下，土壤水分蒸发快，如地下水位过高，就会使水溶性盐类向上集中，使含盐量增加到有害程度，即所谓的盐渍化；在湿润地区，如地下水位过高，就会使土壤过湿，植物不能生长，有机残体不能分解，形成沼泽化。

（二）土壤水分含量及其有效性

1. 土壤水分含量

土壤水分含量，又称土壤含水量、土壤湿度，有时也称之为土壤含水率，是表征土壤水分状况的重要指标。

（1）土壤质量含水量　土壤质量含水量即土壤中水分的质量与干土的比例，又称为重量含水量。土壤质量含水量相当于向干燥无水的土壤颗粒中添加水分，其水分所占的干土的比例。其计算公式为：

$$土壤质量含水量(\%) = \frac{水分质量}{干土质量} \times 100 = \frac{湿土质量 - 干土质量}{干土质量} \times 100 \qquad (2.2)$$

式中，"干土"一般指的是在 105℃条件下烘干的土壤（详细见实验部分，实验三），是计算土壤质量含水量的通用基准。值得注意的是，环境土壤学、污染土壤修复等相关领域关于水分含量、污染物含量、营养物含量等很多表示含量和浓度的公式及内容，经常用干土作为基准，以去除土壤水分含量对各指标的影响，以便于统一和比较。

（2）土壤容积含水量　土壤容积含水量为土壤总容积中水分所占的比例，又称容积湿度。它表示土壤中水分占据土壤孔隙的程度和比例，可度量土壤孔隙中水分与空气含量相对值。其计算公式为：

$$土壤容积含水量(\%) = \frac{水分容积}{总容积} \times 100 = \frac{土壤水质量 \times 土壤容重}{水密度 \times 干土质量} \times 100 \qquad (2.3)$$
$$= 土壤质量含水量(\%) \times 土壤容重$$

2. 土壤水分的有效性

土壤水分的有效性是指土壤水能否被植物吸收利用及其难易程度。不能被植物吸收利用的水称为无效水，能被植物吸收利用的水称为有效水。

土壤学中水分的有效范围主要是土壤萎蔫系数至田间持水量间的水分，其中土壤萎蔫系数是指植物发生永久萎蔫时土壤中尚存留的水分含量，它用来表明植物可利用土壤水的下限，土壤含水量低于此值，植物将枯萎死亡。而田间持水量是指在地下水较深和排水良好的土地上充分灌水或降水后，允许水分充分下渗，并防止其水分蒸发，经过一定时间，土壤剖面所能维持的较稳定的土壤水含量（土水势或土壤水吸力达到一定数值），是大多数植物可利用的土壤水上限。土壤萎蔫系数和田间持水量与土壤性质密切，一般情况下：黏土 > 壤土 > 砂土。因此，土壤最大有效水分含量即为田间持水量与土壤萎蔫系数的差值（图2.4）。

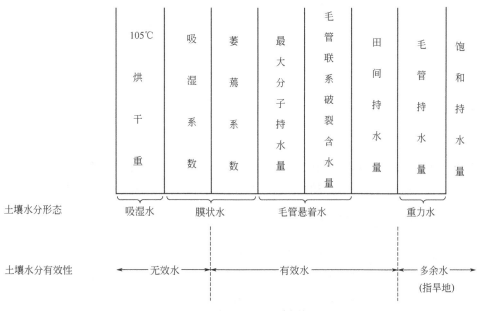

图2.4　土壤水分形态及其有效性

3. 影响土壤水分状况的因素

(1) 气候　降雨量和蒸发量是两个相互矛盾的重要因素，在一定条件下难以人为控制。因此，气候可以从宏观上影响甚至决定土壤的水分。

(2) 植被　植被的蒸腾消耗土壤的水分，而植被可以通过降低地表径流来增加土壤水分。

(3) 地形和水文条件　地形和水文条件作为间接生态因子，通过保持水分的难易等影响土壤的水分含量。地形地势的高低，影响土壤的水分。在园林绿化生产中，要注意平整土地。对易遭水蚀的地方，要注意修成水平梯田。在植物修复过程中，也可参考进行大田实验，以保证土壤的水分。

(4) 土壤的物理性质　土壤质地、土壤结构、土壤密实度、有机质含量都对土壤水分的入渗、流动、保持、排除以及蒸发等产生重要的影响，在一定程度上决定着土壤的水分状况。与气候因素相比，土壤物理性质是比较容易改变的而且是行之有效的。

(5) 人为影响　主要是通过灌溉、排水等措施，调节土壤的水分含量。

(6) 污染物含量及组成　通过各种人类活动等途径进入土壤环境体系的污染物特别是有机污染物由于其辛醇-水分配系数高，憎水性强，较易吸附于土壤颗粒或滞留在土壤孔隙中阻碍土壤颗粒上水分的吸附和土壤孔隙中水分的吸持与通透，从而降低土壤水分的含量。图 2.5 为油田区污染土壤中水分含量与土壤石油烃含量的关系。

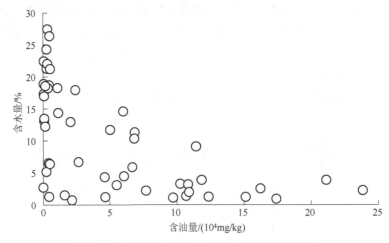

图 2.5　油田区污染土壤水分含量与石油烃含量的关系

在受石油烃污染的土壤样品中，当土壤含油量超过 8% 时，土壤含水率一般不超过 5%；土壤含油量低于 8% 时，含水率则随油田区气候条件、土质等因素的变化而具有差异性。

（三）土壤水分的环境生态意义

基础土壤学中注重土壤水分在土壤形成与发育、作物生长吸水来源等方面的作用，环境土壤学、土壤环境污染与治理等学科和领域中则更关注土壤水分在土壤环境中物质迁移转化、污染土壤修复过程与效率的影响等环境和生态意义与作用。

(1) 水分对土壤环境中物质迁移转化的影响　水分通过对土壤环境中物质的溶解促进其迁

移过程、加快迁移速率；土壤环境中污染物的转化过程也受水分含量的影响，一般情况下水分含量越高，土壤中污染物的转化越快。

（2）水分对土壤环境中污染物存在形态和毒性的影响　污染物溶解是其进入生物体启动毒性效应的第一步，因此污染物水溶性的高低以及土壤水分含量的多少共同决定土壤环境中污染物的存在形态及其毒性高低。

（3）水分对污染土壤修复过程与效率的影响　受污染物溶解性、土壤质地等影响，土壤水分含量会影响污染土壤修复效率、导致不同修复原理或过程的发生，一般情况下土壤含水率较高时污染土壤修复效率会有一定提高，而电动修复过程中土壤含水率过低则会导致电渗析流过程不易起作用；土壤水分含量还可能会影响修复技术的选择，如气相抽提技术中，当污染物水溶性高、土壤水分也较多时会导致污染物从土壤颗粒脱附后溶解在水相，从而难以从土壤环境中抽出和分离。

（4）水分对生物修复过程中修复功能主体的影响　对于微生物、植物修复等污染土壤生物修复而言，土壤水分除了对修复过程中污染物迁移转化的一般影响外，还会通过对微生物生长增殖和对植物生物发育的影响，以非限定性因子的方式通过改善或限制土壤微生态环境特性对功能生物体的数量、活性、生物量高低等产生影响，从而最终影响生物修复的效率。

五、土壤气体

（一）土壤气体的数量与组成

土壤气体作为土壤的重要组成之一，对土壤微生物活动、营养物质、土壤污染物质的转化以及植物的生长发育都有重要的作用。土壤气体来源于大气，但组成上与大气有差别，近地表差别小，深土层差别大。土壤气体与大气组成的关系参见表 2.6。由于土壤生物（根系、土壤动物、土壤微生物）的呼吸作用和有机质的分解等原因，土壤气体的 CO_2 含量一般高于大气，约为大气含量的 5～20 倍；同时，由于生物消耗，土壤气体中的 O_2 含量则明显低于大气。土壤通气不良时，或当土壤中的新鲜有机质状况以及温度和水分状况有利于微生物活动时，都会进一步提高土壤气体中 CO_2 的含量和降低 O_2 的含量。同时，当土壤通气不良时，微生物对有机质进行厌氧性分解，产生大量的还原性气体，如 CH_4、H_2S 等，而大气中一般还原性气体极少。此外，在土壤气体的组成中，经常含有与大气污染相同的污染物质。土壤气体和组成不是固定不变的，土壤气体与土壤水分同时存在于土体孔隙内，在一定容积的土壤中，在孔隙度不变的情况下，两者所占的容积比数值，土壤气体随土壤水分而变化，而且呈相应的消长关系。

表 2.6　土壤气体与大气组成的关系

种类	O_2/%	CO_2/%	N_2/%	其他气体/%
近地大气组成	20.94	0.03	78.05	0.98
土壤气体组成	18.00～20.03	0.15～0.65	78.80～80.24	0.98

（二）土壤气体的运动

土壤气体的运动又称为土壤气体更新，指的是土壤气体与近地层大气的交换过程。

1. 土壤气体的对流

土壤气体的对流是指土壤与大气间由总压力梯度推动的气体的整体流动，也称为质流。土壤与大气间的对流总是由高压区向低压区流动。

土壤气体对流可以下式描述：

$$q_v = -\left(\frac{k}{\eta}\right)\nabla p \tag{2.4}$$

式中　q_v——空气的容积对流量（单位时间通过单位横截面积的空气容积）；

　　　k——通气孔隙透气率；

　　　η——土壤气体的黏度；

　　∇p——土壤气体压力的三维梯度；

　　负号——方向。

2. 土壤气体的扩散

扩散是促使土壤与大气间气体交换的最重要物理过程。在此过程中，各个气体成分按照它们各自的气压梯度而流动。由于土壤中的生物活动总是使 O_2 和 CO_2 的分压与大气保持差别，所以对 O_2 和 CO_2 这两种气体来说，扩散过程是持续不断进行的。因此，土壤学中把这种土壤从大气中吸收 O_2，同时排出 CO_2 的气体扩散作用，称为土壤呼吸。

土壤气体扩散的速率与土壤性质的关系可用 Penman 公式表示：

$$\frac{dp}{dt} = \frac{D_o}{\beta} AS \frac{p_1 - p_2}{L_e} \tag{2.5}$$

式中　dp/dt——扩散速率（p 为气体扩散量，t 为时间）；

　　　D_o——气体在大气中的扩散系数；

　　　A——气体通过的截面积；

　　　S——土壤孔隙度；

　　　L_e——空气通过的实际距离；

　p_1、p_2——距离 L_e 两端的气体分压；

　　　β——比例常数。

上式说明土壤气体的扩散速率与扩散截面积中的空隙部分的面积（AS）以及分压梯度成正比，与空气通过的实际距离成反比。因此，土壤大孔隙的数量、连续性和充分程度是影响气体交换的重要条件。土壤大孔隙多，互相连通而又未被充水，就有利于气体的交换。但如果土壤被水所饱和或接近饱和，这种气体交换就难以进行。

（三）土壤通气性的环境生态意义

1. 对植物的直接影响

土壤气体为植物的呼吸作用提供必需的氧气。在通气良好的条件下，土壤中的根系长、颜色浅、根毛多，根的生理活动旺盛。缺氧时，根系短而粗、色暗、根毛大量减少，生理代谢受阻。当土壤气体中氧的浓度低于 9%～10% 时，根系发育就受到影响；低于 5% 时，大部分的植物根系就会停止发育。

2. 对土壤微生物生命活动和养分转化的影响

通气良好时，好气微生物活动旺盛，有机质分解迅速、彻底，植物可吸收利用较多的速效养分；通气不良时，有机质分解和养分释放慢，还会产生有毒的还原物质（如硫化氢等）。

3. 对土壤中污染物迁移转化的影响

土壤气体可以为微生物、植物、原生动物等污染物生物转化的功能主体提供生命活动必需的氧气，影响甚至决定其生命活动水平，从而改变土壤中污染物的生物转化与降解周期。例如，污染土壤生物修复过程中，通气可在一定程度上提高有机污染物的生物降解速率。

第二节　土壤性质

一、土壤物理性质

从物理学的观点看，土壤是一个极其复杂的、三相物质的分散系统。它的固相基质包括大小、形状和排列不同的土粒。这些土粒的相互排列和组织，决定着土壤结构与孔隙的特征，水、土壤气体和溶解其中的物质就在孔隙中保存和传导。土壤三相物质的组成和它们之间强烈的相互作用，表现出土壤的各种物理性质。

（一）土壤质地

将土壤的颗粒组成区分为几种不同的组合，并给每个组合一定的名称，这种分类命名称为土壤质地。例如，砂土、砂壤土、轻壤土、中壤土、重壤土、黏土等。

1. 土壤土粒与粒级

① 土粒：土壤固体物质的大小和形态各异，称为矿物质土粒或矿质土粒，简称土粒。土粒包括单粒和复粒。

② 单粒：相对稳定的土壤矿物的基本颗粒，不包括有机质单粒。

③ 复粒（团聚体）：由若干单粒团聚而成的次生颗粒为复粒或团聚体。

④ 粒级：按一定的直径范围，将土划分为若干组。

土壤中单粒的直径是一个连续的变量，只是为了测定和划分的方便，进行了人为分组。土壤中颗粒的大小不同，成分和性质各异；根据土粒的特性并按其粒径大小划分为若干组，使同一组土粒的成分和性质基本一致，组间则差异较明显。

（1）粒级划分标准　如何把土粒按其大小分级，分成多少粒级，各粒级间的分界点（当量粒径）定在哪里，至今尚缺公认的标准。在许多国家，各个部门采用的土粒分级制也不同，常见的几种土壤粒级制列于表 2.7。由表 2.7 可见，各种粒级制都把大小颗粒分为石砾、砂粒、粉粒（曾称粉砾）和黏粒（包括胶粒）4 组。

表 2.7　土壤的粒级制

当量粒径/mm	中国制（1987）	俄罗斯卡庆斯基制（1957）		美国农业部制（1951）	国际制（1930）
3～2	石砾	石砾		石砾	石砾
2～1				较粗砂粒	粗砂
1～0.5	粗砂粒		粗砂粒	粗砂粒	
0.5～0.25			中砂粒	中砂粒	
0.25～0.2	细砂粒	物理性砂粒	细砂粒	细砂粒	
0.2～0.1					细砂
0.1～0.05				极细砂粒	
0.05～0.02	粗粉粒		粗粉粒	粉粒	粉粒
0.02～0.01					
0.01～0.005	中粉粒		中粉粒		
0.005～0.002	细粉粒		细粉粒		
0.002～0.001	粗黏粒	物理性黏粒		黏粒	黏粒
0.001～0.0005	细黏粒		粗黏粒		
0.0005～0.0001		黏粒	细黏粒		
＜0.0001			胶质黏粒		

注：引自朱祖祥，1983。

（2）各粒级组的性质

① 石砾：主要成分是各种岩屑，由母岩碎片和原生矿物粗粒组成，其大小和含量直接影响耕作难易。

② 砂粒：由母岩碎屑和原生矿物细粒（如石英等）所组成，比表面积小，养分少，保水保肥性差，通气性好，无胀缩性。

③ 粉粒：其矿物组成以原生矿物为主，也有次生矿物，氧化硅及铁硅氧化物的含量分别在 60%～80% 及 5%～18% 之间。粉粒颗粒的大小和性质介于砂粒和黏粒之间，有微弱的黏结性、可塑性、吸湿性和胀缩性。

④ 黏粒：主要成分是黏土矿物，主要由次生铝硅酸盐组成，是各级土粒中最活跃的部分，常呈片状，颗粒很小，比表面积大，养分含量高，保肥保水能力强，通气性较差。黏粒矿物的类型和性质能反映土壤形成条件和形成过程的特点。

2. 土壤质地及其分类

土壤质地（soil texture）是根据机械组成划分的土壤类型，主要继承了成土母质的类型和特点，一般分为砂土、壤土和黏土三类。土壤质地反映了母质来源及成土过程的特性，是土壤一种十分稳定的自然属性；其黏、砂程度对土壤中物质的吸附、迁移和转化均有很大影响，因而在土壤污染物环境行为的研究中常是首要考虑的因素之一。

主要的土壤质地类型包括三元制和二元制，其中三元制主要考虑砂、粉、黏三级的含量比，包括国际制、美国农业部制和多数其他质地制；二元制则主要对比物理性砂粒与物理性黏粒两级含量比，如俄罗斯卡庆斯基制。

（1）国际制　根据砂粒（2～0.02mm）、粉粒（0.02～0.002mm）和黏粒（＜0.002mm）的含量确定，用三角坐标图。如图2.6所示。

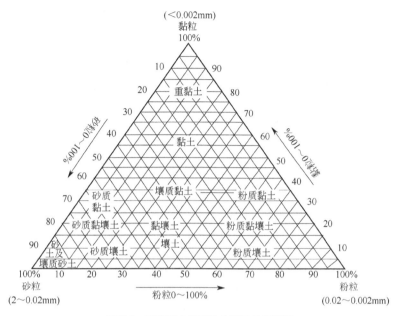

图2.6　国际制土壤质地分类三角坐标图

（2）美国农业部制　美国农业部制把土壤分为12种质地。1938年前，美国农业部土壤质地分类以5μm作为黏粒上限，之后则接受Atterberg分类制以2μm作为黏粒界限，与大多数土壤质地分类体系统一了黏粒标准，其他粒级的大小限度则不变（图2.7）。

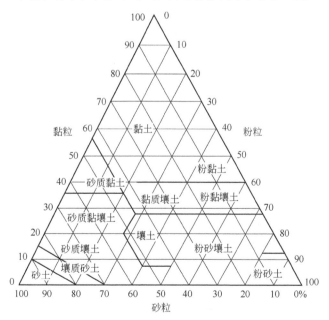

图2.7　美国农业部制土壤质地三角图

（3）俄罗斯卡庆斯基制　卡庆斯基制的基本分类中将土壤分为 3 组共 9 个质地（表2.8），其主要特点包括：①将土粒分为物理性黏粒和物理性砂粒两级；②按物理性黏粒和物理性砂粒的数量进行质地分类，而非如国际制中按砂粒、粉粒、黏粒三个粒级的相对量进行分级；③考虑到土壤质地类型的不同，对不同土壤有不同的分组尺度。卡庆斯基制的详细分类则是在基本分类的基础上进一步把 9 个质地细分为 39 个质地类别。

表2.8　卡庆斯基土壤质地分类制（简化方案 1958）

质地分类		物理性黏粒（<0.01mm）含量/%			物理性砂粒（>0.01mm）含量/%		
类别	质地名称	灰化土类	草原土及红黄壤土	碱化及强碱化土	灰化土类	草原土及红黄壤土	碱化及强碱化土
砂土	松砂土	0~5	0~5	0~5	100~95	100~95	100~95
	紧砂土	5~10	5~10	5~10	95~90	95~90	95~90
壤土	砂壤土	10~20	10~20	10~15	90~80	90~80	90~85
	轻壤土	20~30	20~30	15~20	80~70	80~70	85~80
	中壤土	30~40	30~45	20~30	70~60	70~55	80~70
	重壤土	40~50	45~60	30~40	60~50	55~40	70~60
黏土	轻黏土	50~65	60~75	40~50	50~35	40~25	60~50
	中黏土	65~80	75~85	50~65	35~20	25~15	50~35
	重黏土	>80	>85	>65	<20	<15	<35

（4）中国土壤质地分类　中国现代土壤质地分类研究始于 20 世纪 30 年代，熊毅提出一个较完整的质地分类方法，将土壤分为砂土、壤土、黏壤土和黏土 4 组共 22 个质地。1978 年中国科学院南京土壤研究所和西北水土保持研究所等单位拟定了我国土壤质地分类暂行方案，共分为 3 组 11 种质地。邓时琴于 1986 年对此分类做了修改，提出了我国现行的土壤质地分类系统（表2.9）。

表2.9　中国土壤质地分类（邓时琴，1986）

质地组	质地名称	颗粒组成（粒径）/%		
		砂粒（0.05~1mm）	粗粉粒（0.01~0.05mm）	细黏土（<0.001mm）
砂土	极重砂土	>80		<30
	重砂土	70~80		
	中砂土	60~70		
	轻砂土	50~60		
壤土	砂粉土	≥20	≥40	
	粉土	<20		
	砂壤	≥20	<40	
	壤土	<20		
	砂黏土	≥50		≥30
黏土	轻黏土			30~35
	中黏土			35~40
	重黏土			40~60
	极重黏土			>60

3. 土壤质地与土壤肥力性状关系

（1）土壤质地与土壤营养条件的关系

肥力性状	砂土	壤土	黏土
保持养分能力	小	中等	大
供给养分能力	小	中等	大
保持水分能力	小	中等	大
有效水分含量	少	多	中～少

（2）土壤质地与环境条件的关系

环境条件	砂土	壤土	黏土
通气性	易	中等	不易
透水性	易	中等	不易
增温性	易	中等	不易

另外，土壤中石砾对土壤肥力有一定的影响。

（二）土壤结构

自然界中土壤固体颗粒很少完全呈单粒状态存在，多数情况下，土粒（单粒和复粒）会在内外因素综合作用下相互团聚成一定形状和大小且性质不同的团聚体（亦即土壤结构体），由此产生土壤结构。

（1）土壤结构体　土壤中的各级土粒或其中的一部分互相胶结，团聚而形成的大小、形状、性质不同的土团、土块、土片等。

（2）土壤结构性　土壤中的单粒和结构体的数量、大小、形状、性质及其相互的排列和相应孔隙状况等的综合特性。

1. 土壤结构类型

土壤结构体的划分主要依据它的形态、大小和特性等。目前国际上尚无统一的土壤结构分类标准。最常用的是根据形态、大小等外部性状来分类，较为精细的分类则结合外部性状与内部特性（主要是稳定性、多孔性）同时考虑，常有以下几类。

（1）块状结构和核状结构　土粒相互黏结成为不规则的土块，内部紧实，轴长在5cm以下，而长、宽、高三者大致相似，称为块状结构。可按块状大小再分为大块状、小块状、碎块状及碎屑状结构。碎块小且边角明显的则叫核状结构，常见于黏重的心、底土中，系由石灰质或氢氧化铁胶结而成，内部十分紧实。如红壤下层由氢氧化铁胶结而成的核状结构，坚硬而且泡水不散。

（2）棱柱状结构和柱状结构　土粒黏结成柱状体，纵轴大于横轴，内部较紧实，直立于土体中，多现于土壤下层。边角明显的称为棱柱状结构，棱柱体外常由铁质胶膜包着；边角不明显，则叫柱状结构体，常出现于半干旱地带的心土和底土中，以柱状碱土碱化层中的最为典型。

（3）片状结构（板状结构）　其横轴远大于纵轴发育，呈扁平状，多出现于老耕地的犁底层。在表层发生结壳或板结的情况下，也会出现这类结构。在冷湿地带针叶林下形成的灰化土的漂灰层中可见到典型的片状结构。

（4）团粒结构　包括团粒和微团粒。团粒为近似球形的较疏松的多孔小土团，直径为0.25～10mm。0.25mm以下的则为微团粒。这种结构体在表土中出现，具有水稳性（泡水后结构体不易分散）、力稳性（不易被机械力破坏）和多孔性等良好的物理性能，是农业土壤的最佳结构形态。

2. 土壤结构形成的因素

① 需要一定数量和直径足够小的土粒，土粒越细，数量越多，黏结力越大。

② 使土粒聚合的阳离子：不同种类离子的聚合能力不同，Fe^{3+}、Al^{3+}、Ca^{2+}、Mg^{2+}、H^+、NH_4^+、K^+、Na^+聚合能力逐渐减小。

③ 胶结物质：主要是各种土壤胶体。无机胶体包括黏土矿物、含水的氧化铁、氧化铝、氧化硅等。有机胶体包括腐殖质、多糖（线性的高分子聚合体）、葡萄糖等。

④ 外力的推动作用：主要是促使较大土壤颗粒破碎成细小颗粒，或促进小颗粒之间的黏结。起外力推动作用的因素有3个：a. 土壤生物，如进行根系的生长（穿插、挤压、分泌物及根际微生物）、动物的活动；b. 大气变化，如干湿、冻融交替；c. 人为活动，如耕作、施肥。

3. 土壤结构与土壤肥力

① 森林土壤的表层，如没有被破坏，都有良好的团粒结构，还有粒状、块状结构。

② 具有团粒结构或粒状的土壤，透气性、渗水性和保水性好，有利于根的生长。

③ 质地为砂土、砂壤土、轻壤土的土壤，土壤结构的影响较小；而质地为黏土、重壤土、中壤土或沉积紧实的砂土，土壤结构的影响较大。

土壤结构可以改变质地对土壤孔隙的影响。多年施用有机肥可使砂土团聚成块，增加土壤保水能力，可使黏土疏松多孔。

（三）土壤孔性

土壤孔隙性质（简称孔性）是指土壤孔隙总量及大、小孔隙分布。其好坏取决于土壤的质地、松紧度、有机质含量和结构等。土壤结构是指土壤固体颗粒的结合形式及其相应的孔隙性和稳定度。可以说，土壤孔性是土壤结构性的反映，结构好则孔性好，反之亦然。

1. 土壤比重❶与土壤容重

土壤孔隙的数量及分布，可分别用孔隙度和分级孔度表示。土壤孔度一般不直接测定，而以土壤容重和土壤比重计算而得。土壤分级孔度，亦即土壤大小孔隙的分配，包含其连通情况和稳定程度。

---

❶ 本专业统一应用名词，也可为土壤相对密度。

（1）土壤比重　单位体积的土壤固体物质干重与 4℃时同体积水的质量之比，无量纲。其数值大小主要取决于土壤的矿物组成，有机质含量对其也有一定影响。在土壤学中，一般把接近土壤矿物相对密度（2.6～2.7）的数值 2.65 作为土壤表层的平均比重值。

（2）土壤容重　单位原状土壤体积的烘干土重，称为土壤容重，单位为 g/cm³。土壤矿物质、土壤有机质含量和孔隙状况是影响容重的重要因素。

一般矿质土壤的容重为 1.33g/cm³，砂土中的孔隙数量少，总的孔隙容积较小，容重较大，一般为 1.2～1.8g/cm³；黏土的孔隙容积较大，容重较小，一般为 1.0～1.5g/cm³；壤土的容重介于砂土与黏土之间。有机质含量越高，土壤容重越小。而质地相同的土壤，若有团粒结构形成则容重减小；无团粒结构的土壤，容重大。此外，土壤容重还与土壤层次有关，耕层容重一般在 1.10～1.30g/cm³，随土层增深，容重值也相应变大，可达 1.40～1.60g/cm³。实际土壤的容重可以以测量结果表示，常以实际土壤中取样获得的定容积（如 100cm³）土壤的重量来表示。

$$土壤容重（g/cm³）=土壤质量（g）/土壤体积（cm³） \qquad (2.6)$$

2. 土壤孔隙度

单位原状土壤体积中土壤孔隙体积所占的百分率称为土壤孔隙度。总孔隙度不直接测定，而是计算出来的。

$$总孔隙度=（1-土壤容重/土壤比重）×100\% \qquad (2.7)$$

3. 孔隙的类型分级

孔隙的真实直径是很难测定的，土壤学所说的直径是指与一定土壤吸力相当的孔径，与孔隙的形状和均匀度无关。根据孔隙的粗细分为三类。

（1）非毛管孔隙　孔隙直径大于 0.02mm，水受重力作用自由向下流动，植物幼小的根可在其中顺利伸展，气体、水分流动。

（2）毛管孔隙　孔隙直径在 0.02～0.002mm 之间，毛管力发挥作用，植物根毛（<0.01mm）可伸入其中，原生动物和真菌菌丝体也可进入，水分传导性能较好，同时可以保存水分，水分可以被植物利用。

（3）非活性毛管孔隙　小于 0.002mm，即使细菌（0.001～0.05mm）也很难在其中居留，这种孔隙的持水力极大，同时水分移动的阻力也很大，其中的水分不能被植物利用（有效水分含量低）。

4. 适宜的土壤孔隙状况

土壤中大小孔隙同时存在，土壤总孔隙度在 50% 左右，而毛管孔隙在 3%～40% 之间，非毛管孔隙在 10%～20% 之间，非活性毛管孔隙很少，则比较理想；若总孔隙>60%～70%，则过分疏松，难以立苗，不能保水；若非毛管孔隙<10%，不能保证空气充足，通气性差，水分也很难流通（渗水不好）。

（四）物理机械性与耕性

1. 土壤的物理机械性

土壤物理机械性是多项土壤动力学性质的统称，它包括黏结性、黏着性、可塑性以及其他受外力作用（如农机具的剪切、穿透和压板等作用）而发生形变的性质。

（1）黏结性　指土粒之间相互吸引黏合的能力。也就是土壤对机械破坏和根系穿插时的抵抗力。在土壤中，土粒通过各种引力而黏结起来，就是黏结性。不过由于土壤中往往含有水分，土粒与土粒的黏结常常是以水膜为媒介的。同时，粗土粒可以以细土粒（黏粒和胶粒）为媒介黏结在一起，甚至以各种化学胶结剂为媒介而黏结在一起，也归之于土壤黏结性。土壤黏结性的强弱，可用单位面积上的黏结力（g/cm^2）来表示。一般黏粒含量高、含水量大、有机质缺乏的土壤，黏结性强。

（2）黏着性　土壤黏附外物的性能，黏着性在土壤湿润时产生，随含水量增加而升高，是土壤颗粒与外物之间通过水膜所产生的吸引力作用而表现的性质。水分过多时，黏着性则下降。土壤黏着力的大小以 g/cm^2 等表示。影响土壤黏着性大小的因素主要是活性表面大小和含水量多少这两方面。

（3）可塑性　土壤在适宜水分范围内，可被外力塑造成各种形状，在外力消除后和干燥后，仍能保持此性状的性能。土壤可塑性是片状黏粒及其水膜造成的。黏粒是产生黏结性、黏着性和可塑性的物质基础，水分条件是表现强弱的条件。一般认为，过干的土壤不能任意塑形，泥浆状态的土壤虽能变形，但不能保持变形后的状态。因此，土壤只有在一定含水量范围内才具有可塑性。

2. 土壤耕性

土壤耕性是指由耕作所表现出来的土壤物理性质，它包括：a. 耕作时土壤对农具操作的机械阻力，即耕作的难易问题；b. 耕作后与植物生长有关的土壤物理性状，即耕作质量问题。因此，对土壤耕性的要求包括耕作阻力尽可能小，以便于作业和节约能源；耕作质量高，耕翻的土壤要松碎，便于根的传扎和有利于保温、通气和养分转化；适耕期尽可能长。

由于耕性是土壤力学性质在耕作上的综合反映，所以凡是影响土壤力学性质的因子，如土壤质地、有机质含量、土壤结构性及含水量等，必定影响着土壤的耕性。

二、土壤化学性质

（一）土壤胶体特性及吸附性

1. 土壤胶体及其种类

土壤胶体是指土壤中粒径小于 $2\mu m$ 或小于 $1\mu m$ 的颗粒，为土壤中颗粒最细小而最活跃的部分。按成分和来源，土壤胶体可分为无机胶体、有机胶体和有机-无机复合胶体三类。

（1）无机胶体 无机胶体包括成分简单的晶质和非晶质的硅、铝的含水氧化物，成分复杂的各种类型的层状硅酸盐（主要是铝硅酸盐）矿物。常把此两者统称为土壤黏粒矿物，因其同样都是岩石风化和成土过程的产物，并同样影响土壤属性。

含水氧化物主要包括水化程度不等的铁和铝的氧化物及硅的水化氧化物。其中又有结晶型与非晶质无定形之分，结晶型的如三水铝石（$Al_2O_3 \cdot 3H_2O$）、水铝石（$Al_2O_3 \cdot H_2O$）、针铁矿（$Fe_2O_3 \cdot 3H_2O$）、褐铁矿（$2Fe_2O_3 \cdot 3H_2O$）等；非晶质无定形的如不同水化度的 $SiO_2 \cdot nH_2O$、$Fe_2O_3 \cdot nH_2O$、$Al_2O_3 \cdot nH_2O$ 和 $MnO_2 \cdot nH_2O$ 及它们相互复合形成的凝胶、水铝英石等。

（2）有机胶体 主要是腐殖质，还有少量的木质素、蛋白质、纤维素等。腐殖质胶体含有多种官能团，属两性胶体，但因等电点较低，所以在土壤中一般带负电，因而对土壤中无机阳离子特别是重金属等的吸附性能影响巨大。但它们不如无机胶体稳定，较易被微生物利用和分解。

（3）有机-无机复合体 土壤的有机胶体很少单独存在，大多通过多种方式与无机胶体相结合，形成有机-无机复合体，其中主要是二、三价阳离子（如钙、镁、铁、铝等）或官能团（如羟基、醇羟基等）与带负电荷的黏粒矿物和腐殖质的连接作用。有机胶体主要以薄膜状紧密覆盖于黏粒矿物表面上，还可能进入黏粒矿物的晶层之间。土壤有机质含量越低，有机-无机胶体复合越高，一般变动范围为50%～90%。

2. 土壤胶体的特性

土壤胶体是土壤中最活跃的部分，其构造由微粒核及双电层两部分构成。这种构造使土壤胶体产生表面特性及电荷特性，表现为具有较大的表面积并带有电荷，能吸附各种重金属等污染物，有较大的缓冲能力，对土壤中元素的保持和耐受酸碱变化以及减轻某些毒性物质的危害有重要的作用。此外，受其结构的影响，土壤胶体还有分散、絮凝、膨胀、收缩等特性，这些特性与土壤结构的形成及污染物在土壤中的行为均有密切的关系。而它所带的表面电荷则是土壤具有一系列化学、物理化学性质的根本原因。土壤中的化学反应主要为界面反应，这是由于表面结构不同的土壤胶体所产生的电荷，能与溶液中的离子、质子、电子发生相互作用。土壤表面电荷数量所决定的表面电荷密度，则影响着对离子的吸附强度。所以，土壤胶体特性影响着重金属、有机污染物等在土壤介质表面或溶液中的积聚、迁移和转化，是土壤对污染物有一定自净作用和环境容量的重要原因。

3. 土壤吸附性

土壤是永久电荷表面共存的体系，可吸附阳离子，也可吸附阴离子。土壤胶体表面通过静电吸附的离子能与溶液中的离子进行交换反应，也能通过共价键与溶液中的离子发生配位吸附。因此，土壤学中，将土壤吸附性定义为：土壤固相和液相界面上离子或分子的浓度大于整体溶液中该离子或分子浓度的现象，此时为正吸附。在一定条件下也会出现与正吸附正好相反的现象，即称为负吸附，是土壤吸附性能的另一种表现。土壤吸附性是重要的土壤化学性质之一。它取决于土壤固相物质的组成、含量、形态，以及酸碱性、温度、水分状况等条件及其变化，影响着土壤中物质的形态、转化、迁移和生物有效性。

按产生机理的不同可将土壤吸附性分为交换吸附、专性吸附、负吸附等不同类型。

(1) 交换吸附 带电荷的土壤表面借静电引力从溶液中吸附带异号电荷或极性分子。在吸附的同时，有等当量的同号电荷的另一种离子从表面上解吸而进入溶液，其实质是土壤固液相之间的离子交换反应。

(2) 专性吸附 相对于交换吸附而言，专性吸附是非静电因素引起土壤对离子的吸附。土壤对重金属离子专性吸附的机理有表面配合作用和内层交换说；对于多价含氧酸根等阴离子专性吸附的机理则有配位体交换说和化学沉淀说。这种吸附仅发生在水合氧化物型表面（即羟基化表面）与溶液的界面上。

(3) 负吸附 与上述两种吸附相反，负吸附是土壤表面排斥阴离子或分子的现象，表现为土壤固液相界面上，离子或分子的浓度低于整体溶液中该离子或分子的浓度。其是由静电因素引起的，即阴离子在负电荷表面的扩散双电层中受到相斥作用；是土壤力求降低其表面能以达体系的稳定，因此凡会增加体系表面能的物质都会受到排斥。在土壤吸附性能的现代概念中的负吸附仅指离子的作用，分子负吸附则常归入土壤物理性吸附的范畴。

4. 土壤胶体特性及吸附性的环境生态意义

(1) 土壤胶体特性及吸附性对污染物迁移转化的影响 土壤环境中的氧化物及水合物等胶体可以吸附多种微量重金属离子，从而控制土壤溶液中金属离子的浓度；专性吸附可调控金属元素的生物有效性和生物毒性，对水体的重金属污染起到一定的净化作用，对金属离子从土壤溶液向植物体内的迁移和累积起一定的缓冲和调节作用。

(2) 土壤胶体特性及吸附性对污染物毒性的影响 土壤胶体特性及吸附性对污染物的生物毒性影响不同，离子交换作用吸附农药等有机污染物而使其毒性降低，有些污染物可在土壤黏粒表面发生催化降解而失去毒性，黏粒矿物表面还可提供 H^+ 使农药质子化，如蒙脱石附近的百草枯很少出现植物毒性。

（二）土壤酸碱性

土壤酸碱性与土壤的固相组成和吸附性能有着密切的关系，是土壤的一个重要化学性质，其对植物生长和土壤生产力以及土壤污染与净化都有较大的影响。

1. 土壤 pH 值

土壤酸碱度常用土壤溶液的 pH 值表示。土壤 pH 值常被看作土壤性质的主要变量，它对土壤的许多化学反应和化学过程都有很大的影响，对土壤中的氧化还原、沉淀溶解、吸附、解吸和配位反应起支配作用。土壤 pH 值对植物和微生物所需养分元素的有效性也有显著的影响。在 pH > 7 的情况下，一些元素，特别是微量金属阳离子如 Zn^{2+}、Fe^{3+} 等的溶解度降低，植物和微生物会受到由于此类元素的缺乏而带来的负面影响；pH < 5.0～5.5 时，铝、锰及众多重金属的溶解度提高，对许多生物产生毒害；更极端的 pH 值预示着土壤中将出现特殊的离子和矿物，例如 pH > 8.5，一般会有大量的溶解性 Na^+ 存在，此时重金属往往会以金属硫化物形式存在。

土壤 pH 值对土壤中养分存在形态和有效性、土壤理化性质和微生物活性具有显著影响。

微生物原生质的 pH 接近中性，土壤中大部分微生物在中性条件下生长良好，pH=5 以下一般停止生长。

2. 土壤酸度

（1）土壤活性酸　土壤中的水分不是纯净的，含有各种可溶的有机、无机成分，有离子态、分子态，还有胶体态的。因此土壤活性酸度是土壤溶液中游离的 H^+ 引起的，常用 pH 值表示，即溶液中氢离子浓度的负对数。土壤酸碱性主要根据活性酸划分：pH 值在 6.6～7.4 之间为中性。我国土壤 pH 值一般在 4～9 之间，在地理分布上由南向北 pH 值逐渐增大，大致以长江为界：长江以南的土壤为酸性和强酸性；长江以北的土壤多为中性或碱性，少数为强碱性。

（2）潜性酸　土壤胶体上吸附的氢离子或铝离子，进入溶液后才会显示出酸性，称为潜性酸，常用 1000g 烘干土中氢离子的摩尔数表示。

潜性酸可分为交换性酸和水解性酸两类。

① 交换性酸：用过量中性盐（氯化钾、氯化钠等）溶液，与土壤胶体发生交换作用，土壤胶体表面的氢离子或铝离子被浸提剂的阳离子所交换，使溶液的酸性增加。测定溶液中氢离子的浓度即得交换性酸的数量。

② 水解性酸：用过量强碱弱酸盐（CH_3COONa）浸提土壤，胶体上的氢离子或铝离子释放到溶液中所表现出来的酸性。CH_3COONa 水解产生 NaOH，pH 值可达 8.5，Na^+ 可以把绝大部分的代换性的氢离子和铝离子代换下来，从而形成醋酸，滴定溶液中醋酸的总量即得水解性酸度。

交换性酸是水解性酸的一部分，水解能置换出更多的氢离子。要改变土壤的酸性程度，就必须中和溶液中及胶体上的全部交换性氢离子和铝离子。在酸性土壤改良时，可根据水解性酸来计算所要施用的石灰的量。

（3）土壤酸的来源

① 土壤中 H^+ 的来源：由 CO_2 引起（土壤气体、有机质分解、植物根系和微生物呼吸）；土壤有机体的分解产生有机酸，硫化细菌和硝化细菌还可产生硫酸和硝酸；生理酸性肥料（硫酸铵、硫酸钾等）。

② 气候对土壤酸化的影响：在多雨潮湿地带，盐基离子被淋失，溶液中的氢离子进入胶体取代盐基离子，导致氢离子积累在土壤胶体上。而我国东北和西北地区的降雨量少，淋溶作用弱，导致盐基积累，大部分则为石灰性、碱性或中性土壤。

③ 铝离子的来源：黏土矿物铝氧层中的铝，在较强的酸性条件下释放出来，进入到土壤胶体表面成为代换性的铝离子，其数量比氢离子数量大得多，土壤表现为潜性酸。长江以南的酸性土壤主要是由铝离子引起的。

3. 土壤碱度

土壤碱性反应及碱性土壤形成是自然成土条件和土壤内在因素综合作用的结果。碱性土壤的碱性物质主要是钙、镁、钠的碳酸盐和重碳酸盐，以及胶体表面吸附的交换性钠。形成碱性反应的主要机理是碱性物质的水解反应，如碳酸钙的水解、碳酸钠的水解及交换性钠的水解等。

和土壤酸度一样，土壤碱度也常用土壤溶液（水浸液）的 pH 值表示，据此可进行碱性分级。由于土壤的碱度在很大程度上取决于胶体吸附的交换性 Na^+ 的饱和度，称为土壤碱化度，它是衡量土壤碱度的重要指标。

$$碱化度(\%) = \frac{交换性钠(mmol/kg)}{阳离子交换量(mmol/kg)} \times 100 \qquad (2.8)$$

土壤碱化与盐化有着发生学上的联系。盐土在积盐过程中，胶体表面吸附有一定数量的交换性钠，但因土壤溶液中的可溶性盐浓度较高，阻止交换性钠水解。所以，盐土的碱度一般都在 pH8.5 以下，物理性质也不会恶化，不显现碱土的特征。只有当盐土脱盐到一定程度后，土壤交换性钠发生解吸，土壤才出现碱化特征。但土壤脱盐并不是土壤碱化的必要条件。土壤碱化过程是在盐土积盐和脱盐频繁交替发生时，促进钠离子取代胶体上吸附的钙、镁离子，从而演变为碱化土壤。

4. 土壤酸碱性的环境生态意义

土壤酸碱性对土壤微生物的活性、对矿物质和有机质分解起重要作用。它可通过对土壤中进行的各种化学反应的干预作用而影响组分和污染物的电荷特性，沉淀-溶解、吸附-解吸和配位-解离平衡等，从而改变污染物的毒性；同时，土壤酸碱性还通过土壤微生物的活性来改变污染物的毒性。

土壤溶液中的大多数金属元素（包括重金属）在酸性条件下以游离态或水化离子态存在，毒性较大，而在中性、碱性条件下易生成难溶性氢氧化物沉淀，毒性大为降低。以污染元素 Cd 为例，在高 pH 值和高 CO_2 条件下，Cd 形成较多的碳酸盐而使其有效度降低。但在酸性 (pH=5.5) 土壤中在同一总可溶性 Cd 的水平下，即使增加 CO_2 分压，溶液中 Cd^{2+} 仍可保持很高水平。土壤酸碱性的变化不但直接影响金属离子的毒性，而且也改变其吸附、沉淀、配位反应等特性，从而间接地改变其毒性。土壤酸碱性也显著影响含氧酸根阴离子（如铬、砷）在土壤溶液中的形态，影响它们的吸附、沉淀等特性。在中性和碱性条件下，Cr(III) 可被沉淀为 $Cr(OH)_3$。在碱性条件下，由于 OH^- 的交换能力大，能使土壤中可溶性砷的含量显著增加，从而增加了砷的生物毒性。

此外，有机污染物在土壤中的积累、转化、降解也受到土壤酸碱性的影响和制约。例如，有机氯农药在酸性条件下性质稳定，不易降解，只有在碱性土壤环境中呈离子状态，移动性大，易随水流逝，而在酸性条件下呈分子态，易被土壤吸附而降解半衰期增加；有机磷和氨基甲酸酯农药虽然大部分在碱性环境中易于水解，但地亚农（一种有机磷杀虫剂）则更易发生酸性水解反应。

（三）土壤氧化性和还原性

与土壤酸碱性一样，土壤氧化性和还原性是土壤的又一重要化学性质。电子在物质之间的传递引起氧化还原反应，表现为元素价态变化。土壤中参与氧化还原反应的元素有 C、H、N、O、Fe、Mn、As、Cr 及其他一些变价元素，较为重要的是 O、Fe、Mn、S 和某些有机化合物，并以氧和有机还原性物质较为活泼，Fe、Mn、S 等的转化则主要受氧和有机质的影响。土壤中的氧化还原反应在干湿交替下进行得最为频繁，其次是有机物质的氧化和生物机体的活动。土壤氧化还原反应影响着土壤形成过程中物质的转化、迁移和土壤剖面的发育，控制着土壤元素的形态和有效性，制约着土壤环境中某些污染物的形态、转化和归趋。因此，土壤氧化还原性在环境土壤学中具有十分重要的意义。

1. 土壤氧化还原体系及其指标

土壤具有氧化还原性的原因在于土壤中多种氧化还原物质共存。土壤气体中的氧和高价金属离子都是氧化剂，而土壤有机物以及在厌氧条件下形成的分解产物和低价金属离子等为还原剂。由于土壤成分众多，各种反应可同时进行，其过程十分复杂。

土壤氧化还原能力的大小可用土壤的氧化还原电位（E_h）来衡量，主要为实测的 E_h 值，其大小的影响因素涉及土壤通气性、微生物活动、易分解有机质的含量、植物根系的代谢作用、土壤的 pH 值等多方面。一般旱地土壤的 E_h 为 +400～+700mV，水田的 E_h 为 +300～−200mV。根据土壤 E_h 值可以确定土壤中有机物和无机物可能发生的氧化还原反应的环境行为。

土壤中氧是主要的氧化剂，通气性良好、水分含量低的土壤的电位值较高，为氧化性环境；渍水的土壤电位值较低，为还原性环境。此外土壤微生物的活动、植物根系的代谢及外来物质的氧化还原性等亦会改变土壤的氧化还原电位值。从土壤污染的研究角度出发，特别注意污染物在土壤中由于参与氧化还原反应所造成的对迁移性与毒性的影响。氧化还原反应还可影响土壤的酸碱性，使土壤酸化或碱化，pH 值发生改变，从而影响土壤组分及外来污染元素的行为。

2. 土壤氧化性和还原性的环境生态意义

从环境科学角度看，土壤氧化性和还原性与有毒物质在土壤环境中的消长密切相关。

（1）有机污染物　在热带、亚热带地区间歇性阵雨和干湿交替对厌氧、好氧细菌的增殖均有利，比单纯的还原或氧化条件更有利于有机农药分子的降解。特别是有环状结构的农药，因其环开裂反应需要氧的参与，如 DDT 的开环反应、地亚农的代谢产物嘧啶环的裂解等。

有机氯农药大多在还原环境下才能加速代谢。例如，六六六（六氯环己烷）在旱地土壤中分解很慢，在蜡状芽孢菌参与下，经脱氯反应后快速代谢为五氯环己烷中间体，后者在脱去氯化氢后生成四氯环己烯和少量氯苯类代谢物。分解 DDT 适宜的 E_h 值为 0～−250mV，艾氏剂也只有在 $E_h <$ −120mV 时才快速降解。

（2）重金属　土壤中大多数重金属污染元素是亲硫元素，在农田厌氧还原条件下易生成难溶性硫化物，降低了毒性和危害。土壤中低价硫 S^{2-} 来源于有机质，100g 土壤中可达 20mg。当土壤转为氧化状态如落水或干旱时，难溶硫化物逐渐转化为易溶硫酸盐，其生物毒性增加。如黏土中添加 Cd 和 Zn 等的情况下淹水 5～8 周后，可能存在 CdS。在同一土壤含 Cd 量相同的情况下，若水稻在全生育期淹水种植，即使土壤含 Cd 100mg/kg，糙米中 Cd 浓度约 1mg/kg（Cd 食品卫生标准为 0.2mg/kg）；但若在幼枝形成前后此水稻田落水搁田，则糙米含 Cd 量可高达 5mg/kg。其主要原因是在土壤淹水条件下，使生成了硫化镉 Cd 的毒性降低的缘故。

（四）土壤体系缓冲性

缓冲体系本意指体系抵抗 pH 值变化的能力，对于土壤缓冲体系亦包括土壤抵抗 pH 值变化的能力，由吸附作用、交换作用形成。土壤缓冲性能的形成，同时包括土壤环境抵抗其他离子变化的能力。由此扩展，进入土壤的重金属、氟化物、硫化物、农药、石油烃等均会在土壤胶体上发生不同程度的吸附，因此，造成土壤溶液中相应离子和元素浓度降低的现象，对土壤微生物、植物根系及土壤动物的毒害及食物链后续的高端生物的毒性有所降低，相当于对各种外来污染物的浓度及其作用效应有一定的抵抗能力，故土壤缓冲体系除包括 pH 值外，对于氧化-还原电位、污染特性等均有不同程度的缓冲作用。因此，土壤缓冲体系为土壤环境体系特有的，与土壤组成直接相关的，对土壤净化有重要贡献的物理、化学过程。

一般土壤缓冲能力的大小顺序为：腐殖质土壤＞黏土＞砂土。

三、土壤生物学性质

如前所述，土壤生物由土壤微生物、土壤植物根系及土壤动物组成，而植物根系及土壤微生物分泌的酶是土壤最为活跃的有机成分之一，驱动着土壤的代谢过程，对土壤圈中养分循环和污染物质的净化具有重要的作用。因此，土壤生物学性质从包括酶学特性在内的 4 个方面进行论述。

（一）土壤酶特性

酶是驱动生物体内生化反应的催化剂，在土壤学、环境学、农林学及其相关学科中普遍采用土壤酶活性值的大小来灵敏地反映土壤中生化反应的方向和强度，是重要的土壤生物学性质之一。土壤中进行的各种生化反应，除受微生物本身活动的影响外，实际上是各种相应的酶参与下完成的。酶作为催化剂具有催化活性高、专一性强等特点，同时由于酶的本质为蛋白质，故其催化需要温和的温度、pH 值等外部条件。土壤酶的特性对于土壤的形成与发育、土壤肥力的保持等具有重要的作用，可综合反映土壤的理化特性。同时受酸碱污染、温度变化及重金属等可能造成蛋白质变性的因素的影响，可使土壤酶活性受到不同程度的抑制，因此，其活性的大小还可表示土壤污染程度的高低。

土壤酶主要来自微生物、土壤动物和分泌胞外酶。在土壤中已经发现的酶有 50～60 种，研究较多的包括氧化还原酶、转化酶和水解酶等，旨在对土壤环境质量进行酶活性表征。20世纪 70 年代开始，国内外学者将土壤酶应用到土壤污染的研究领域，至目前为止，提出的污染土壤酶监测指标主要有土壤脲酶、脱氢酶（TTC）、转化酶、磷酸酶等，近年来，有环保工作者采用荧光素双醋酸酯（FDA）酶活性来表征污染土壤总酶活性的大小，考察污染物对土壤中生物总体的抑制情况。

1. 土壤酶的存在形态

土壤酶较少游离在土壤溶液中，主要是吸附在土壤有机质和矿质胶体上，以复合物状态存在。土壤有机质吸附酶的能力大于矿物质，土壤微团聚体中酶活性比大团聚体的高，土壤细粒级部分比粗粒级部分吸附的酶多。酶与土壤有机质或黏粒结合，固然对酶动力学性质有影响，但它也因此受到保护，增强它的稳定性，防止被蛋白酶或钝化剂降解。

2. 土壤环境与土壤酶活性

酶是有机体的代谢动力，因此，酶在土壤中起重要作用，其活性大小及变化可作为土壤环境质量的生物学表征之一。土壤酶活性受多种土壤环境因素的影响。

(1) 土壤理化性质与土壤酶活性　不同土壤中酶活性的差异，不仅取决于酶的存在量，而且也与土壤质地、结构、水分、湿度、pH 值、腐殖质、阳离子交换量、黏粒矿物及土壤中 N、P、K 含量等相关。土壤酶活性与土壤 pH 值有一定的相关性，如转化酶的最适 pH 值为 4.5～5.0，在碱性土壤中受到程度不同的抑制；而在碱性、中性、酸性土壤中都可检测到磷酸酶的活性，最适 pH 值是 4.0～6.7 和 8.0～10；脲酶在中性土壤中活性最高；脱氢酶则在碱性土中的活性最大。土壤酶活性的稳定性也受土壤有机质的含量和组成及有机矿质复合体组成、特性的影响。此外，轻质地的土壤酶活性强；小团聚体的土壤酶活性较大团聚体的强；而渍水条件引起转化酶的活性降低，但却能提高脱氢酶的活性。

(2) 根际土壤环境与土壤酶活性　由于植物根系生长作用释放根系分泌物于土壤中，使根际土壤酶活性产生很大变化，一般而言，根际土壤酶活性要比非根际土壤大。同时，不同植物的根际土壤中，酶的活性亦有很大差异。例如，在豆科作物的根际土壤中，脲酶的活性比其他根际土壤高；三叶草根际土壤中蛋白酶、转化酶、磷酸酶及接触酶的活性均比小麦根际土壤高。此外，土壤酶活性还与植物生长过程和季节性的变化有一定的相关性，在作物生长最旺盛期，酶的活性也最活跃。

(3) 外源土壤污染物质与土壤酶活性　许多重金属、有机化合物包括杀虫剂、杀菌剂等外源污染物均对土壤酶活性有抑制作用。重金属与土壤酶的关系主要取决于土壤有机质、黏粒等含量的高低及它们对土壤酶的保护容量和对重金属缓冲容量的大小。图 2.8 为油田区土壤石油烃含量与土壤荧光素双醋酸酯（FDA）酶活性的关系。可见，含油率低于 12% 时，土壤 FDA 活性分布在较宽的范围内，可能与土壤的 pH 值、水分含量等其他影响微生物生长增殖的微生态环境因子有关，而当含油率超过 12% 的严重污染土壤中，土壤 FDA 活性则普遍很低。

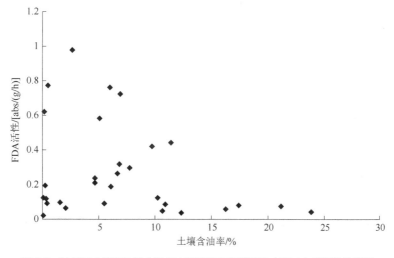

图 2.8　油田区土壤石油烃含量与土壤荧光素双醋酸酯（FDA）酶活性的关系

（二）土壤微生物特性

土壤中普遍分布着数量众多的微生物，但其分布十分不均匀，受空气、水分、黏粒、有机质和氧化还原物质分布的制约。对于有机污染土壤，由于有机污染物所产生的环境压力，会使微生物群落发生变异，数量和活性发生改变，适于有机污染土壤环境并以其为碳源的微生物就可能逐渐成为优势群落。如李广贺等研究表明，通过对污染包气带土壤中微生物的分离、培养和生物学鉴定得出石油污染土壤中的主要优势菌为球菌、长杆菌和短杆菌。研究得到 3 株优势菌分别为黄假单胞菌（*Xanthomonas*）、芽孢杆菌（*Bacillus*）和柄杆菌属（*Caulobacter*），对石油具有显著的降解能力。

土壤微生物是土壤有机质、土壤养分转化和循环的动力；同时，土壤微生物对土壤污染具有特别的敏感性，它们是代谢降解有机农药等有机污染物和恢复土壤环境的最先锋者。土壤微生物特性，特别是土壤微生物多样性是土壤的重要生物性质之一。

土壤微生物性质主要包括其数量、活性和种群三大方面，三者的特性和状态即构成土壤微生物的种群多态性。活性表征微生物的作用强度，其表征指标多采用土壤酶活性的测定值，如土壤体系物质总体生物化学转化速度的高低，土壤总酶活性，亦可表示土壤微生物降解速率快慢的参数，尤其是与土壤污染物降解能力直接相关的脲酶活性、脱氢酶活性等。数量作为微生物活性的一个方面，一般情况下土壤微生物数量越多，其活性也越大，二者的相关性系数与微生物种群构成有重要的关系，微生物种群构成越为单一，二者的符合程度越高。而微生物种群类型则在本章第一节进行过论述，这里不再赘述。

土壤微生物多样性与土壤生态稳定性密切相关，因此，研究土壤微生物群落结构及功能多样性，是应用分子生物学学科研究的前沿领域之一。近年来，人们借助 BIOLOG 分析技术、细胞壁磷脂酸分析技术和分子生物学方法等对污染土壤微生物群落变化也进行了一些研究，结果表明土壤中残留的有毒有机污染物不仅能改变土壤微生物生理生化特征，而且也能显著影响土壤微生物群落结构和功能多样性。如通过 BIOLOG 分析技术研究发现，农药污染将导致土壤微生物群落功能多样性的下降，减少了能利用有关碳底物的微生物数量，降低了微生物对单一碳底物的利用能力。而采用随机扩增的多态 DNA（Random Amplifed Polymorphic DNA，RAPD）分子遗传标记技术的研究表明，农药厂附近农田土壤微生物群落 DNA 序列的相似程度不高、均匀度下降，但其 DNA 序列丰富度和多样性指数却有所增加，也即表明农药污染很可能会引起土壤微生物群落 DNA 序列本身发生变化，如 DNA 变异、断裂等。

（三）土壤动物特性

与土壤酶特性及微生物特性一样，土壤动物特性也是土壤生物学性质之一。土壤动物特性包括土壤动物组成、个体数或生物量、种类丰富度、群落的均匀度、多样性指数等，是反映环境变化的敏感生物学指标。

生活于土壤中的动物受环境的影响，反过来土壤动物的数量和群落结构的变异能指示生态系统的变化。土壤动物多样性被认为是土壤肥力高低及生态稳定性的有效指标。土壤中某些种类的土壤动物可以快速灵敏地反映土壤是否被污染以及污染的程度。例如分布广、数量大、种类多的甲螨，有广泛接触有害物质的机会，所以当土壤环境发生变化时有可能从它们种类和数量的变化反映出来。另外，线虫常被看作生态系统变化和农业生态系统受到干扰的敏感指示生物。土壤动物多样性的破坏将威胁到整个陆地生态系统的生物多样性及生态稳定性，因此应加强土壤动物多样性的研究和保护。

当前研究多侧重于应用土壤动物进行土壤生态与环境质量的评价方面，如依据蚯蚓对重金属元素具有很强的富集能力这一特性，已普遍采用蚯蚓作为目标生物，将其应用到了土壤重金属污染及毒理学研究上。对于通过农药等有机污染物质的土壤动物监测、富集、转化和分解，探明有机污染物质在土壤中快速消解途径及机理的研究，虽然刚刚起步，但备受关注。有些污染物的降解是几种土壤动物及土壤微生物密切协同作用的结果，所以土壤动物对环境的保护和净化作用将会受到更大的重视。

（四）土壤植物根际区效应及其环境生态意义

根际（rhizosphere）是指植物根系活动的影响在物理、化学和生物学性质上不同于土体的动态微域，是植物—土壤—微生物与环境交互作用的场所，对土壤环境性质及污染物的迁移转化等均有重要的影响。在根际环境中，植物根系通过根细胞或组织脱落物、根系分泌物向土壤输送有机物质，这些有机物质一方面对土壤养分循环、土壤腐殖质的积累和土壤结构的改良起着重要作用；另一方面作为微生物的营养物质，大大刺激了根系周围土壤微生物的生长，使根系周围土壤微生物数量明显增加。反过来，微生物将有机养分转化成无机养分活性的增强，可强化植物对养分的吸收利用，从而达到根际区生态环境中植物—微生物的互利共生作用，大大提高土壤生态系统的生态功能，包括污染土壤环境中的分解与净化功能。表2.10列举了根细胞、组织脱落物和根系分泌物的物质类型及其营养作用。

表2.10　根产物中有机物质的种类及其在植物营养中的作用

根产物中有机物质的种类		在植物营养中的作用
低分子有机化合物	糖类、有机酸、氨基酸、酚类化合物	养分活化与固定；微生物的养分和能源
高分子黏胶物质	多糖、酚类化合物、多聚半乳糖醛酸	抵御铁、铝、锰的毒害
细胞或组织脱落物及其溶解产物	根冠细胞、根毛细胞内含物	微生物能源；间接影响植物营养状况

由于根际区理化及生物学性质的不断变化，导致土壤结构和微生物环境也随之变化，从而使污染物的滞留与消除不同于非根际的一般土体。根际中根分泌物提供的特定碳源及能源使根际微生物数量和活性明显增加，一般为非根际土壤的 $5\sim20$ 倍，最高可达 100 倍；植物根分类型（直根、丛根、须根）、年龄、不同植物的根、根毛的多少等，都可影响根际微生物对特定有机污染物的降解速率。根向根际环境中分泌的低分子有机酸（如乙酸、草酸、丙酸、丁酸等）可与 Hg、Cr、Pb、Cu、Zn 等进行配位反应，由此导致土壤中此类重金属生物毒性的改变。可见，根际效应主动营造的土壤根际微生物种群及活性的变化，成为土壤重金属及有机农药等污染物根际快速消解的可能机理，并由此促使相关研究者对其进行深入探索，推动了环境土壤学、环境微生物等相关学科的不断前进。

第三节 土壤的形成

土壤处于岩石圈、大气圈、水圈和生物圈的交界面上，是陆地表面各种物质（固态的、气态的、液态的、有机的、无机的）能量交换、形态转换最为活跃和频繁的场所。作为独立的历史自然体，土壤既具有其本身特有的发生和发展规律，又有其在分布上的地理规律。它是成土母质在一定水热条件和生物的作用下，经过一系列物理、化学和生物化学的作用而形成的。

一、形成因素

土壤形成因素又称成土因素，是影响土壤形成和发育的基本因素，它是一种物质、力、条件或关系或它们的组合，这些因素已经对土壤形成产生了影响或将继续影响土壤的形成和发育。

土壤形成因素包括自然因素和人为因素。其中，自然成土因素包括母质、生物、气候、地形和时间，这些因素是土壤形成的基础和内在因素。而人类活动也是土壤形成的重要因素，可对土壤性质和发展方向产生深刻影响，有时甚至起着主导作用。

（一）母质

通常把与土壤形成有关的块状固结的岩体称为母岩，而把与土壤发生直接联系的母岩风化物及其再积物称为母质。它是形成土壤的物质基础，是土壤的前身。其在土壤形成中的作用可大体概括为以下 3 个方面。

1. 母质矿物、化学特性对成土过程的速度、性质和方向的影响

不同母质因其矿物组成、理化性质的不同，在其他成土因素的作用下，直接影响着成土过程的速度、性质和方向。例如，在石英含量较高的花岗岩风化物中，抗风化很强的石英颗粒仍可保存在所发育的土壤中，而且因其所含的盐基成分（钾、钠、钙、镁）较少，在强淋溶下，极易完成淋失，使土壤呈酸性反应；反之，富含盐基成分的基性岩，如玄武岩、辉绿岩等风化物，则因不含石英，盐基丰富，抗淋溶作用较强。

2. 母质的粗细及层理变化对土壤发育的影响

母质的机械组成和矿物风化特征直接影响土壤质地，从而影响土壤形成以及一系列土壤理化性质。例如，对于砂质或砾质母质，水分可以自上而下迅速穿过，在土壤中滞留和作用时间短，而不易引起母质中的化学风化，故其成土作用和土壤剖面发育缓慢。而壤质母质透水性适宜，最有利于当地各成土因素的作用，形成的土壤常具有明显的层次性。

3. 母质层次的不均一性也会影响土壤的发育和形态特征

如冲积母质的砂黏间层所发育的土壤易在砂层之下、黏层之上形成滞水层。

（二）生物

土壤形成的生物因素包括植物、土壤动物和土壤微生物。生物因素促进土壤形成中有机质的合成和分解。只有当母质中出现了微生物和植物时土壤的形成才真正开始。

微生物是地球上最古老的生物体，已存在数十亿年，它们早在出现高等植物以前就已发生作用，土壤微生物对成土的作用是多方面的，且非常复杂，其中最主要的是作为分解者推动土壤生物小循环不断发展。

植物通过合成有机质向土壤中提供有机物质和能量，促使母质肥力因素的改变，它的根部还可分泌二氧化碳和某些有机酸类，影响土壤中一系列的生物化学和物理化学作用；根系还能调节土壤微生物区系，促进或抑制某些生物和化学过程；同时根在土壤中伸展穿插的机械作用，可促进土壤结构体的形成。在一定的气候条件下，植物与微生物的特定组合决定了土壤形成发展速度与方向，产生相应的土壤类型。

土壤动物对土壤形成的影响也是不可忽视的。自微小的原生动物至高等脊椎动物所构成的动物区系，均以其特定的方式参加了土壤中有机残体的破碎与分解作用，并通过搬运、疏松土壤及母质影响土壤物理性质。某些动物如蚯蚓还可参与土壤结构体的形成，其分泌物可引起土壤的化学成分的改变。

（三）气候

气候不仅直接影响土壤的水热状况和物质的转化和迁移，而且还可通过改变生物群落（包括植被类型、动植物生态等）影响土壤的形成。地球上不同地带由于热量、降水量及干湿度的差异，其天然植被互不相同，土壤类型也不相同。此外，气候条件还可影响土壤形成速率。

（四）地形

在成土过程中，地形是影响土壤和环境之间进行物质、能量交换的一个重要条件，它与母质、生物、气候等因素的作用不同。其主要通过影响其他成土因素对土壤形成起作用。由于地形影响着水、热条件的再分配，从而影响母质和植被的类型，所以不同地形条件下形成的土壤类型均表现出明显的垂直变化特点。地形还通过地表物质的再分配过程影响土壤形成。

（五）时间

时间因素可体现土壤的不断发展。正像一切历史自然体一样，土壤也有一定的年龄。土壤年龄是指土壤发生发育时间的长短。通常把土壤年龄分为绝对年龄和相对年龄。绝对年龄是指该土壤在当地新鲜风化层或新母质上开始发育时算起迄今所经历的时间，通常用年表示；相对年龄则是指土壤发育阶段或土壤的发育程度。土壤剖面发育明显，土壤厚度大，发育度高，相对年龄大；反之相对年龄小。我们通常说的土壤年龄是指土壤发育程度，而不是年数，亦即通常所谓的相对年龄。

（六）人类活动对土壤发生及演化的作用

人类活动在土壤形成过程中具有独特的作用，有人将其作为第六个因素，但它与其他五个自然因素有本质区别。因为人类活动对土壤的影响是有意识、有目的、定向的，具有社会性，它受社会制度和社会生产力的影响。同时，人类对土壤影响具有双重性，利用合理则有助于土壤质量的提高；但如利用不当，就会破坏土壤。

上述各种成土因素可概括分为自然成土因素（母质、生物、气候、地形、时间）和人类活动因素，前者存在于一切土壤形成过程中，产生自然土壤；后者是在人类社会活动的范围内起作用，对自然土壤施加影响，可改变土壤的发育程度和发育方向。某一成土因素的改变，会引发其他成土因素的改变。土壤形成的物质基础是母质，能量的基本来源是气候，生物则把物质循环和能量交换向形成土壤的方向发展，使无机能转变为有机能、太阳能转变为生物化学能，促进有机质的积累和土壤肥力的产生，地形、时间以及人类活动则影响土壤的形成速度和发育程度及方向。

二、形成过程

（一）土壤形成过程的实质

植物营养因素在生物体和土壤之间的循环（吸收、固定和释放的过程），称为生物小循环。其结果使植物营养元素逐渐在土壤中增加，累积的方向是向上的；与之相反，岩石风化作用则是促进物质的地质大循环。所谓物质的地质大循环是指地面的岩石的风化、风化产物的淋溶与搬运、堆积，进而产生成岩作用，这是地球表面恒定的周而复始的大循环。物质大循环是一个地质学的过程，每一轮循环所需时间长，作用范围广；生物小循环则是生物学的过程，每一轮循环的时间短，范围小。土壤形成是一个综合性的过程，其实质是物质的地质大循环和生物小循环的对立统一，其中以小循环为矛盾的主要方面。因为地质大循环是物质的淋失过程，生物小循环是土壤元素的集中过程，二者是矛盾的。但如果无地质大循环，生物小循环就不能进行；无生物小循环，仅地质大循环，土壤则难以形成。地质大循环和生物小循环的共同作用是土壤发生的基础。在土壤形成过程中，两种循环过程相互渗透且不可分割地同时同地进行，它们之间通过土壤而相互连接在一起。

（二）主要的成土过程

主要的成土过程是地壳表面的岩石风化体及其搬运的沉积体，受其所处环境因素的作用，形成具有一定剖面形态和肥力特征的土壤的历程。因此，土壤的形成过程可以看作是成土因素的函数。由于各地区成土因素的差异，在不同的自然因素综合作用下，大小循环所表现的形式不同，由此产生土壤类型的分化。根据成土过程中物质交换和能量转化的特点和差异，土壤基本表现出原始成土、有机质积聚、富铝化、钙化、盐化、碱化、灰化、潜育化等成土过程。

1. 原始成土过程

从岩石露出地表着生微生物和低等植物开始到高等植物定居之间形成的土壤过程，称为原始成土过程。包括三个阶段：第一阶段为岩石表面着生蓝藻、绿藻和硅藻等岩生微生物"岩漆"

阶段；第二阶段为地衣对原生矿物发生强烈的破坏性影响的"地衣"阶段；第三阶段为苔藓阶段，生物风化与成土过程的速度大大增加，为高等绿色植物的生长准备了肥沃的基质。原始成土过程多发生在高山区，也可以与岩石风化同时同步进行。

2. 有机质积聚过程

有机质积聚过程是在木本或草本植被下，土体上部有机质增加的过程，它是生物因素在土壤形成过程中的具体体现，普遍存在于各种土壤中。由于成土条件的差异，有机质及其分解与积累也可有较大的差异。据此可将有机质积聚过程进一步划分为腐殖化、粗腐殖化及泥炭化三种。具体体现为6种类型：a. 漠土有机质积聚过程；b. 草原土有机质积聚过程；c. 草甸土有机质积聚过程；d. 林下有机质积聚过程；e. 高寒草甸土有机质积聚过程；f. 泥炭积聚过程。

3. 富铝化过程

富铝化过程又称为脱硅过程或脱硅富铝化过程。它是热带、亚热带地区土壤物质由于矿物的分化，形成弱碱性条件，促进可溶性盐基及硅酸的大量流失，而造成铁铝在土体内相对富集的过程。因此它包括两方面的作用，即脱硅作用和铁铝相对富集作用。

4. 钙化过程

主要出现在干旱及半干旱地区。由于成土母质富含碳酸盐，在季节性的淋溶作用下，土体中碳酸钙可向下迁移至一定深度，以不同形态（假菌丝、结核、层状等）累积为钙积层，其碳酸钙含量一般在10%～20%之间，因土类和地区不同而异。

5. 盐化过程

指地表水、地下水以及母质中含有的盐分，在强烈的蒸发作用下，通过土壤水的垂直和水平移动，逐渐向地表积聚（现代积盐作用），或是已脱离地下水或地表水的影响，而表现为残余积盐特点（残余积盐作用）的过程，多发生于干旱气候条件。参与作用的盐分主要是一些中性盐，如 $NaCl$、Na_2SO_4、$MgSO_4$ 等。在受海水影响的滨海地区，土壤也可发生盐化，盐分一般以 $NaCl$ 占绝对优势。

6. 碱化过程

碱化过程是土壤中交换性钠或交换性镁增加的过程，该过程又称为钠质化过程。碱化过程的结果可使土壤呈强碱性反应，pH > 9.0，土壤黏粒被高度分散，物理性质极差。

7. 灰化过程

灰化过程是指在冷湿的针叶林生物气候条件下土壤中发生的铁铝通过配位反应而迁移的过程。

在寒带和寒温带湿润气候条件下，由于针叶林的残落物被真菌分解，产生强酸性的富啡酸，对土壤矿物起着很强的分解作用。在酸性介质中，矿物分解使硅、铝、铁分离，铁、铝与有机配位体作用而向下迁移，在一定的深度形成灰化淀积层；而二氧化硅残留在土层上部，形成灰白色的土层。

8. 潜育化过程

潜育化过程的产生要求具备土壤长期渍水、有机质处于厌氧分解状态这两种条件。该过程中铁锰强烈还原，形成灰-灰绿色的土体。有时，由于"铁解"作用，而使土壤胶体破坏，土壤变酸。该过程主要出现在排水不良的水稻土和沼泽土中，往往发生在剖面下部的永久地下水位以下。

思考题

1. 名词解释

原生矿物、土壤胶体、土壤质地、土壤碱化、土壤有机质、土壤水分、土壤容重、土壤塑性、母质、成土因素

2. 问答题

（1）土壤基本组成及对生态环境的意义。

（2）土壤矿物组成及主要成土矿物。

（3）土壤有机质的性质及生态环境意义。

（4）土壤微生物的生态环境意义。

（5）土壤孔性和结构性。

（6）土壤的形成过程。

土壤污染及其特点

第一节　土壤污染概述

我国虽然拥有广阔的土地面积，但由于人口逐年增多，人均占地只有 1 亩多，远远低于世界人均水平，是世界人均耕地面积比较少的国家，而且近年来我国这些土地随着人口的增多已经不断缩小。据统计，从 20 世纪 50 年代到 80 年代中耕地面积已减少了 14339 万亩，人均耕地已减少了近 1/2。更重要的是，还在使用的土地因为长期以来的不合理使用造成了其利用率不断下降。而其中化肥等的不合理利用及其引起的土地污染已经成为主要原因。化肥、农药、地膜的大量使用，污水灌溉、固体废物堆积等原因使土壤污染和退化现象已经表现得非常严重。由于我国人多地少，为提高产量，施用化肥和农药是大部分农民选择的重要途径。因此我国已成为世界上施用化肥、农药数量最大的国家。据报道，我国化肥平均用量为 400kg/hm^2，是世界公认警戒上限 225kg/hm^2 的 1.8 倍以上，更是欧美平均用量的 4 倍以上，对土壤地下水系统长期、持续地产生污染。

一、土壤污染定义

土壤污染及其治理相比其他环境子系统的污染和净化起步较晚，其污染过程、修复机制等均存在许多尚待解决的科学与技术问题。土壤污染的定义到目前尚未有定论，比较常见的定义方式包括绝对性定义、相对性定义和综合性定义。第一种绝对性定义，基于土壤环境体系是否有外来的（包括人为和自然的原因，但主要是人为添加）物质加入，只要有外来物质进入土壤体系，改变其原有的物质构成，即视为污染的发生，美国超级基金早期的土壤污染及其风险评估、修复项目就是基于绝对性定义开展的；第二种相对性定义，则考虑加入的物质达到某种程度才定义为土壤受到了污染，通常认为是外源物质进入土壤环境，其含量达到或超过该元素在土壤中环境背景值加 2 倍标准差作为土壤受到污染的指标；而第三种综合性定义，则不仅要看土壤体系中某物质量的增加，同时这种增加还对人体或生态环境造成了或可能造成一定的危害，才称为土壤污染，此种综合性定义是基于人体健康风险评价或生态环境风险评价的定义模式，此时土壤中污染物的总量已超出土壤环境容量。

综上，可以将土壤污染（soil polution）定义为：人类活动或自然过程产生的有害物质进入土壤，致使某种有害成分的含量明显高于土壤原有含量，从而引起土壤环境质量恶化的现象（李发生，2009）。《中华人民共和国土壤污染防治法》从保护和改善生态环境，防治土壤污染角度出发，定义土壤污染为：因人为因素导致某种物质进入陆地表层土壤，引起土壤化学、物理、生物等方面特性的改变，影响土壤功能和有效利用，危害公众健康或者破坏生态环境的现象。

在土壤污染定义相关的概念中，土壤背景值、土壤环境容量等基本概念界定出土壤污染产生的前提，对土壤污染定义的理解和土壤环境体系污染的发生、危害及修复均有重要的指示作用。

1. 土壤背景值

环境中有害物质的自然背景值和本底值是环境科学的一项基本资料，只有掌握了环境的背景值，才能判断是否存在污染、评估污染的程度并指导后续的治理和修复工作。土壤背景值（background value of soil environment）是指未受人类污染影响的情况下，土壤在自然界存在和发展过程中其本身原有的化学组成、化学元素和化合物的含量，也称土壤本底值。目前在全球环境受到污染的情况下，要寻找绝对不受污染的背景值是很困难的。因此，土壤背景值实际上是时间和空间上的相对概念，是表示相对不受污染的情况下土壤的基本化学组成，农业土壤在化肥、农药普遍施用的情况下更是如此。土壤中污染物的累积量超过土壤背景值即为土壤污染。

土壤背景值的表示方法，国内外没有统一规定。目前我国通常采用测定值的算术平均值加减一个标准差来表示。它不仅表示土壤中某一污染物的平均含量，同时还说明了该污染物的含量范围。异常值的判断方法，我国都以 $X_0 = X + 2S$（式中，X_0 为污染起始值；X 为测定平均值；S 为标准差）来判断。

土壤背景值是评价环境质量、计算污染物质的土壤环境容量和进行土壤污染预测预报的基础资料，亦是研究制定土壤污染指标和拟定土壤污染防治措施的基本依据。因此，开展土壤背景值的研究是环境土壤学的一项重要基础工作。我国已经开展了区域土壤背景值的研究，并提出了一些地区的土壤背景值，对于防治区域性水土病、提供工矿企业等工农业布局规划、土壤环境质量评估、土壤污染防治等方面均可起到指导作用或提供科学依据。

2. 土壤环境容量

土壤环境容量（soil environmental capacity）是指土壤生态系统中某一特定的环境单元内，土壤所允许容纳污染物质的最大数量。也就是说在此土壤时空内，土壤中容纳的某污染物质不致阻滞植物的正常生长发育，不引起植物可食部分中某污染物积累到危害人体健康的程度，同时又能最大限度地发挥土壤的净化功能和承载能力。

土壤环境容量包括土壤静容量和土壤动容量，主要差别为是否考虑输入土壤中污染物的动态变化。

（1）土壤静容量 土壤静容量以静止的观点来度量和确定土壤的容纳能力，即不考虑污染物随时间的自然衰减等土壤环境容量的影响。

$$Q_i = M \times (C_i - C_{\mathrm{B}i}) \tag{3.1}$$

式中　Q_i——土壤静容量，mg；

　　　M——耕层土壤质量，kg；

　　　C_i——i 元素的土壤临界含量，可取土壤风险管制值，mg/kg；

　　　$C_{\mathrm{B}i}$——i 元素的土壤背景量，mg/kg。

若实际土壤中已受到人为污染，则其现存容量应减去人为污染而增加的元素的量。土壤静容量虽然没考虑动态的输入与输出，但是其参数简单，计算简便，在实际应用中经常是评价环境污染和饱和程度的指标。

（2）土壤动容量　土壤动容量是指在一定土壤环境单元一定时限内，考虑特定物质参与土壤环境物质循环时，土壤所能容纳的污染物的最大负荷，其通式可用下式表示：

$$Q_{\mathrm{d}i} = M\{C_i - [C_{\mathrm{p}i} + f(I_1, I_2, I_3, \cdots, I_n) - f(O_1, O_2, O_3, \cdots, O_n)]\} \tag{3.2}$$

式中　$Q_{\mathrm{d}i}$——土壤动容量；

　　　M——耕层土壤质量，kg；

　　　C_i——i 元素的土壤临界含量，可取土壤风险管制值，mg/kg；

　　　$C_{\mathrm{p}i}$——i 元素的实测浓度，mg/kg。

I 和 O 各分项则为涉及该物质的在土壤环境中动态的输入和输出项，如人为施入土壤量、降雨和大气沉降输入量，淋溶输出量、径流输出量、作物富集输出量等，各输入和输出项可分别建立各自的子函数方程，进行求解后计算特定土壤环境下的动容量。

对于有机污染物污染土壤，基于其相对于重金属等容易被生物利用而降解，可采用净化模型考虑其在土壤体系中的动态输出等容量变化。

土壤环境容量计算与研究在土壤环境领域有广泛的应用，包括制定区域性农田灌溉水质标准、制定和调整土壤环境标准、进行土壤污染预测，还可用于污染物排放总量控制，近年土壤环境受人为污染与影响很大，故其动容量的研究更是广受关注。

3. 土壤自净作用

土壤是一个半稳定状态的复杂物质体系，对外界环境条件的变化和外来的物质有很大的缓冲能力。从广义上说，土壤的自净作用是指污染物进入土壤后经其自身体系的生物和化学降解变为无毒害物质，或通过化学沉淀、络合和螯合作用、氧化还原作用变为不溶性化合物，或为土壤胶体牢固地吸附，植物难以利用而暂时退出土壤生态系统生物小循环，脱离食物链或排出土壤。狭义的土壤自净作用则主要是指微生物对有机污染物的降解作用，以及使有毒有害化合物转变为难溶性化合物的过程。但是，土壤在自然净化过程中，若随着时间的推移有新的污染输入，土壤本身也可能会遭到严重污染。因为土壤污染及其去污取决于污染物进入量与土壤天然净化能力之间的消长关系，当污染物的数量和污染速度超过土壤自净能力时，就会破坏土壤本身的自然动态平衡，使污染物的积累过程逐渐占优势，从而导致土壤正常功能失调，土壤质量下降。在通常情况下，土壤自净能力取决于土壤物质组成及其特性，也和污染物的种类和性质有关。不同土壤对污染物质的负荷量（或容量）不同，同一土壤对不同污染物的净化能力也是不同的。应当指出，土壤的自净速度是比较缓慢的，自净能力也是有限的，特别是对于某些人工合成的有机农药、化学合成的某些产品以及一些重金属，土壤是难以净化的。因此，必须充分合理地利用和保护土壤的自净作用。

二、土壤污染来源

自然环境中，包气带土壤作为与生态、水、气系统之间物质和能量交换的重要构成单元，其物质组成、结构、性质和功能等体系要素在与外部环境的物质和能量交换过程中发生变化，以适应外部环境的改变，维持体系的稳定。土壤所具有的表生生态环境维持、水分输送、耗氧输酸、物质储存与输移、物化-生物作用等功能是维持体系稳定性的重要保障。由于受到人类频繁的生产、生活等活动的影响，显著改变土壤与外部环境的物质和能量交换过程与强度，引起土壤特征要素的改变，进而对其他环境介质产生巨大作用与影响。土壤污染的来源多种多样，可按多种方式进行划分。

1. 按产生污染的来源分

(1) 天然源　自然界自行向环境排放有害物质或造成有害影响的场所，如活动火山。
(2) 人为源　人类活动所形成的污染源，是土壤污染的主要来源。

2. 按污染的种类分

(1) 农业源　农药、化肥、禽畜排泄物。
(2) 工业源　工业废水、废渣及其浸出物、工业粉尘，由此形成的工业污染场地（土壤）是目前污染土壤中危害大、关注度高的场地类型。
(3) 生活源　生活污水、生活垃圾。

3. 按污染源的形式分

(1) 点源　工业废水、城市生活污水，各类工业源为典型的点源，加油站等对土壤和地下水的污染也是重要的点源类型。
(2) 面源　也称非点源污染或分散源污染，是指溶解和固体的污染物从非特定的地点，在降水或融雪的冲刷作用下，通过径流过程而汇入土壤环境并引起土壤有机污染、重金属污染或有毒有害等其他形式的污染。农田区土壤污染是我国面源污染的重要类型。

4. 按污染物进入土壤的途径分

(1) 污水灌溉　污灌是指利用污水、工业废水或混合污水进行农田灌溉。据统计，我国污灌面积 1978 年约为 $4000km^2$，2003 年接近 $3 \times 10^4 km^2$，约占全国总灌溉面积的 10%。目前，我国依然有污灌现象发生或老污灌区遗留，如 2018 年 "红水浇地"，对农田土壤环境和农产品质量及其风险管控均有不同程度的危害。
(2) 固体废物的利用　含煤灰、砖瓦、陶瓷、金属、玻璃等成分的生活垃圾长期施用于农田会逐步破坏土壤的团粒结构和理化性质;含重金属的城市垃圾会使土壤中重金属含量升高。

(3) 农药和化肥的施用　农药和化肥作为现代农业必不可少的两大增产手段,其不合理施用与过量施用造成的化肥污染,使土壤养分平衡失调,是造成富营养化的重要原因,而有些施用的肥料中含有有害物质,如我国每年随磷肥带入土壤的总 Cd 量是一种长期潜在的威胁。农药的残留和危害,包括生物放大、生物残留等通过食物链给人体和生态系统带来的影响已不胜枚举。

(4) 大气沉降　气源重金属微粒是土壤重金属污染的途径之一,酸沉降亦是对土壤-植物系统产生危害的主要途径。如 ^{90}Sr 在土壤中的浓度与当地降雨量成正比,公路两侧的含量随距离的增加而减少。

(5) 交通　城市主干道、高速公路、铁路等交通运输线由于机动车尾气排放、大气沉降等对周边土壤造成了不同程度的污染和危害。研究结果表明,不同地区、不同交通形式及路段周边的土壤重金属污染的程度有较大差异。总体说来,距离路面 2～5m 的土壤中重金属污染为重度污染,远离 30～50m 处的土壤为轻度污染,基本达到土壤背景值。

5. 按污染物属性分

(1) 土壤有机物污染　可分为天然有机污染物和人工合成有机污染物,一般指后者,包括有机废弃物、农药等污染。

(2) 土壤无机物污染　随地壳变迁、火山爆发、岩石风化等天然过程进入土壤;随人类生产和消费活动进入土壤。目前关注较多的为重金属如汞,铅,类金属砷,无机物如氟等。

(3) 土壤生物污染　一个或几个有害的生物种群,从外界环境侵入土壤,大量繁衍,破坏原来的动态平衡,对人类健康和土壤生态系统造成不良影响。例如,未经处理的粪便、垃圾、污水、饲养场和屠宰场污物等,近年来医疗垃圾中生物污染物进入土壤生态系统亦造成污染与危害。

(4) 土壤放射性物质污染　指人类活动排放出的放射性污染物,使土壤的放射性水平高于天然本底值。例如放射性废水排放、放射性固体废物埋藏、放射性核事故等。

三、土壤污染的产生与去向

(一)土壤污染的产生原因

近年来,由于人口急剧增长,工业迅猛发展,固体废物不断向土壤表面堆放和倾倒,有害废水不断向土壤中排放和渗漏,大气中的有害气体及飘尘也不断随雨水降落在土壤中,导致了土壤污染的产生。

土壤作为污染物迁移、滞留的重要场所,承受着从各种渠道而来的固态、液态和气态的污染物。这些污染物在土壤中经过物理、化学和生物作用,不断地发生稀释或富集,分解或化合,迁移或转化等作用,与其他环境介质进行传递和交换,进入循环。通过这种循环,可对污染物质具有输送或过滤作用、土壤植物吸收和富集作用、土壤微生物和动物的分解和转化作用等,能够显著降低污染物质含量，减少交换过程中对外部环境的影响，保持生态与环境的良性发展与演化。问题是，无节制性和不合理的人类活动，造成大量污染物质输入土壤系统，污染负荷远远超过土壤体系自身所具有的承受和净化能力，造成污染物质在土壤环境中大量积累，土壤功能降低，破坏正常的物质与能量交换程序。如果进入土壤的污染物的数量和速度超过了土壤净化作用速度，破坏积累和净化的自然动态平衡，就使积累过程逐渐占了优势。当污染物质积累达到了一定数量，就会引起土壤正常功能受到妨碍，使土壤质量下降，影响植物正常生长发育，并且通过植物吸收，通过食物最终影响人体健康，这种现象就属于土壤污染。如果污染物进入土壤的数量和速度没有超过土壤的自净能力，虽然土壤中已含有污染物，但不致影响土壤的正常功能和植物的生长发育，而且植物体内污染物的含量维持在食用标准之内，就不会影响人体健康。

（二）土壤污染物的去向

进入土壤的污染物，因其类型和性质的不同而主要有固定、挥发、流失和淋溶等不同去向。重金属离子，主要是能使土壤无机和有机胶体发生稳定吸附的离子，包括与氧化物专性吸附与胡敏酸紧密结合的离子，以及土壤溶液化学平衡中产生的难溶性金属氢氧化物、碳酸盐和硫化物等，将大部分被固定在土壤中而难以排除；虽然一些化学反应能缓和其毒害作用，但仍是对土壤环境的潜在威胁。化学农药的归宿，主要是通过气态挥发、化学降解、光化学降解和生物降解而最终从土壤中消失，其挥发作用强弱主要取决于自身的溶解度和蒸汽压，以及土壤的温度、湿度和结构状况。例如，大部分除草剂均能发生光化学降解，一部分农药（如有机磷农药等）能在土壤中产生化学降解，目前使用的农药多为有机化合物；同时也可产生生物降解，即土壤微生物在以农药中的碳素作为能源的同时，破坏农药的化学结构，导致脱烃、脱卤、水解和芳环烃基化等化学反应的发生使农药降解。土壤中的重金属和农药都可随地面径流或土壤侵蚀而部分流失，引起污染物的扩散；作物收获物中的重金属和农药残留物也会向外界环境转移，即通过食物链进入家畜和人体等。施入土壤中过剩的氮肥，在土壤的氧化还原反应中分别形成 NO_3^-、NO_2^- 和 N_2、N_2O；前两者易于淋溶而污染地下水，后两者则易于挥发而造成氮素损失并（或）污染大气。

第二节 土壤污染特点与危害

一、土壤污染特点

土壤是生态、水、气系统之间物质和能量交换的重要构成单元，是人类生存环境的重要支撑。由于土壤在构成上的特殊性和土壤受污染的途径多种多样，使土壤污染与其他环境体系的污染相比具有很大的不同。

1. 隐蔽性和滞后性

往往要通过对土壤样品化验和农作物的残留检测才能确定土壤污染通过食物给动物和人类健康造成的危害，因而不易被人们察觉；因此，从产生污染到出现问题通常会滞后很长的时间，要通过对土壤样品进行分析化验和农作物的残留检测，甚至通过研究对人畜健康状况的影响后才能确定。例如，环境八大公害事件之一的日本"痛痛病"就是经过了 10～20 年之后才逐渐被人们认识。

2. 累积性

污染物质在土壤中不容易迁移、扩散和稀释，因此容易在土壤中不断积累而超标。

3. 不可逆转性

重金属对土壤的污染基本上是一个不可逆转的过程，许多有机化学物质的污染也需要较长的时间才能缓解或清除。

4. 危害严重性

土壤污染可以通过直接接触、食物链的生物放大等多途径影响人体健康和生态环境的安全与质量，其危害后果往往很严重。历史上很多公害事件与土壤污染密切相关，如施用含三氯乙醛的废硫酸生产的过磷酸钙，使粮食作物（如玉米、小麦）减产直至绝收，万亩以上污染区曾在山东、河南、河北、辽宁、苏北、皖北多次发生。

5. 难治理性

积累在污染土壤中的难降解污染物很难靠稀释作用和自净化作用来消除。而土壤污染一旦发生，仅仅依靠切断污染源的方法则往往很难恢复，有时要靠换土、淋洗土壤等方法才能解决问题，其他治理技术可能见效较低，需要很长的治理周期和较高的投资成本，造成的危害也比其他污染更难消除。

综上可见，污染土壤治理通常成本较高、周期长。鉴于土壤污染难以治理，而土壤污染问题的产生又具有明显的隐蔽性和滞后性等特点，与现今很多的水土致病问题、生物放大现象和食物链污染等直接相关，引发了很多社会问题，因此，土壤污染问题受到越来越广泛的关注。

二、土壤污染危害

随着现代工业化和城市化的不断发展，环境中有毒有害物质日趋增多，环境污染日益严重。当外界环境进入土壤中的各种污染物质，其含量超过土壤本身的净化能力，使土壤微生物和植物生长受到危害时，称为土壤污染。土壤是人类和动植物赖以生存的自然环境，污染物质通过土壤—植物—动物—人体系统的食物链，使人类和动植物遭受危害。

（一）对土壤结构与性质的影响

现代农业大量化肥的长期使用导致土壤板结及酸碱度发生变化，对土壤的结构与性质产生了一定的影响。如土壤长期施用含有硝酸盐和磷酸盐的氮肥和磷肥，会降低土壤肥力。例如，施用磷酸钙或铁铝磷酸盐 $2125\sim715t/hm^2$，可引起土壤中铁、锌等营养元素的缺乏和磷素被固定，使作物减产。

（二）对水环境的危害

进入土壤环境中的污染物对水环境的危害主要体现在以下 2 个方面。

① 土壤表层的污染物随风飘起被搬到周围地区，扩大污染面。土壤中一些水溶性污染物受到土壤水淋洗作用而进入地下水，造成地下水污染。例如，1988 年美国 EPA 的报告表明，在 26 个州的地下水检测到 46 种农药；土壤中的多环芳烃（PAHs）污染物能够在渗流带迁移，进而进入作为饮用水源的地下水；任意堆放的含毒废渣以及农药等有毒化学物质污染的土壤，通过雨水的冲刷、携带和下渗，会污染水源；被病原体污染的土壤通过雨水的冲刷和渗透，病原体被带进地表水或地下水中。

② 一些悬浮物及其所吸附的污染物，也可随地表径流迁移，造成地表水体的污染等。

（三）对植物的危害

一些在土壤中长期存活的植物病原体能严重地危害植物，造成农业减产。例如，某些植物致病细菌污染土壤后能引起番茄、茄子、辣椒、马铃薯、烟草等百余种茄科植物的青枯病，能引起果树的细菌性溃疡和根癌病。某些致病真菌污染土壤后能引起大白菜、油菜、萝卜、甘蓝、荠菜等 100 多种蔬菜的根肿病，引起茄子、棉花、黄瓜、西瓜等多种植物的枯萎病，以及小麦、大麦、燕麦、高粱、玉米、谷子的黑穗病等。此外，甘薯茎线虫，黄麻、花生、烟草根结线虫，大豆胞束线虫，马铃薯线虫等都能经土壤侵入植物根部引起线虫病。

不同的污染物对土壤植物的影响是不同的，对于重金属污染，当土壤受铜、镍、钴、锌、砷等元素的污染，能引起植物的生长和发育障碍。受镉、汞、铅等元素的污染，一般不引起植物生长发育障碍，但它们能在植物可食部位蓄积。用含锌污水灌溉农田，会对农作物特别是小麦的生长产生较大影响，会导致一些植物器官的外部形态变化如花色改变、叶形改变，或植株发生个体变态，变得矮小或硕大。当土壤中含砷量较高时，植物的最初症状是叶片卷曲枯萎，进一步是根系发育受阻，最后是植物根、茎、叶全部枯死。土壤中存在过量的铜，也能严重地抑制植物的生长和发育。当小麦和大豆遭受镉的毒害时其生长均受到严重影响。

(1) 可食部分有毒物的积累尚在食品卫生标准允许限量下时，农作物主要表现是减产或品质降低。例如，土壤中汞含量达到 1.5mg/kg 以上时，稻米生长会受到抑制；土壤中砷酸钠浓度大于 8mg/kg 时水稻生长开始受到抑制，浓度为 40mg/kg 时水稻减产 50%，而浓度达到 160mg/kg 时水稻已不能生长，至枯黄死亡；另外，土壤污染也会导致蔬菜味道变差、易烂，甚至出现难闻的异味；农产品储藏品质和加工品质也不能满足深加工的要求等。

(2) 可食部分有毒物质积累量已超过允许限量，但农作物的产量却没有明显下降或不受影响，即进入土壤中的污染物浓度超过了作物需要，但未表现出受害症状或影响作物生长，但产品中的污染物含量超标。据南京环保所（现南京市生态环境局）报道，南京市的市售蔬菜几乎都受到一定程度的硝酸盐污染；北京、上海等大中城市蔬菜的硝酸盐超标现象也十分严重。

（四）对人体健康的危害

人类吃了含有残留农药的各种食品后，残留的农药转移到人体内，这些有毒有害物质在人体内不易分解，经过长期积累会引起内脏机能受损，使机体的正常生理功能发生失调，造成慢性中毒，影响身体健康。杀虫剂所引起的"三致"（致癌、致畸、致突变）问题，令人十分担忧。

土壤重金属被植物吸收以后，可以通过食物链危害人体健康。例如，1955年日本富山县神通川流域由于利用含镉废水灌溉稻田，污染了土壤和稻米导致镉含量增加，使几千人因镉中毒，引起全身性神经痛、关节痛，而得骨痛病。另外镉会损伤肾小管，出现糖尿病，还会引起血压高，出现心血管病，甚至还有致癌、致畸的报道。

土壤含 ^{90}Sr 的浓度常与当地的降雨量成正比。^{137}Cs 在土壤中吸收得更为牢固。有些植物能积累 ^{137}Cs，所以高浓度的放射性 ^{137}Cs 能通过这些植物进入人体。放射性物质主要是通过食物链经消化道进入人体，其次是经呼吸道进入人体。放射性物质进入人体后，可造成内照射损伤，使受害者头昏、疲乏无力、脱发、白细胞减少或增多，发生癌变等。此外，长寿命的放射性核素因衰变周期长，一旦进入人体，其通过放射性裂变而产生的射线，将对机体产生持续的照射，使机体的一些组织细胞遭受破坏或变异。此过程将持续至放射性核素蜕变成稳定性核素或全部被排出体外为止。

总体上，污染土壤对人体的危害主要通过两个过程来体现。

① 长期暴露于土壤污染物条件下。例如，长时间暴露于多氯联苯（PCBs）、多环芳烃（PAHs）等持久性有机污染物（POPs）中，癌症发病率大大升高，并干扰与损害内分泌系统；一些重金属元素（Hg、Pb、Cd、As 等）污染的土壤，通过长期暴露会引起神经系统、肝脏、肾脏等损害。大量事实表明环境中高含量的铅影响儿童血铅含量、智力和行为。

② 污染物通过以土壤为起点的土壤—植物—动物—人类的食物链，使有害物质逐渐富集，从而降低食物链中农副产品的生物学质量，造成残毒，通过食物链进入人体的有毒有害成分在体内不断积累，逐渐接近中毒剂量后表现出中毒症状，导致人体发生一系列的病变。如镉污染全国涉及 11 个省份，北起黑龙江、辽宁，南至广东、广西，面积约 10000hm^2，并产生"镉米"（镉含量高的稻米），"镉米"使镉在人体积累中毒，影响肾功能增加钙质排出，形成骨质软化，骨髓变形，容易骨折，如日本发生的骨痛病事件。汞污染有 21 个地区，面积约 32000hm^2，最严重的有贵州省清镇地区、铜仁汞矿区以及松花江流域，所产稻米中汞含量高达 0.382mg/kg，大大超过食品标准（0.02mg/kg）；污染土壤中有机汞直接通过食物链进入人体，在体内转化成甲基汞，可引起一系列中枢神经中毒症状，此外，甲基汞还可以导致流产、死亡、畸胎或出现先天性痴呆儿等。

第三节　土壤主要污染物及其特点

污染物作为环境污染发生的重要因素之一，其种类、数量及其与土壤介质性质相互作用，决定了土壤环境污染的程度与危害。土壤环境中常见的污染物包括无机污染物、有机污染物、放射性污染物等。

1. 无机污染物

(1) 重金属　主要指镉、铅、铬、汞、铜、锌、砷、镍等，我国对土壤中重金属污染研究较多的是镉、汞污染。其他元素污染在局部地区有所发现，但面积较小。

(2) 酸、碱、盐、硒、氟、氰化物等。

(3) 化学肥料、污泥、矿渣、粉煤灰等。

(4) 工业"三废"　包括废气、废渣、污水。

2. 有机污染物

(1) 有机农药　如杀虫剂、杀菌剂、除草剂等。

(2) 有机废弃物　矿物油类、表面活性剂、废塑料制品、酚、三氯乙酸（是许多化工产品的原料）、有机垃圾等。

(3) 有害微生物　寄生虫、病原菌、病毒等。

3. 放射性污染物

存在于土壤本底的放射性元素有 ^{40}K、^{228}Ra、^{14}C 等。原子能工业的废弃物及核爆炸的尘埃可增加土壤中的放射性物质，其中 ^{90}Sr 和 ^{137}Cr 的半衰期分别为 28 年和 30 年，因而可在土壤中久存和积累。磷肥中含铀系放射性衰变物质对农田也会产生一定程度的污染。

4. 土壤营养性污染物

化学肥料不仅通过引入非必要营养物质（如硫酸铵的硫酸根，氯化铵的氯根等）对土壤、植物产生不良影响，其引入的主要成分和微量成分也对环境带来了不利因素。施入土壤中过量的化肥可迁移进入地下水，或者被自然排泄水和雨水携带进入地表水系统，从而引发一系列的环境问题，主要有硝酸盐污染、水体富营养化以及土壤性质改变等。

(1) 硝酸盐污染　一般来说，硝酸根离子进入植物体内后迅速被同化利用，因而积累的浓度一般在 $100\mu g/g$ 以内，但对某些植物某些部位或在某些条件下，也可高达 $10mg/g$ 以上。对于哺乳动物来说，硝酸盐是无害的；但当其被还原成亚硝酸盐时易与血红素中的亚铁离子结合生成高铁离子，从而降低血液携带氧的能力，导致高铁血红蛋白血症，进而引起窒息和死亡。另外，亚硝酸盐在人体内与有机化合物结合可生成亚硝基化合物，有些亚硝基化合物是强烈的致癌物。

(2) 富营养化问题　在农业生产中，当土壤中积累过量的硝酸盐和磷酸盐随水流入湖泊、水库等水域内时，将导致水体出现富营养化现象。

(3) 化肥施用对土壤的影响　化肥对土壤环境影响，除了化肥中所含的有害离子、富营养元素的影响外，化肥施用通过反馈过程会使土壤的性质发生很大变化。

在以上常见的土壤环境污染物中，以无机污染物中的重金属和有机污染物如农药、石油烃、

POPs 物质等受到环境工作者的关注为最大，同时由于放射性污染的特殊性，近年对其研究和关注也日益增多。土壤中常见污染物的种类及其来源如表 3.1 所列。

表 3.1   土壤主要污染物及其来源

污染物种类			主要来源
无机污染物	重金属	汞（Hg）	烧碱、汞化合物生产等工业废水和污泥，含汞农药、汞蒸气等，含汞物质如汽油防爆剂挥发到空气中后的大气沉降
		镉（Cd）	冶炼、电镀、染料等工业废水、污泥和废气，肥料杂质
		铜（Cu）	冶炼、铜制品生产等废水和污泥、废渣，含铜农药
		锌（Zn）	冶炼、镀锌、纺织等工业废水和污泥、废渣，含锌农药、磷肥
		铅（Pb）	颜料、冶炼等工业废水、汽油防爆燃烧排气、农药
		铬（Cr）	冶炼、电镀、制革、印染等工业废水和污泥
		镍（Ni）	冶炼、电镀、制革、印染等工业废水和污泥
		砷（As）	硫酸、化肥、农药、医药、玻璃等工业废水、废气、农药
		硒（Se）	电子、电器、墨水等工业的排放物
	酸碱污染	盐、碱	纸浆、纤维、化学等工业废水
		酸	硫酸、石油化工、酸洗、电镀等工业废水、大气酸沉降
	其他	氟（F）	冶炼、氟硅酸钠、磷酸和磷肥等工业废水、废气、肥料
		硫（S）	大气沉降、化肥施用、煤矸石堆积等
		氰化物	冶金、化工、尾矿堆积等
放射性污染		铯（^{137}Cs）	原子能、核动力、同位素生产等工业废水、废渣、核爆炸
		锶（^{90}Sr）	原子能、核动力、同位素生产等工业废水、废渣、核爆炸
		铀（^{238}U）	铀矿开采冶炼、核动力等工业废水、废渣、核爆炸
有机污染物	农药		农药生产和使用，停用农药的持久残留
	多环芳烃（PAHs）		石油、煤炭、木材燃烧等大气中 PAHs 的沉降，相关行业的废水、废气
	石油烃（TPH）		石油开采、炼制加工、运输、存储与使用
	持久性有机污染物（POPs）		停用农药的残留与迁移、杀虫剂生产与使用
	表面活性剂		城市污水中的洗涤剂、机械工业污水、采矿与洗选
	多氯联苯（PCBs）		PCBs 的生产，电力、塑料加工、化工、印刷等领域的使用
	二噁英		焚烧、化工生产，城市废弃物、医院废物，污泥、农药的施用等，除草剂生产等
生物污染			厩肥、城市污水、污泥、医疗垃圾等

第四节   土壤重金属污染及其特点

随着工业、城市污染的加剧和农用化学物质种类、数量的增加，土壤重金属污染日益严重，土壤生态功能脆弱，一旦被污染后，就难以恢复。据粗略统计，在过去的 50 年中，全球排放到环境中的镉达到 22000t、铜 939000t、铅 783000t 和锌 135000t，其中有相当部分进入土壤，从而使部分地区的土壤遭致污染，破坏了生态系统的正常功能。中国有色金属冶炼以南方为主，故由此造成重金属土壤污染也形成随矿山、冶炼等分布为主的污染格局。

过量重金属可引起植物生理功能紊乱、营养失调，镉、汞等元素在作物籽实中富集系数较高，即使超过食品卫生标准，也不影响作物生长、发育和产量；此外汞、砷能减弱和抑制土壤中硝化、氨化细菌活动，影响氮素供应。重金属污染物在土壤中移动性很小，不易随水淋滤，不被微生物降解，通过食物链进入人体后，潜在危害极大，应特别注意防止重金属对土壤的污染。

一、土壤重金属及其污染

重金属是指密度大于 $5.0g/cm^3$ 的金属元素，在自然界中大约存在 45 种。对环境有污染作用的重金属主要包括汞（Hg）、铬（Cr）、镉（Cd）、铅（Pb）、铜（Cu）、钴（Co）、锌（Zn）、镍（Ni）、锡（Sn）、砷（As）等。其中砷为类金属，但因其在土壤体系中的毒性作用过程及迁移转化规律等均与土壤重金属有较大的相似性，且为土壤污染中的常见类型，故一般亦将其同重金属一同研究。重金属主要来自农药、废水、污泥和大气沉降等，如汞主要来自含汞废水；镉、铅污染主要来自冶炼排放和汽车废气沉降；砷则被大量用作杀虫剂、杀菌剂、杀鼠剂和除草剂。

土壤体系中的重金属按其含量水平、毒性大小等可分为土壤固有重金属、生物必需重金属和有毒有害重金属 3 类。

1. 土壤固有重金属

主要包括铁（Fe）、锰（Mn）等。由于此类金属是土壤中的固有组分，对土壤生态系统中生物的生长、发育等基本无影响，所以一般在环境工程中不将其列为污染重金属加以考虑。如污染土壤化学氧气技术中常用高锰酸钾（$KMnO_4$）作氧化剂，主要优点之一即其还原产物 MnO_2 为土壤的常见矿物类型，故不存在二次污染。

2. 生物必需重金属

主要包括 Cu、Zn 等植物和微生物生长发育必需的微量元素，此类重金属对土壤环境污染与危害的特点是在低浓度水平时其对生物的毒害作用表现不明显，甚至可能有刺激和促进作用，在高浓度水平下则表现出对生物的抑制作用。在养殖业高度发达的今天，有机肥的大量施用是促使农田等大面积土壤 Cu、Zn 含量超标和污染的重要原因。此类重金属对土壤生态系统的危害以及其在生物体内的作用方式均需与有毒有害元素加以区分。

3. 有毒有害重金属

此类重金属是目前造成土壤环境重金属污染的主要原因，包括 Pb、Hg、Cd、Ni、Cr 等，是生物生长发育不需要的元素，植物和微生物亦不能对其进行有效代谢，故其在土壤环境中的积累和效应是广大环境和生态工作者关注的重点。如 Pb 进入人体具有很强的积累性，其毒害作用会随着剂量的增加和时间的延长而日趋显现。此类重金属是土壤环境污染中重点研究的对象。

土壤重金属污染是指由于人类活动将重金属带入到土壤中，致使土壤中重金属含量明显高于背景含量、并可能造成现存的或潜在的土壤质量退化、生态环境恶化的现象。对于土壤中不同重金属种类而言，有毒有害重金属进入土壤，超过土壤自净能力，在土壤环境中积累，达到一定的含量水平、造成一定的生态或健康效应，即对土壤环境造成污染。另外，生物必需重金属在土壤环境中超过一定含量水平时亦会造成土壤重金属污染，而土壤固有重金属则一般不在土壤重金属污染的研究与防控范畴。

二、土壤重金属污染来源

土壤重金属污染是指由于人类活动将重金属带入到土壤中，致使土壤中重金属含量明显高于背景值，并可能造成现在的或潜在的土壤质量退化、生态与环境恶化的现象（陈怀满，2005）。重金属污染物在土壤中移动性很小，不易随水淋滤，不为微生物降解，通过食物链进入人体后，潜在危害极大，应特别注意防止重金属对土壤污染。重金属进入土壤生态环境的途径很多，其来源主要有工业"三废"、化肥和农药的过量使用、汽车尾气的排放等；此外饲料添加剂中也常含有大量的 Cu 和 Zn，导致厩肥中的 Cu、Zn 含量明显增加，并随着肥料进入农田。

土壤重金属污染的来源主要可分为以下几个方面。

1. 矿业污染来源

在重金属矿山开采过程中，尾矿未加处理或者处理不当都会使土壤环境遭受重金属污染，洗矿用水如果未经处理直接排放也会造成土壤环境重金属污染，此外矿山开采的粉尘随大气沉降也会造成土壤重金属污染。矿业污染源的特点是，以矿山开采点为起点沿矿石运输方向，水流下游方向及下风向分布，污染面积大。例如，江西贵西冶炼厂周边村庄的土壤、水质和农作物的抽样监测表明，该土壤铜、镉等金属含量 100%超标，部分村的稻谷中镉超标，涉及农田面积 1986.3 亩（1 亩=666.7m^2，下同）、菜地 89.3 亩。部分村民在南昌广济医院血检，发现有血镉超标现象。表 3.2 为九牛岗调查区农田表层土壤监测结果。

表 3.2 九牛岗调查区农田表层土壤监测结果（罗战祥 等，2010）

样点	采样深度/cm	As	Cd	Cr	Cu	Ni	Pb	Zn	pH 值
D$_{55}$	0～20	26	0.40	21.5	298	10	35	26	4.5
	20～40	15	0.49	16.6	94	6.0	14	21	4.7
D$_{56}$	0～20	25	0.44	28.7	415	12	39	31	4.4
D$_{57}$	0～20	62	1.69	29.5	846	11	104	78	4.5
D$_{58}$	0～20	8	1.01	25.7	609	13	73	50	4.7
D$_{59}$	0～20	15	0.67	29.4	421	10	57	35	4.8
D$_{60}$	0～20	14	0.53	23.7	387	7	585	27	5.1
	20～40	17	0.54	22.1	153	9	19	25	4.9
D$_{61}$	0～20	29	2.34	40.9	590	16	61	85	5.4
D$_{62}$	0～20	9	0.16	12.6	161	5	21	18	4.3
HJ 332—2006 土壤标准值		30	0.3	250	50	40	80	200	—

2. 其他工业污染来源

工业的各个行业都会有重金属废料排放，其中冶炼业、电镀业、加工业、化学工业以及其他大量使用金属作为原材料或生产资料的行业都是重金属污染比较严重的行业。据统计，中国因工业"三废"污染的农田近 700 万公顷，使粮食每年减产 100 亿千克。其中，在一些污灌区土壤镉的污染超标面积，近 20 年来增加了 14.16%，在东南地区，汞、砷、铜、锌等元素的超标面积占污染总面积的 45.15%。有资料报道，华南地区有的城市有 50% 的农地遭受镉、砷、汞等有毒重金属和石油类的污染。长江三角洲地区有的城市有万亩连片农田受镉、铅、砷、铜、锌等多种重金属污染，致使 10% 的土壤基本丧失生产力，也曾发生千亩稻田受铜污染及水稻中毒事件，一些主要蔬菜基地土壤镉污染普遍，其中有的市郊大型设施蔬菜园艺场中，土壤中锌含量高达 517mg/kg，超标 5 倍之多。

图 3.1 为某冶炼厂周边土壤中重金属的含量。

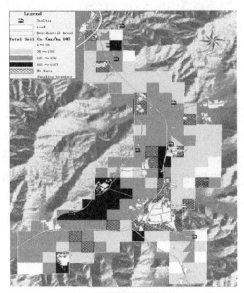

(a) 土壤总铜含量

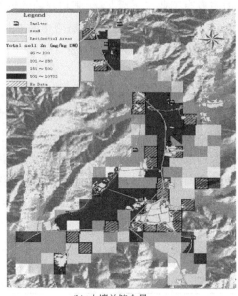

(b) 土壤总锌含量

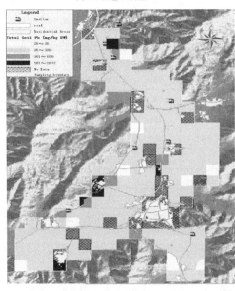

(c) 土壤总铅含量

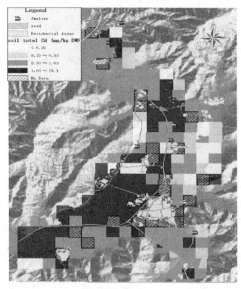

(d) 土壤总镉含量

图 3.1　某冶炼厂周边土壤中重金属的含量（mg/kg）

3. 农业污染来源

农业污染源中的重金属污染主要来自农药和化肥以及污水灌溉。农药和化肥中会含有少量的重金属，随着农药和化肥的施用进入农田土壤环境；用含重金属的污水灌溉农田也会导致土壤重金属污染。污染物危害农作物生长，影响含量。富集重金属的农作物进入食物链则会影响人类健康。据原农业部组织的全国污灌区调查，我国目前污灌区面积约 140 万公顷，遭受重金属污染的土地面积占污染总面积的 64.8%，其中轻度污染占 46.7%，中度污染面积 9.7%，严重污染面积占 8.4%，其中又以汞和镉的污染面积最大，部分地区的重金属污染已经相当严重。此外，Cd 污染耕地 1.3 万公顷，涉及 11 个省份的 25 个地区；Hg 污染 3.2 万公顷，涉及 15 个省份的 21 个地区；粮食含 Pb 量大于 1.0mg/kg 的产地有 11 个，有 6 个地区生产的粮食含 As 量超过 0.7mg/kg。广州市郊区老污灌区，土壤中镉的含量最高竟达到 228mg/kg，平均含量为 6.68mg/kg。沈阳市张士灌区有 2533 万公顷遭受镉的污染，其中严重污染占 13%。

4. 交通污染来源

交通污染源是指交通运输中，尤其是汽车运输中所排出的尾气中含有重金属，导致周边土壤环境受到重金属污染。道路两侧土壤中的污染物主要以 Pb、Zn、Cd、Cr、Cu 等为主。

土壤中由交通活性所致的污染主要来自含铅汽油的燃烧和汽车轮胎磨损产生的粉尘，据有关材料报道，汽车排放的尾气中含 Pb 量多达 20~50ng/L，它们一般以道路为中心成条带状分布，强度因距离公路、铁路、城市以及交通量的大小有明显的差异。研究发现在公路两侧 50m 的距离有被污染的痕迹，每月每平方米累积的易溶性污染物为 4~40g。近年来，随着城市化的高度发展，城市土壤中 PAHs 的浓度也逐渐增加，交通道路绿地土壤也不例外，如报道北京城市道路一些代表性绿地土壤中 PAHs 的浓度为 1.60~14.6mg/kg。城市道路绿地土壤中 PAHs 的来源主要有交通工具排放的颗粒物，燃油及润滑油泄漏，轮胎磨损碎屑等。对不同重金属污染物来说，进入环境的强度顺序为 Cu、Pb、Co、Fe 和 Zn。重金属含量在车流密度大的公路两侧土壤中要高于车流密度小的公路两侧土壤，且随着距公路和铁路距离的增大，重金属含量快速降低。表 3.3 为铁路周边距路基不同距离土壤中污染物的浓度。经自然沉降和雨淋沉降进入土壤的重金属污染，与重工业发达程度、城市的人口密度、土地利用率、交通发达程度有直接关系，距城市越近污染的程度就越重，污染强弱顺序为：城市 > 郊区 > 农村。

表 3.3 距铁路路基不同距离土壤样品中重金属污染物的含量与分布　　　单位：mg/kg

样点至路基距离/m	Ni	Pb	Cr	Zn	Cu	Cd
0	17.58	146.80	54.09	512.5	44.09	0.46
10	23.71	138.87	69.20	402.27	42.80	0.38
20	19.63	113.40	72.17	313.59	40.99	0.36
30	20.67	83.16	64.67	316.54	50.73	0.36
50	19.31	69.67	60.08	360.08	30.70	0.37
100	16.86	82.78	55.60	255.37	31.95	0.27
200	17.59	55.47	63.01	212.73	27.03	0.25
300	15.71	64.74	47.95	190.06	25.21	0.18
>500	11.04	52.57	28.66	178.63	25.86	0.16

三、土壤重金属污染特点

在土壤环境中，重金属污染特点可以分为 2 个方面：a. 土壤环境中重金属自身的特点；b. 区别与水体和大气等介质中的特点。因此，由于土壤介质具有非均质各向异性，加之重金属种类及组成多样、毒性水平各异，最终导致土壤环境中的重金属形态及迁移转化过程极其复杂，表现出与其他环境介质中的差异性。

土壤环境中重金属的存在形态有 2 个方面含义：a. 土壤环境中重金属的实际存在形态，即不同的重金属化合物种类；b. 土壤重金属操作形态，是土壤环境中性质相近的重金属人工分组。土壤环境中重金属的特点主要可从以上两个方面来理解和阐述。

重金属多为过渡元素，有着较多的价态变化，且随着环境 E_h 值和 pH 值、配位体的不同呈现不同的价态、形态和结合态，因此土壤重金属污染特点多变，复杂程度比其他环境介质相比一般会更高。

1. 土壤重金属化合物种类及其特点

土壤环境中重金属化合物种类繁多，如土壤含镉矿物包括 CdO、$\beta\text{-}Cd(OH)_2$、$CdCO_3$、$CdSO_4 \cdot H_2O$、$CdSiO_3$、$CdSO_4 \cdot 2Cd(OH)_2$、$CdSO_4$ 等。总体上，土壤环境中常见的重金属化合物分为可溶性的重金属氯化物、硝酸盐，溶解性较低的通常包括碳酸盐、硫酸盐，而重金属硫化物和氢氧化物在土壤环境中一般会吸附在土壤胶体颗粒上表现出较差的迁移性和环境毒性。

不同重金属化合物在土壤环境中由于溶解、沉淀、吸附等特性不同，造成其迁移转化特性差异，最终影响其环境和生物毒性，也对重金属污染土壤的修复效率和过程产生影响。不同镉化合物 DTPA 提取率的差异见表 3.4。

表 3.4　不同镉化合物 DTPA 提取率的差异　　　　　　　　　　　　　　单位：%

化合物	土壤中添加 Cd 浓度/（mg/kg）			
	10	50	100	200
$CdCl_2$	74.0	53.0	46.2	51.0
$CdSO_4$	68.0	68.0	58.0	62.0
CdO	58.0	62.0	53.0	58.0
CdS	5.1	1.6	0.9	1.2
$CdCO_3$	3.7	0.7	0.4	0.15

重金属的价态与其化学性质亦有着极为密切的关系，价态不同则毒性也不同。一般重金属低价态毒性相对更高，如低价态亚砷酸盐毒性明显高于砷酸盐，而砷酸盐结合的金属阳离子不同时毒性也有显著差异；但也有特殊的重金属种类，如铬（Cr），Cr（Ⅵ）毒性高于 Cr（Ⅲ），因此在土壤-地下水系统中，由于 Cr（Ⅲ）的氧化可能带来的二次污染是铬污染严重性和重点关注的重要原因之一。土壤体系中，氧化锰含量高、有机质含量较低的新鲜土壤对三价铬均具有一定的氧化能力，而氧化产物 Cr（Ⅵ）的毒性为 Cr（Ⅲ）的 100 倍。

另外，我们还需注意一般情况下，土壤环境中重金属的有机态化合物常常比无机化合物或者单质的毒性大。例如，汞在好氧或厌氧条件下可在水体底泥或其他介质中由某些微生物从二价无机汞盐转化为甲基汞或二甲基汞，而甲基汞的生物毒性比无机汞大 50～100 倍。八大公害事件之一的水俣病就是甲基汞中毒所引起的。

2. 土壤重金属形态及其特点

土壤中重金属元素的迁移、转化及其对植物的毒害和环境影响程度除了与土壤中重金属的种类、含量等有关外，还与重金属元素在土壤中的形态有很大关系。土壤中重金属的存在形态不同，其活性、生物毒性及迁移特征也不同。

目前土壤环境中重金属的形态分级操作定义大多根据各自研究的目的和对象来确定连续提取方法，常见的包括 Tessier 连续提取法、欧盟四步分级提取法等，另外还有针对特定重金属的分级提取方法如砷和铬的操作态定义与分级。

Tessier 法是由 Tessier 等（1979）提出的五步连续提取法，其详细划分了金属元素各种不同结合形态的分布。该方法将重金属分为 5 种结合形态，即金属可交换态（可交换态）、碳酸盐结合态（碳酸盐态）、铁（锰）氧化物结合态（铁/锰态）、有机质及硫化物结合态（有机态）、残渣晶格结合态（残渣态）（见表 3.5）。欧盟四步分级法将土壤中重金属分为水溶态、可交换态和碳酸盐结合态，铁/锰氧化物结合态，有机物及硫化物结合态，残渣态。而砷的操作态定义将砷分为吸附态砷、铝型砷（Al-As）、铁型砷（Fe-As）和闭蓄型砷（O-As），铬的操作态定义则分为水溶态、交换态、沉淀态、有机结合态和残留态。

表 3.5　Tessier 连续提取法的重金属操作形态及其提取方法

重金属形态	提取剂	操作条件
可交换态	1mol/L $MgCl_2$ (pH7.0)	25℃，振荡 1h
碳酸盐结合态	1mol/L NaAc (pH5.0)	25℃，振荡 8h
铁锰氧化物结合态	0.04 mol/L $NH_4OH \cdot HCl$ 的 25% HAc 溶液(pH2.0)	(96±3)℃恒温，振荡 4h
有机结合态	0.02 mol/L HNO_3+30% H_2O_2 (pH2.0)	(85±2)℃恒温，振荡 3h，加 $AcNH_4$ 防止再吸附
残留态	HCl +HNO_3 + HF + $HClO_4$	土壤消解

一般情况下，土壤重金属各形态中，水溶态、交换态等活性和毒性较高，在土壤环境中的迁移和转化效率也较高，是土壤污染风险控制中重点关注和考虑的形态，而结合态和残留态则活性和迁移性、毒性都较低。如农田土壤风险管控项目主要目标为降低土壤重金属的活性形态比例。

土壤中不同重金属各结合形态比例不同，其在土壤环境中表现出的毒性也有或大或小的差异（见图 3.2）。重金属污染土壤修复过程中，不同操作形态的比例大小也处于动态变化之中，如图 3.3 所示。

除上述特点外，土壤中重金属污染还具有环境中的迁移转化形式多样化、生物毒性效应的浓度较低、在生物体内积累和富集、在土壤环境中不易被察觉、在环境中不会降解和消除、在人体中呈慢性毒性过程、土壤环境分布呈现区域性等特点，以上特点决定了重金属在土壤介质体系中具有广泛的分布且危害巨大，故对土壤重金属污染的防治已成为污染土壤治理的重要内容和环节。

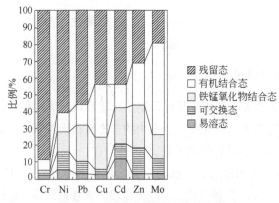

图 3.2 不同重金属操作形态的比例

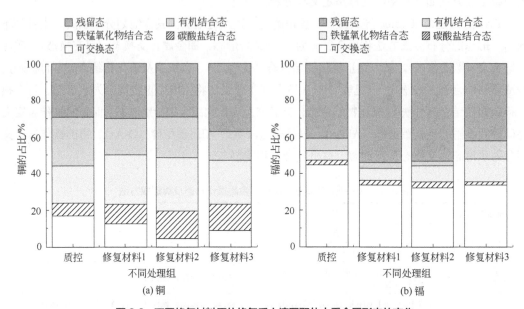

图 3.3 不同修复材料原位修复后土壤团聚体中重金属形态的变化

四、土壤重金属污染危害

1. 重金属对土壤生态结构和功能稳定的影响

大多数重金属在土壤中相对稳定，一旦进入土壤，很难在生物物质循环和能量交换过程中分解，难以从土壤中迁出，从而对土壤的理化性质、土壤生物特性和微生物群落结构产生明显不良影响，影响土壤生态结构和功能的稳定。大量研究证明：重金属污染的土壤，其微生物生物量比正常使用粪肥的土壤低得多，并且减少了土壤微生物群落的多样性。藤应等在国内首次通过核酸快速提取系统提取了重金属复合污染农田的 DNA 并进行分析，结果表明：重金属复合污染导致了农田土壤微生物在基因上的损伤，影响了农田土壤生态系统的细菌丰富度，改变了土壤环境的优势菌群，从而使农田土壤微生物群落结构多样化发生变化，重金属复合污染严重的农田土壤 DNA 含量较低。

2. 重金属污染对植物的危害

重金属在土壤—植物系统中迁移直接影响到植物的生理、生化和生长发育，从而影响作物的产量和质量。

镉是危害植物生长的有毒元素，土壤中如果镉含量过高，会破坏植物叶片的叶绿素结构，减少根系对水分和养分的吸收，抑制根系生长，造成植物生理障碍而降低产量。土壤中过量的镉，不仅能在植物体内残留，而且也会对植物的生长发育产生明显的危害。镉能使植物叶片受到严重伤害，致使生长缓慢、植株矮小、根系受到抑制，造成生物障碍，降低产量，在高浓度镉的毒害下发生死亡。镉在植物各部分分布基本上是：根 > 叶 > 枝的干皮 > 花、果、籽粒。水稻研究表明同样规律，即主要在根部累积，为总量的82.5%，地上部分仅占17.5%，其顺序为：根 > 茎叶 > 稻米 > 糙米。研究表明，镉污染对土壤脲酶活性的影响很大，随土壤镉浓度的增加，脲酶活性下降趋势明显，如在金盏菊中，脲酶活性下降幅度为51%～88%，而在月季中，脲酶活性下降幅度为36%～78%，故可用土壤脲酶活性变化来表示土壤受镉污染的程度。

铅在植物组织中的累积可导致氧化、光合以及脂肪代谢的强度减弱，同时可导致对水的吸收量减少、耗氧量增大，从而阻碍植物生长，甚至引起植物死亡。植物对铅的吸收与积累，取决于环境中铅的浓度、土壤条件、植物的叶片大小和形状等。植物吸收的铅主要累积在根部，只有少数才转移到地上部分。积累在根、茎和叶内的铅，可影响植物的生长发育，使植物受害。铅对植物的危害表现为叶绿素下降。阻碍植物的呼吸及光合作用。谷类作物吸铅量较大，但多数集中在根部，茎秆次之，籽实较少。因此，铅污染的土壤所生产的禾谷类茎秆不宜作饲料。

铜、锌是植物生长必需的微量元素，但在土壤中含量超过一定限度时，作物根部会受到严重损害，使植物对水分和养分的吸收受到影响，造成生长不良甚至死亡。若土壤生态系统中同时存在多种污染物，则会造成复合污染，如宋良纲等研究表明，重金属在复合污染条件下对植物的毒害及其在土壤中的迁移动态要比单一元素的污染复杂、严重得多。铜、锌、铅、镉单一污染或复合污染对白菜种子的发芽与根系伸长均有抑制作用，但复合污染产生明显的协同作用，对白菜根系伸长的抑制效应阈值明显降低。

3. 重金属污染对人体的危害

土壤被重金属污染后，重金属在土壤中累积，当达到一定程度便会对作物产生不良影响，不仅影响作物的产量和品质，而且通过食物链最终影响人类健康。例如，铅能伤害人的神经系统，特别对幼儿的智力发育有极其不良的影响。

镉的毒性很大，在人体内蓄积会引起泌尿系统功能变化，还会影响骨骼发育，如1955年发生在日本神通川地区的"痛痛病"，就是因为该地区的土壤—植物系统受到镉的污染；1953年日本水俣病，因为氮肥厂的乙酸乙醛反应管排出含有氯化甲基汞的汞渣流入水体，有毒物质被鱼、虾、贝类食入后，由食物链进入人体，导致了水俣事件的发生。铬对人体与动物也是有利有弊。例如人体含铬过低会产生食欲减退等症状；而 Cr^{6+} 具有强氧化作用，对人体主要是慢性危害，长期作用可引起肺硬化、肺气肿、支气管扩张，甚至引发癌症。砷对人体危害很大，在体内有明显的蓄积性，它能使红细胞溶解，破坏正常的生理功能，并具有遗传性、致癌性和致畸性等。

在中国，随着污染面积不断扩大，土壤重金属的污染问题日趋严重，如沈阳、兰州、桂林、萍乡等地重金属污染均较明显；湖南株洲的冶炼厂和化工厂附近地区的重金属汞、镉、铅的含量均超标，对人和家禽健康危害很大。土壤重金属污染对人类健康造成的威胁已引起世界各国科学工作者的普遍关注，对其治理成为目前研究的难点和热点。

第五节　土壤有机污染物

近年来，以持久性有机污染物（POPs）、有机农药、石油烃等为典型代表的土壤有机污染受到越来越多的关注，这类物质具有化学性质稳定、难以生物降解、容易在生物体中富集且对生态环境影响重大的特点。

土壤中有机污染物来源非常广泛，包括农药施用、污水灌溉、污泥和废弃物的土地处置与利用、污染物泄漏等，涉及的污染物种类也非常多，常见的土壤有机污染物包括农药、多环芳烃（PAHs）、石油烃（TPH）、持久性有机污染物（POPs）、多氯联苯（PCBs）、二噁英等。

有机污染物在土壤体系中的存在形态主要有以下 4 种。

（1）水溶态　由于不同有机物的辛醇-水分配系数差异较大，故不同有机污染物在土壤溶液体系中水溶态的量及性质也各不相同。总体上，土壤体系中的 VOCs 和 SVOCs 溶解性相对较好，而农药、重质石油烃组分等则由于溶解度低而较少以水溶态存在。典型有机物质在水中溶解度如图 3.4 所示。

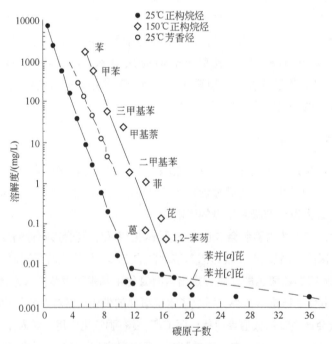

图 3.4　正构烷烃与芳香烃在水中的溶解度（McAuliffe，1980）

（2）气态　由于有机污染物特别是轻质 VOCs、SVOCs 具有一定的挥发性而在土壤生态系统中部分以气态形式存在。土壤中气态有机物的迁移转化等均应考虑其挥发性特点。而气态有机物的高危害和环境风险特性使其成为土壤有机污染公众事件的重要污染物类型或存在形式，其在修复过程中的风险亦是污染土壤修复工程重点关注和需要加以控制的内容。

（3）吸附态　吸附态是土壤体系中的有机污染物的主要存在形态之一，主要吸附于无机和有机胶体颗粒上。许多有机污染物由于与土壤颗粒吸附紧密，在土壤体系中迁移性能较差，加之土壤自净作用对其去除能力较弱，故长期在土壤环境中形成高碳残留有机污染物，对包气带及至饱水带形成长期的持续污染。

（4）非水相液体（NAPL，non-aqueous phase liquids）　NAPL 为与水、气不相混溶的流体，按与水密度大小的区别可分为 LNAPL（light non-aqueous phase liquids）和 DNAPL（dense non-aqueous phase liquids）。有机污染物进入地下环境后，大多以 NAPL 形式污染土壤和地下水。NAPL 类污染物来源非常广泛，包括石油开采、石油化工、农药、洗涤剂等，是目前环境工作者普遍关注的有机污染物形态，与土壤及地下水系统中有机污染物的迁移、转化等过程均有重要的关系。

一、农药

农药是各种杀菌剂、杀虫剂、杀螨剂、除草剂和植物生长调节剂等农用化学制剂的总称，其中有机氯农药和有机磷农药是造成土壤农药污染的主要种类。图 3.5 为常见有机氯农药和有机磷农药的结构式。

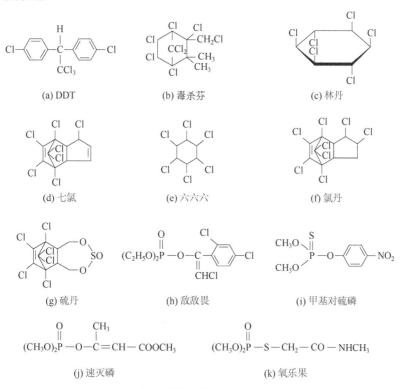

图 3.5　常见有机氯农药与有机磷农药结构式

第三章
土壤污染及其特点
073

（一）土壤农药污染概况

目前，全球生产和使用的农药已达 1300 多种，其中广泛使用的为 250 多种。我国 1990 年农药产量为 2.6 万吨，1994 年农药产量为 26.6 万吨，约占世界农药总产量的 1/10。现在，我国每年要施用 80 万～100 万吨的化学农药，其中有机磷杀虫剂占 40%，高毒农药占 37.4%。这些农药无论以何种方式施用，均会在土壤残留，而且我国农药的有效利用率低，据测定仅为 20%～30%（发达国家的农药利用率达 60%～70%）。若按单位面积平均施药量计算，我国农药用量是美国 2 倍多，图 3.6 为我国典型污染场地中土壤农药的含量水平。大量的农药流失到土壤中，造成土壤环境的严重污染，影响了农业的可持续发展。

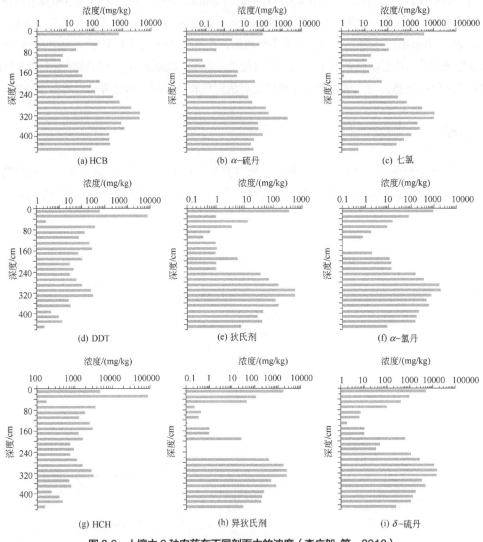

图 3.6　土壤中 9 种农药在不同剖面中的浓度（李广贺 等，2010）

目前，世界上的有机磷农药商品达上百种，在我国使用的有机磷农药 30 余种，使用量为 20 万吨，其中 80%以上是剧毒农药，如甲胺磷、甲基对硫磷、对硫磷、久效磷、敌敌畏等，其中甲胺磷的使用量一年就高达 6.5 万吨。目前，我国有机磷农药占据农药主导地位的局面难以在短期内改变，仍将长期使用。有机氯农药是造成土壤农药污染的另一大类，在瑞典通过的《关于持久性有机污染物的斯德哥尔摩公约》需要首批控制的农药名单中有 9 种属于有机氯农药。我国有机氯农药的主要污染地区集中在华北和华东地区，在土壤、农产品、河流沉积物中都检测到了该类农药的残留。虽然随着时间的推移，这些禁用有机氯农药的残留在逐渐降低，但目前仍在使用的有机氯农药如三氯杀螨醇、五氯酚和五氯酚钠等，同样造成土壤、植物和水源的污染。斯德哥尔摩公约也正在酝酿扩大 POPs 物质的名单，以加强对持久性有机污染物的控制。

其他土壤有机农药污染物还包括氨基甲酸酯类、有机氯类杀虫剂和磺酰脲类除草剂，这些种类的农药毒性较低，但因使用范围扩大，其对土壤造成的污染亦不容忽视。

（二）土壤农药污染的危害

1. 土壤农药污染对土壤生态系统的影响

农药施用后，很大一部分落到土壤中，大气残留的农药和附着在作物上的农药经雨水冲刷等也有相当一部分落入土壤中。被农药长期污染的土壤将会出现明显的酸化，土壤养分随污染程度的加重而减少，土壤孔隙度变小等，从而造成土壤结构板结。

由于农药具有很强的生物毒性，其在杀死许多病虫害的同时，对土壤微生物、植物根系、土壤酶等土壤生态系统中的生物部分产生重要的影响，具有长期、潜在的生态危害。

进入土壤中的农药，除了被吸附外，还可通过挥发、扩散的形式迁移进入大气，引起大气污染，或随水迁移和扩散而进入水体，引起水体污染。农药在土壤中的移动性与农药本身的溶解度密切相关，一些水溶性大的农药，则直接随水流入江河、湖泊；一些难溶性的农药，吸附于土壤颗粒表面，随雨水冲刷，连同泥沙一起流入江河。农药在土壤中的移动性与土壤中的吸附性能有关。

土壤中的农药残留对土壤酶活性除少数低浓度情况下有一定的促进作用外，许多研究直接表明了土壤农药对酶活性的抑制。如有研究表明，甲磺隆的浓度为 0.1mg/kg 时不影响脲酶活性，但当其浓度提高到 0.5～2.0mg/kg 时，则脲酶活性显著降低。朱南文等研究了土壤中施入不同浓度有机磷杀虫剂甲磷胺后对土壤磷酸酶和脱氢酶活性的影响，结果表明甲磷胺对脱氢酶和 3 种磷酸酶的活性均有不同程度的抑制，其抑制强度和作用时间随浓度升高而加剧和延长。土壤酶活性的生态剂量 ED_{50} 结果表明，土壤脲酶活性的 ED_{50} 值最小，即脲酶活性对杀虫剂反应最灵敏，可用其作为土壤杀虫剂污染程度的监测指标。

土壤动物的丰富度是土壤肥沃程度的重要标志。然而残存于土壤中的农药将对土壤中的微生物、原生动物以及其他节肢动物、环节动物、软体动物、线形动物等产生不同程度的危害。土壤中的细菌、真菌、原生动物和后生动物，它们是土壤性质及维持土壤生态系统平衡的关键。然而，多数的农药对土壤生物都有一定的毒杀作用。例如，一些杀虫剂对蚯蚓有较强的杀伤力，对硫磷和多菌灵在培养 14d 的条件下，引起蚯蚓 50% 死亡的浓度分别是 74.52mg/kg 和 4.27mg/kg。农药影响土壤微生物的种群和种群数量，由于微生物数量的变化，土壤中的氨化作用、硝化作用、反硝化作用、呼吸作用以及有机质的分解、代谢和根瘤菌的固氮等过程受到不同程度的影响，使土壤生态系统的功能失调，系统中出现某些物质的积累或某些物质的匮乏，进一步影响到土壤生物的生长和代谢。某些杀虫剂会对土壤硝化作用引起长期显著的抑制，五氯酚钠、克芜踪、氟乐灵、丁草胺和禾大壮五种除草剂分别施入土壤后，对硝化作用的抑制影响较为明显。

2. 土壤农药污染对农产品的影响

落在土壤中的农药，除挥发和径流外，其余可被农作物直接吸收，在作物的体内残留。农药的使用使农产品质量和安全性降低。

农药主要是通过植物根系的吸收被转运到植物组织或收获的产品中，其在植物体内残留影响植物的生长，进入收获品中则影响农产品的质量和使用价值。随着生物农药的推广使用，农业生产所造成的农药残留有越来越少的趋势，但土壤中已有的农药残留还是会不断释放而使农产品因吸收造成农药或代谢产物的残留。滴滴涕、六六六在 20 世纪 80 年代初就已被禁止使用，但现在许多农产品因其残留超标而影响经济效益，究其原因是土壤中的残留造成的。例如滴滴涕、六六六在茶叶中的残留超标而影响其产品效益。

残存于土壤中的农药对生长的作物有着不利的影响，尤其是除草剂，一方面由于使用不合理或用除草剂含量过高的废水进行农田灌溉，造成土壤的污染，往往也对作物造成严重的危害；另一方面，对某一种或某一类农药具有较强抗性的作物，对于污染土壤中的农药不表现出受害症状，但在农产品中却积累了大量农药，一旦食用后将严重威胁人体健康，这一现象应予以高度重视。

3. 土壤农药污染对动物生长发育的影响

生物体内脂肪组织富集的六六六可通过胎盘和哺乳影响胚胎发育，导致畸形、死胎、发育迟缓等现象。农药还会引起一些其他器官组织的病变。如 TCDD 暴露可引起慢性阻塞性肺病的发病率升高；也可以引起肝脏纤维化以及肝功能的改变，出现黄疸、精氨酸升高、高血脂；还可引起消化功能障碍。

4. 土壤农药污染对人体的影响

许多化学农药具有环境激素效应，其在土壤和植物体上的残留对人和动物内分泌系统产生干扰作用，影响生殖繁衍，造成雌性化、腺体病变和后代生命力退化。

有机氯农药难降解、易积累，直接影响生物的神经系统。如滴滴涕主要影响人的中枢神经系统，有机磷农药虽易降解、残留期短，但其毒性大，虽在生物体内易分解不易积累，然而它有烷基化作用，会引起致癌、致突变作用；有机磷农药以一种独特的方式对活的有机体起作用，毁坏酶类，危害有机体神经系统。六六六作为内分泌干扰物与相关受体结合后不易解离、不易被分解排出，因而扰乱内分泌系统的正常功能；包括抑制免疫系统正常反应的发生，影响巨噬细胞的活性，降低生物体对病毒的抵抗能力等。由于"全球蒸馏效应"，六六六与其他 POPs 物质一样迁移到高纬地区沉降下来，随食物链进入人体。对加拿大因纽特人的婴儿研究发现，母乳喂养婴儿的健康 T 细胞和受感染 T 细胞的比率与母乳的喂养时间及母乳中有机氯的含量密切相关。

二、多环芳烃

多环芳烃（PAHs）是指两个以上的苯环连在一起的化合物，根据苯环连接的方式可分为联苯类、多苯代脂肪烃和稠环芳烃三类。多环芳烃是最早发现且数量最多的致癌物,目前已经发现的致癌性多环芳烃及其衍生物已超过 400 种。

由于其毒性及致癌性,早在 1976 年 USEPA 就将 16 种 PAHs 列入优先控制的有毒有机污染物黑名单(优控污染物)。工业发达国家的研究表明,近 100~150 年来土壤(尤其是城市地区土壤)的 PAHs 浓度在不断增加,土壤已经成为 PAHs 的一个重要的汇。PAHs 主要来源于人类生产活动和能源利用过程,以及石油及石油化工产品的生产过程,在环境中普遍存在,具有致畸性、致突变性和致癌性,并能强烈抑制微生物的活性。作为煤炭主体结构的重要组成部分,PAHs 随其开采和加工利用过程进入土壤环境,使煤矿区及其加工利用区土壤中的 PAHs 超过环境背景值。PAHs 水溶性小,易吸附于土壤颗粒上,生物可利用性差,降解率低,土壤便成为其主要环境归宿之一。由英国某地土壤中 100 年间总 PAHs 含量的变化(表 3.6)可知,表层土壤(0~23cm)中总 PAHs 的量在 100 年增加了近 4 倍,而下层(23~46cm)的总 PAHs 量则升至 2 倍多,且表层土壤中 PAHs 的含量均比下层要多,随着土壤中 PAHs 的不断输入和积累,上层土壤中 PAHs 的含量水平较下层土壤增加更快。

表 3.6 土壤中总 PAHs 在 100 年间的变化   单位:mg/kg

土层深/cm	1883 年	1944 年	1987 年
0~23	220	720	1040
23~46	110	140	270

(一)多环芳烃的来源

目前 PAHs 的主要来源包括自然源以及人为源,其中自然源主要包括火山喷发、草原及森林等的不完全燃烧以及部分生物的合成,其所占的比重相对较低,因此人为源是当今世界上 PAHs 的主要来源,其主要污染途径包括如下 3 种。

(1)工业污染 其主要来源是焦化厂、炼油厂等生产过程中所产生的废水、废气中所排放出的 PAHs,如有研究表明,苯并[a]芘在焦化煤厂所排出的废水中含量高达 4610μg/L,而焦化厂土壤中的多环芳烃总量局部则可能超过 100mg/kg。

(2)各种交通工具的尾气排放 据有关检测表明,机动车排放的尾气中大约含有 100 种 PAHs,每年由于汽车启动时不完全燃烧所排放的 PAHs 含量巨大,如汽车在 30min 内向环境中排放的 PAHs 的总量就有 41.53~121.1μg/m³。近年来,随着机动车保有量的迅速增加,交通活动引发的道路两侧 PAHs 的增加日益明显。如有研究表明,北京城市道路周边绿地土壤中 PAHs 的浓度可达 1.60~14.6mg/kg。

(3)生活污染源 吸烟、烹调油烟以及家庭燃具的燃烧、垃圾焚烧等过程都会产生 PAHs,并且其作用大大超乎人们的想象。有报道指出,居家厨房做饭时由于燃气的不完全燃烧产生的 PAHs 的含量高达 559μg/m³,一支雪茄的烟雾中 PAHs 的检出浓度为 8~122μg/m³。

(二)多环芳烃的危害

多环芳烃属于间接致癌物,其毒性主要包括化学致癌性、光致毒性效应、对微生物产生抑制等过程和作用。随着工业化进程的推进、外加持久性有机污染物本身特性及其"全球蒸馏效应"和"蚱蜢效应"的共同影响，使得 PAHs 已成为当今全世界广泛分布的环境污染物，无论是从海洋到陆河湖海到内陆池塘，从偏远山区到繁华都市，从南极大陆到雪域高原，无不发现 PAHs。贺勇（2006）对黄河中下游流域底泥的研究显示，其中总 PAHs 的含量变化范围在 31.1～1007.7ng/g 之间。有的 PAHs 会对暴露于其中的生物体的免疫系统、内分泌系统及生殖和发育方面造成严重的危害；PAHs 还会引起一些器官组织发生病变，具有致癌作用。Inigo Zuberogoitia 等（2006）对法国北部坎塔布连山脉的海岸线及对法国西南部地区的研究调查发现，高浓度的 PAHs 可以引起胚胎的死亡及鸟类成鸟的中毒，同时这种危害使得以海岸鸟类为生的内陆猎鹰数量急剧减少。

三、石油烃

石油是由上千种化学特性不同的化合物组成的复杂混合体，其中碳氢元素占 95%～99.5%，其他元素（主要为硫、氮、氧）仅占 0.5%～5%，其主要成分为烷烃、芳香烃、烯烃、酯类等。石油含有多种有害物质，其中苯系物（BTEX，苯、甲苯、乙苯和二甲苯）和多环芳烃（PAHs，菲、蒽、芘等）等具有显著的"三致"（致癌、致突变、致畸）效应。石油组分中，属于环境优先控制和美国协议法令规定的污染物多于 30 种。

（一）土壤石油烃的来源

土壤石油污染源分布广泛，类型繁多，主要包括：含油废水任意排放，石油开采过程中的漏油事故、设备故障、开发油井的不正常操作及检修造成的石油溢出、渗漏和排放，井喷，输油管线、含油污水管线、加油站、地下储存罐泄漏，石油加工过程中的跑、冒、滴、漏，以及突发泄漏事故等，造成大量的石油污染物输入土壤环境，并在土壤中积累。

已有调查表明，美国每年有记录的石油泄漏就有 1 万次，据估计其中 10%～30%的地下储油罐都存在不同程度的泄漏。英国 30% 以上的加油站以及几乎所有的化工厂、炼油厂、化学物质存放点等均存在严重的地下污染。荷兰迄今为止有记录的石油污染场地有十万之多。同时，含油污水灌溉、大气污染物沉降和汽车尾气排放亦是土壤石油污染不可忽略的来源。

在众多能够引起土壤严重石油污染的来源中，油田区石油开采是最值得关注的土壤石油污染源。据初步统计，每口新的石油开采井投产或油井大修，平均残留在土壤中的石油烃为 0.5～1.0t。我国油田与城区密不可分、相互交错分布的特点，使得生态、水环境和人体健康对土壤石油污染问题显得尤为敏感。

我国大部分油田区和石油化工区土壤均受到了石油及其炼化、裂解产物的污染。1970～1978 年间，位于淄博市的淄河滩南杨段，每年接纳未经任何处理的炼油厂含油污水 900 万立方米，除极少部分溶解在水中的石油随污水渗入含水层外，大量的非水溶相石油类污染物沉积在淄河滩包气带土壤层，在包气带土层中形成厚度达 1.5m 的石油污染土层，含油量高达 50000～94000mg/kg，经长期风化与淋滤成为地下水和表层水体的长期污染源。表 3.7 为我国部分油田区土壤中石油烃含量与土壤背景石油烃含量。

表 3.7 部分油田区土壤中石油烃含量与背景值   单位：mg/kg

参数	大庆油田	胜利油田	江汉油田		长庆油田	大港油田
			水稻土	潮土		
背景值	48.36	23.64~35.19	117.2	150.8	51.5	40.6
监测值	4774	20539	257.3		47.5	21730

整体说来，我国北方油田采油井周边土壤石油污染严重，含油量在 48000~77000mg/kg 之间。油田区石油污染程度评价结果表明，油田石油开发区污染土壤面积超过 75%，农业开发区污染面积超过 20%。对某油田区石油烃污染水泡子及其周围潜水水质的测定结果表明，由于有机污染物分解缓慢，造成地下水体污染问题显著。水体在上游 500m 范围内为V类地下水，在 1500m 监测点地下水中的含油量仍达到IV类标准。

污灌亦是土壤中石油烃组分的重要来源，表 3.8 为土壤石油烃含量与污灌时间的关系。污灌会造成土层芳烃、烷烃含量的普遍增加，且随着污灌时间的增长土壤中石油烃组分的含量也会持续升高，老污灌区土壤中芳烃组分的含量为清灌区的 8~10 倍，为新灌区和中灌区的 3~5 倍，而烷烃组分老污灌区土壤中的含量则为清灌区的 3~4 倍，为新灌区和中灌区的 1.5~2 倍。

表 3.8 土壤石油烃组分含量与污灌时间的关系   单位：mg/kg

石油烃组分	清灌区 1	清灌区 2	新污灌区	中污灌区	老污灌区
芳烃	24.2	25.1	42.6	59.0	201.2
烷烃	44.3	32.8	64.2	79.1	123.6

注：表中"新"、"中"、"老"为灌溉时间长短。

（二）土壤石油烃的危害

1. 石油烃污染对土壤生态系统的影响

石油烃作为具有高疏水性、低水溶性特征的污染物，在土壤介质中表现出复杂的相态。其在土壤生态系统中的吸附和滞留会直接导致土壤含水率的降低，对土壤生态系统正常的水、肥、气、热等状况产生影响，从而对农业生产等也产生相应的危害。图 3.7 为土壤生态系统中石油烃与水分的存在状况及其在土壤生态系统中的作用。

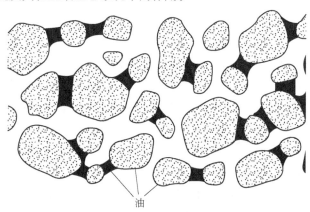

油

图 3.7 土壤孔隙石油烃和水分分布示意

由于石油大部分组分的低溶解性，除部分石油溶解于土壤孔隙中的水之外，大多仍以纯液相的形式存在于土壤孔隙中，部分则蒸发到土壤气体中。根据有机物质的辛醇-水分配系数（K_{ow}），除了石油中低分子的苯系物和萘能溶于水，蒽和菲具有中度溶解性外，分子量高于 228 的芳烃很难溶于水。烷烃比芳烃的水溶性更低。C_{10} 以下的烷烃微溶于水，C_{10} 以上的烷烃几乎不溶于水。因此，石油在土壤中的积累将显著影响土壤的通透性。另外，积累的石油污染物在植物根系上形成一层黏膜，阻碍根系的呼吸与吸收，引起根系腐烂。

2. 石油烃污染对动植物的影响

石油中的不同馏分对动植物的影响有所不同，低分子烃对植物的危害比高分子烃严重。沸点在 150～275℃以内的烃，如粗汽油和煤油，对植物的毒害最大，能够穿透植物的组织，破坏植物正常的生理机能。高分子烃虽因分子较大穿透能力差，难以穿透到植物组织内部，但易在植物表面形成一层薄膜，阻塞植物气孔，影响植物的蒸腾和呼吸作用，并使其他生物的营养与输导系统产生混乱。

国外很多研究者从 20 世纪 20 年代初就注意到了石油喷溢对周围微生物和植物群落产生的巨大危害。近年来这方面的研究更是越来越多，Jon 等进行了亚北极地区溢油对微生物群落长期影响的研究，石油和烃类物质对土壤微生物数量和碳矿化趋势影响的差异性不显著，且石油污染土壤中氮的丰度明显高于后者。王大为等研究了石油污染土壤对春小麦和荞麦萌发和生长的影响，结果表明，随着污染水平的升高，作物的萌发率和产量大大降低，生长受到严重抑制。

由于石油污染物的迁移和富集，油田区的农作物以及动植物也受到了很大影响，使植物形态严重偏离正常植株，农作物的品质也会明显下降。石油中的烷烃、环烷烃、芳烃等对强酸、强碱和氧化剂都有很强的稳定性，可被植物各部位（如根、茎、果实等）吸收富集进入食物链，最终对人类健康产生长期的危害。大庆油田石油污染土壤种植的玉米中石油含量明显高于非污染区。受到石油污染的草原地区土壤，其含油量可达 3500mg/kg，超过背景值 70 倍以上，污染土壤生长的羊草其石油含量也比正常值高出了近 1.5 倍。

3. 石油烃污染对水环境的影响

土壤中的石油污染物作为地下水和地表水的主要污染源之一，其淋滤和下渗是造成水体长期石油污染的重要原因，直接或间接对水环境造成危害。世界范围内约 1%的地下水受到了石油的污染。我国部分石油化工区，由于包气带土壤的石油污染所造成的地下水水质恶化问题突出，局部地区地下水中油含量高达 20～30mg/L，苯含量高达 20～50mg/L，水井报废、居民搬迁，对当地的工农业造成严重危害。土壤体系中的石油烃通过雨水冲刷可就近汇入当地水体，在水体中形成油膜，严重时甚至影响水环境的复氧和各种生物化学过程。

4. 石油烃污染对人体健康的影响

石油通过饮水、食物链和皮肤接触等进入人体，能溶解细胞膜、干扰酶系统，引起肾、肝等内脏发生病变。石油中含有多种有毒物质，其毒性按烷烃、烯烃、芳香烃的顺序逐渐变强。现已确认，具有致癌、致畸、致突变潜在性的化学物质中，许多是石油或石油制品中所含的物质，多环芳烃如苯并[a]芘具有致癌活性，毒性最强。

四、持久性有机污染物

2001 年 5 月 21～23 日，《斯德哥尔摩公约》外交全权代表大会在瑞典斯德哥尔摩市举行，该公约由来自 114 个国家和地区的政府代表共同签署，此举标志着各国将通力合作，旨在减少或消除持久性有机污染物（POPs）的排放，通过共同努力来保护人类健康，改善生态环境。由于持久性有机污染物具有强亲脂性的特性，能够通过食物链在生物体内蓄积，因此处于食物链最高级的人类受到的这种逐级放大作用的危害十分巨大，甚至影响到几代人的健康，在近几十年中，与 POPs 物质有关的环境污染以及公共卫生事件屡屡发生，因此，对 POPs 的来源、检测、污染环境的修复等方面的研究至关重要，这一全球性环境问题应唤起人们的广泛关注。

根据《斯德哥尔摩公约》，第一批受控的持久性有机污染物有 12 种。这 12 种持久性有机污染物分别是艾氏剂、氯丹、滴滴涕（DDT）、狄氏剂、异狄氏剂、七氯、六氯苯、灭蚁灵、多氯联苯（PCBs）、毒杀芬（toxaphene）、多氯二苯并-对-二噁英和多氯二苯并呋喃（PCDFs）。这 12 种持久性有机污染物可以分成三大类：一是有机氯杀虫剂，即艾氏剂、氯丹、滴滴涕、狄氏剂、异狄氏剂、七氯、灭蚁灵、毒杀芬；二是工业化学品，即六氯苯和多氯联苯；三是由燃烧和工业加工带来的副产品，即多氯二苯并-对-二噁英和多氯二苯并呋喃。

1. 持久性有机污染物的来源

（1）工业 城市工业三废的排放使污染物积累，如焦化厂和加压煤气化工艺废水中的苯并[a]芘（B[a]P）等十余种多环芳烃类，合成染料中的联苯胺、偶氮染料、对氯苯胺等许多致突变物和致癌物，电器产品中的多氯联苯（PCBs）。USEPA 确定二噁英类（TCDDs）主要来自燃烧和焚化、化学品制造、工业城市废弃物处理及含 TCDDs 再生资源的利用。国内许多水系因受周边企业不同程度的污染，水中有机提取物种类高达 135 种，主要以烷烃、杂环类、有机硝基化合物、有机酸类、多环芳烃类、胺类及酚类为主。

（2）农业 有机氯农药难降解，高残留，在食品和环境中仍可检出残留。苯氧酸型除草剂、杀虫剂的使用，使 TCDDs 在土壤中残留增加。

（3）交通 汽车尾气的排放会产生多种有机污染物，柴油车尾气碳烟颗粒冷凝物样品曾检出 144 种有机物及其同分异构体，41 种多环芳烃类，主要为有机酸、有机碱、极性化合物、醛类、二噁英类、多环芳烃类。Lipniak 报道 Gackou 各交通干线及钢铁厂周围土壤中含荧蒽、B[a]P 等 PAHs 的含量达 800μg/kg 干土。

（4）生活 城市采暖季节燃料的燃烧，民用燃气，厨房烹调和烟草烟气中含有 PAHs。香烟侧流烟雾颗粒物中曾检出 123 种有机物及其异构体，含有较多的多环芳烃，含氮、氧的杂环化合物，苯酚等酚类化合物。含氯（如聚氯乙烯塑料）的生活垃圾和医院废弃物的焚烧会产生二噁英；饮水氯化消毒产生副产物卤代烃类，其中 3-氯-4-（二氯甲基）-5-羟基-2（5H）呋喃（MX）为强致癌物，在饮水氯化消毒副产物总的致突变性中占 20%～50%。

2. 持久性有机污染物的特点

(1) 高毒性　许多持久性有机污染物具有与生物体内自然分泌激素相似的结构和性质，这些化学品会扰乱生物体自身激素的正常作用，导致生物体内分泌紊乱、生殖及免疫机能失调、神经行为和发育紊乱。

(2) 生物积聚性　持久性有机污染物具有生物积累性，由于它们具有低水溶性、高脂溶性特性，可以被生物有机体在生长发育过程中直接从环境介质或从所消耗的食物中摄取并蓄积。生物积累的程度可以用生物浓缩系数来表示。某种化学物质在生物体内积累达到平衡时的浓度与所处环境介质中该物质浓度的比值称为生物浓缩系数（BCF）。各种化学物质的生物浓缩系数变化范围很大，与其水溶性或脂溶性有关。该系数对于评价、预告化学物质的环境影响有重要意义，某化学物质的生物浓缩系数大，则在生物体内的残留浓度大，对生物积累性的规定之一即在水生物种中的生物浓缩系数或生物积聚系数大于5000。生物累积性可通过食物链（网）在生物体内蓄积并逐级放大，对人体健康危害巨大。

(3) 长距离迁移性　持久性有机污染物具有半挥发性，能够从水体或土壤中以蒸气形式进入大气环境或被大气颗粒物吸附并通过大气环流远距离迁移。在较冷的地方或受到海拔高度影响时会重新降落到地球上，而后在温度升高时再次挥发进入大气进行迁移，即所谓的"全球蒸馏效应"。这种过程可以不断发生，使持久性有机污染物质可沉积到地球偏远的极地地区而导致全球范围的污染传播，地球两极及珠穆朗玛峰都已监测到持久性有机污染物质。

(4) 持久性　持久性有机污染物结构稳定，自然条件下不易降解，即使是几十年前使用过持久性有机污染物的许多地方至今依然能够发现残留物质。

3. 持久性有机污染物的危害

持久性有机污染物可通过食物链传播与累积，对动物和人类造成潜在的危害。持久性有机污染物由于具有干扰人类及野生动物内分泌系统的作用，亦被称为环境内分泌干扰化学物质或环境雌激素。许多持久性有机污染物是已知和可疑致癌物，如多环芳烃和PCDDs/PCDFs等。持久性有机污染物对食物链中高等捕食者损害最重，引起包括：a. 生殖障碍和种群下降；b. 功能异常和其他激素系统异常；c. 性别混乱；d. 免疫系统障碍；e. 行为失常；f. 诱发肿瘤等损害。

(1) 对动植物的危害　持久性有机污染物具有生物蓄积性，而且随含氯量的增大而增大，氯丹在土壤中很难分解，其半衰期大约是4年，主要存在于地下水中，黏附于土壤颗粒上。氯丹对哺乳动物有中等急性毒性，对老鼠的 LD_{50} 为 200～590mg/kg 体重。其代谢物之一的氧化氯丹毒性更强，对老鼠的 LD_{50} 为 19mg/kg 体重。氯丹可影响人类免疫系统，是可能的致癌性物质。DDT 在土壤中很稳定，其半衰期为 10～15 年，尽管 DDT 在许多个国家禁止使用，但因 DDT 是持久性农药，所以它对人类的影响仍然长期存在。

(2) 对人体健康的危害　持久性有机污染物可以通过食物链进入人体，在人体中积累和浓缩，对人体产生极大的影响。例如，有些 PCBs 也被称作为二噁英类似化合物，对皮肤、肝脏、肠胃系统、免疫系统等都具有诱导效应，是一种典型的环境荷尔蒙物质。有机氯农药可干扰雌激素的信号传递，对雌激素既有促进又有拮抗作用，最终都可表现为身体内分泌系统的紊乱，导致激素靶器官的病变和生殖毒性；多氯联苯对人体确有细胞毒性和基因毒性，已有证明，妇女乳腺癌与其有关，而且也发现近年来的男性精子数量大幅下降，与持久性有机污染物污染有关。持久性有机污染物可以蓄积在体内，可通过母乳排出，或转入卵细胞等组织而影响下一代。据报道在我国，有 95% 的婴儿从母乳中摄入有毒物质，母体的人乳、脂肪组织、胎盘组织中的 DDTs 平均浓度分别为 0.40μg/kg、11.82μg/kg 和 0.61μg/kg，而 HCHs 的平均浓度依次为 0.6μg/kg、13.78μg/kg 和 0.89μg/kg。

第六节　土壤放射性污染

随着核裂变研究的不断深入，核能已日益成为世界上许多国家的主要能源之一，核技术在工业、农业和医学等领域中发挥重要作用的同时，也不可避免地带来了它的副作用——放射性污染。然而，人们对于放射性污染在目前远不如其他污染物质那样来得重视。随着核动力使用的增加和核武器研制力度的加大，这种对放射性物质的疏忽反而可能会引起其扩散和蔓延。表3.9 是常见的放射性核素及其在土壤和岩石中的含量。

表3.9　土壤和岩石中天然放射性核素的含量　　　　单位：Bq/g

核素	土壤	岩石	核素	土壤	岩石
^{40}K	$2.96\times10^{-2}\sim8.88\times10^{-2}$	$8.14\times10^{-2}\sim8.14\times10^{-1}$	^{232}Th	$7.4\times10^{-4}\sim5.55\times10^{-2}$	$3.7\times10^{-3}\sim4.81\times10^{-2}$
^{226}Ra	$3.7\times10^{-3}\sim7.03\times10^{-2}$	$1.48\times10^{-2}\sim4.81\times10^{-2}$	^{238}U	$1.11\times10^{-3}\sim2.22\times10^{-2}$	$1.48\times10^{-2}\sim4.81\times10^{-2}$

一、土壤放射性污染来源

（一）按产生来源分

1. 天然放射性污染

放射性核素在环境中广泛存在，根据目前的理论，组成地球的放射性和稳定性化学元素都是在地球内发生的核反应所形成的。目前环境中的天然放射性核素主要有两类：一类是在地球开始形成时就出现的放射性核素，即所谓的陆生放射性核素；另一类是通过外层空间宇宙线的作用而不断形成的放射性核素，即所谓的宇生放射性核素。

2. 人工放射性核素污染

引起土壤人工放射性核素污染的原因主要来源于生产，使用放射性物质的单位所排放的放射性废物以及核爆炸等生产的放射性尘埃，重原子的核裂变是人工放射性核素的主要来源。包括：核试验及航天事故；核工业；工农业、医学、科研等部门的排放废物；放射性矿的开采和利用。

（二）按产生途径分

1. 核试验

分为大气层核试验和地下核试验两种。大气层核试验产生的放射性落下灰是迄今土壤环境的主要放射性污染源。放射性落下灰的沉降可分为 3 种情况。

（1）局地性沉降　颗粒较大的粒子因重力作用而沉降于爆心周围几百公里的范围内。

（2）对流层沉降　较小的粒子则在高空存留较长时间降落到大面积的地面上，其中进入对流层的较小颗粒主要在同一半球同一纬度绕地球沉降，沉降时间一般在爆炸后 20～30d，在爆心的同一纬度附近造成带状污染。

（3）全球沉降或平流层沉降　百万吨级或以上的大型核爆炸，产生的放射性物质带入平流层，然后再返回地面，造成世界范围的沉降，平均需 0.5～3 年时间。封闭较好的地下核爆炸对参试人员造成的剂量或剂量负担都很小，但偶然情况泄漏和气体扩散使放射性物质从地下泄出，造成局部范围的污染。

2. 核武器制造、核能生产和核事故

军事放射性物质生产和核武器制造可能导致放射性核素的常规和事故释放，造成局地和区域性环境污染。核能生产涉及整个核燃料循环，其中包括的主要环节有铀矿开采和水冶、^{235}U的浓缩、燃料元件制造、核反应堆发电、乏燃料贮存或后处理及放射性废物的贮存和处置，放射性物质在整个核燃料循环的各个环节间循环。核事故主要有民用核反应堆事故、军用核设施、核武器运输、卫星重返和辐射源丢失等。这些生产过程和核事故都有可能释放放射性污染物质，成为重要污染源。从 20 世纪 50 年代至今，几次大的核事故如切尔诺贝利核电站事故，福岛核电站事故等已对当地乃至更大范围的土壤、水体、大气等环境产生了危害，对人体健康产生了影响。

3. 放射性同位素的生产和应用

放射性同位素的生产及其在工业、医疗、教学、研究等日益广泛的应用和相关的废物处置，也会对公众造成一定剂量的照射。密封源中的放射性同位素一般不会被释放，但放射性药盒中的同位素、^{14}C 和 ^{3}H 最终会向环境释放，其释放总量与生产总量大致相当。商用及医用同位素的生产量一般很难估计，对其生产和应用过程中的释放报道也很少见。据估计，日本对 ^{14}C、^{125}I、^{3}H 和 ^{131}I 每百万人的使用量分别为 5.2GBq、6.1GBq、14GBq 和 34GBq；1987 年英国商用 ^{14}C 生产厂流出物排放总量为 32TBq，相当于每百万人使用量为 55GBq。

4. 矿物的开采、冶炼和应用

除作为核燃料原料的含铀矿物以外，煤、石油、泥炭、天然气、地热水（或蒸汽）和某些矿砂中的含量也比较高，其开采、冶炼和应用一定程度上也会释放放射性废物到环境中去，给土壤环境带来一定的污染。煤矿会排放放射性物质氡。煤中天然放射性核素的平均比活度 ^{40}K 为 50Bq/kg，^{238}U 为 20Bq/kg，^{232}Th 为 200Bq/kg。而中国煤中这 3 种核素的平均比活度分别为

104Bq/kg、36Bq/kg 和 30Bq/kg。磷酸盐矿物中含有放射性核素 ^{232}T、^{40}K、^{238}U 和 ^{226}Ra 等，磷肥中 ^{238}U 和 ^{226}Ra 的比活度分别为 4000Bq/kg 和 1000q/kg，成为环境中可迁移的 ^{226}Ra 最重要的来源之一。

二、土壤放射性污染特点

① 绝大多数放射性核素的毒性均远超过一般的化学毒物。

② 辐射损伤包括非随机效应和随机效应，随机效应又分躯体效应和发生在下一代身上的遗传效应。

③ 放射性不能由人的感觉器官直接察觉，而只有依靠辐射探测仪器方可知晓。

④ 辐射本身具有一定的穿透能力，特别是 γ 射线的穿透力相当强。

⑤ 放射性核素具有可变性，气态放射性核素易向大气中逸散形成气溶胶，可以通过吸入蜕变成固态子体而在体内器官或组织中沉积。

⑥ 放射性物质只能靠自身的自然衰变得以减弱，不随温度、压力、状态、湿度等变化而变化，其他方法也无法加速其衰变。

三、土壤放射性污染的危害

1. 放射性污染对土壤生态系统的影响

土壤放射性污染会危及土壤生态系统和农业系统的安全与稳定。其中，长期低剂量辐射的生态效应包括：引起物种异常变异，从而对生态系统演替产生影响；使农产品放射性核素比活度上升，危及食品安全和人体健康；影响土壤微生物的生存与种群结构，继而影响到土壤肥效和土壤对有毒物质的分解净化能力；土壤中放射性核素也会参与水、气循环，进一步污染水体和大气。

土壤中放射性核素会引起土壤生物种群区系成分的改变、生物群落结构的变化。土壤环境中同一群落的生物种群经演化形成相互影响的复杂关系，包括如竞争、互食和共栖等。不同物种在辐射敏感性和累积放射性程度方面存在差异，任一种群对环境辐射胁迫的反应，取决于自身对辐照的直接应激反应，也受其他种群对辐射反应的间接影响。

2. 放射性污染对植物的危害

急性辐射胁迫常常导致环境中的敏感植物受伤。如松树是对辐射最为敏感的物种之一，在 200h 内接受≥300R 剂量的 γ 射线辐射后，所有湿地松样本在其后的几个月内相继死亡；接受≥800R 剂量、树龄小于 5 年的长叶松样本也全部死亡；较大树龄的长叶松在 200h 内接受照射剂量 >2800R 后，几个月内也全部死亡。即便将急性照射剂量转换成慢性照射的剂量率范围内，刚松仍有较高辐射敏感性；另外，阔叶树（橡树和红栎）、灌木和草本植物依次表现出较强的辐射抗性。栽培植物对慢性辐射的敏感性与其野生的亲源种相似。

3. 放射性污染对动物的危害

哺乳类中关于种群的大多数工作涉及对辐射致死性的研究，认为生殖力是种群慢性辐射损伤最敏感的指征。哺乳动物对 γ 射线的敏感性比昆虫高，昆虫对辐射的敏感性一般远远小于脊椎动物。Staffeldt 综合了许多小型哺乳动物物种的大量资料，认为其 $LD_{50/30}$（30d 内引起 50%死亡的辐射剂量）在 500～1100R 内。经观察对个体照射剂量≥200R 时，会导致其急性死亡。多数结果表明，出生率是比死亡率更具放射敏感性的密度参数。

4. 放射性污染对人体的危害

土壤被放射性物质污染后，射线对机体既可造成外辐射损伤，一部分放射性核素也可经过呼吸道、消化道、皮肤等途径直接进入人体，参与体内生物循环，造成内辐射损伤，使人体出现头昏、疲乏无力、脱发、白细胞减少或增多、发生癌变等。在乌克兰有 $2.6×10^5km^2$ 的土地被 ^{137}Cs 污染，其污染程度超过 $1Ci/km^2$，相当于增加 0.1%人口致癌的危险。至于放射性伤害机理，目前认为主要是放射线引起细胞内分子产生电离和激发，破坏生物机体的正常机能。这种作用可能是射线直接引起细胞内生物大分子构象改变或破坏，也可能是射线与细胞内的水分子起作用，产生强氧化剂和强还原剂以此破坏细胞结构，对细胞正常生理功能产生间接影响。

土壤环境中最危险的放射性元素是 ^{137}Cs 和 ^{90}Sr，其化学性质与生命必需元素 Ca 和 K 相似，进入生物和人体后，在一定部位积累，增加人体的放射辐射，引起"三致"效应。大剂量瞬间引起的急性放射性辐射伤害，可使生物或人在短时间内死亡。如切尔诺贝利核电站事故造成的核泄漏和爆炸使多名核电站工作人员和包括消防员在内的上千名救援人员相继死亡，其造成的危害和恶劣影响至今仍在继续。

思考题

1. 土壤中主要污染物有哪些？
2. 土壤重金属污染来源包括哪些方面？
3. 土壤重金属操作形态定义及主要具体形态包括哪几种？
4. 土壤中有机污染物的 4 种主要形态是什么？
5. 请列举土壤环境中常见的有机污染物的来源、分布特征和主要危害。
6. 土壤放射性污染的主要来源有哪些？

第四章

土壤典型污染物的迁移转化

第一节　土壤环境中物质的运移

一、土壤溶质运移现象

　　土壤溶液是土壤水分及其溶解溶质的总和，是土壤生态系统的重要组成部分。其数量的多少及在土壤孔隙中的分布状况决定了土壤生态系统的气水比，对土壤的水、肥、气、热状况具有重要影响，对农业生产和土壤修复植物选择具有指导意义。同时，土壤溶液的组成和浓度变化影响着土壤溶液的性质及土壤的整体质量及其他特性。土壤溶液中溶质的运移则是土壤中物质迁移的重要方式，受到土壤环境条件和成土物质的影响，与土壤环境污染物的迁移和转化密切相关。因此，土壤体系溶质的运移现象及其规律是土壤中污染物的环境行为基础。

　　土壤溶质可分为有机溶质和无机溶质两大类，其中有机溶质包括可溶性有机物如氨基酸、腐殖酸、糖类和有机-金属离子的络合物；无机溶质部分则包括多种离子，主要是 Ca^{2+}、Mg^{2+}、Na^+、K^+、Cl^-、SO_4^{2-}、HCO_3^-、CO_3^{2-} 等，还含有少量的其他离子，如铁、锰、锌、铜等的可溶性盐类化合物。这些无机与有机溶质在土壤溶液中常以不同的形态出现，如离子态、水合态、络合态等。不同形态的溶质其生物毒性、营养有效性等差别很大，直接关系到植物对营养的吸收和污染物的生物毒性水平，也影响着污染土壤的修复技术选择和效果评价。一般而言，土壤体系中离子态的溶质是首选的营养物或毒性形态，与其他形态的土壤溶质共同构成处于动态平衡体系的土壤溶液复合系统。另外，由于近年人类活动带来的各种营养物、重金属及有机物等典型污染物大量输入土壤系统，造成土壤溶质大量增加，尤其是有毒有害物质含量剧增的现象，与土壤体系中自然形成的溶质共同构成土壤现有的溶液体系，对土壤中溶质的运移和各种污染现象的产生、污染物质的迁移与转化等具有深远的影响。

　　图 4.1 为土壤环境中溶质的主要来源及其分类。

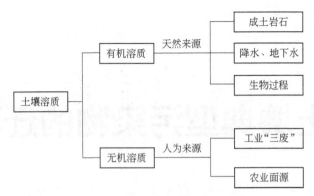

图 4.1　土壤溶质的主要来源及其分类

二、土壤溶质运移机理

土壤溶质运移过程主要包括分子扩散、质体流动、对流弥散和水动力弥散 4 个物理过程和溶质在运移过程中所发生的各种物理、化学和生物学过程等的综合作用。

（一）分子扩散

扩散（diffusion）是由于分子不规则运动（热运动）而使物质分子发生转移的过程。流体在通过土壤多孔介质时，由于溶质浓度不均匀，存在一定的浓度梯度，使得高浓度处物质向低浓度处运动，以求浓度趋于均一，土壤介质中存在的这种现象即为分子扩散。分子扩散由土壤溶液体系中溶质的浓度梯度引起，只要浓度梯度存在，即使土壤溶液本身不发生流动，扩散现象仍然存在。扩散作用常以 Fick 定律表示：

$$J_s = -D_s \frac{dC}{dx} \tag{4.1}$$

式中　J_s——溶质扩散通量；

　　　D_s——溶质的有效扩散系数；

　　dC/dx——浓度梯度。

D_s 一般小于该溶质在纯水中的扩散系数 D_0，原因是在土壤中，扩散系数同时还受到孔隙弯曲度和带电荷颗粒对水的黏滞度以及阴离子排斥作用对带负电荷颗粒附近水流的阻滞作用等的影响。

Olsen 和 Kemper（1965）将土壤溶质的扩散系数以下式表示：

$$D_s = \theta \left(\frac{L}{L_e} \right)^2 \alpha \gamma D_0 \tag{4.2}$$

式中　L——扩散的宏观平均途径；

　　　θ——土壤体积含水率，cm^3/cm^3；

　α、γ——经验常数；

　　　L_e——实际的弯曲途径。

式中，L/L_e、α、γ 均小于 1，因此 D_s 小于 D_0。

由于式（4.2）比较复杂且在实际测定时有许多困难，如弯曲途径等不易测量和计算，故实际应用中常使用如下的经验公式：

$$D_s(\theta)=D_0ae^{b\theta} \tag{4.3}$$

式中　a，b——参数，一般取 $a=0.001\sim0.005$（黏土~砂壤土），$b=10$，适用土壤水吸力为 $0.03\sim1.5$MPa。

20 世纪 80 年代以后，对土壤溶质扩散过程的描述多采用下式：

$$J_s = -\theta D'_s \frac{\mathrm{d}C}{\mathrm{d}x} \tag{4.4}$$

式中　D'_s——扩散系数，$D'_s = D_0\tau$，其中 τ 为弯曲因子，无量纲，变化范围为 $0.3\sim0.7$。

在降水、灌溉、入渗或饱和水流动等情况下，溶质扩散作用的强度较小，可以忽略。但在流速较慢的情况下，扩散作用很重要。某些溶质的穿透曲线末端拖延现象原因之一就是分子扩散作用。

（二）质体流动

质体流动又称对流（advection），是指溶质体伴随土壤水运动而迁移的过程（也称为质流），是农药等土壤非水相污染物在土壤体系中常见的运移方式。对流引起的溶质通量与土壤水通量和水的浓度之间的关系如下式所示：

$$J_c=qC \tag{4.5}$$

式中　J_c——溶质的对流通量，mol/（m^2·s）；

　　　q——水通量，m/s；

　　　C——水浓度，mol/m^3。

溶质对流通量是指单位时间、单位面积土壤上由于对流作用所通过的溶质的质量或物质的量。由于 $q=v\theta$，上式可变形为：

$$J_c=v\theta C \tag{4.6}$$

式中　v——含水孔隙中水的平均流速，是单位时间内水流通过土壤的直线长度，不考虑由孔隙弯曲而带来所增加的长度，也称平均表观速度，m/s；

　　　θ——在饱和流状态下土壤的有效孔隙度。

溶质的对流运移可以在饱和土壤中发生，也可以在非饱和土壤中发生。可在稳态水流（如均匀流速的土柱实验）下，也可在非稳态水流（自然情况）下发生。溶质运移的过程中不可能仅发生对流运移，特别是在非饱和流的情况下，对流运移也不一定是运移的主要过程，在某些特定流态如饱和流、运动速度较快时可把溶质运移视为单一的对流运动。

（三）对流弥散

当流体在土壤多孔介质中流动时，由于孔隙系统的存在，使得流速在孔隙中的分布无论其大小和方向都不均一。这种微观速度不均一所造成的特有物质运动称为对流弥散。土壤环境体系中，对流弥散主要包括以下几个方面：a. 由于流体的黏滞性使得孔隙通道轴处的流速大，而靠近通道壁处的流速小；b. 由于通道口径大小不均一而引起通道轴的最大流速之间的差异；c. 由于固体颗粒的切割阻挡，流线相对平均流动方向产生起伏，使流体质点的实际运动发生弯曲。而孔隙的弯曲程度不同和封闭孔隙或团粒内部孔隙水流基本不流动，导致了微观流速的差异。

由于对流弥散的复杂性，用具有明确物理意义的数学表达式较为困难。但用统计方法可以证明，对流弥散虽然在机制上与分子扩散不同，但可用相似的表达式来表示：

$$J_h = -\theta D_h \frac{\mathrm{d}C}{\mathrm{d}x} \tag{4.7}$$

式中　J_h——溶质的对流弥散通量；

$\quad\quad D_h$——对流弥散系数，可按与平均孔隙流速成正比估算。

（四）水动力弥散

早在1805年，Fick 就提出了分子扩散定律，1905年，Slichter 报道了土壤中溶质并不是以相同的速度运移的现象，此后，研究者逐渐提出并形成了溶质运移的基本理论——水动力弥散理论。水动力弥散（hydrodynamic dispersion）为对流弥散和分子扩散之和，是由质点的热动力作用和因流体对溶质分子造成的机械混合作用共同产生的，是综合反映溶质、土壤特性的参数，它既与多孔介质的状况及溶质的性质有关，又受含水量及孔隙水流速度的影响，对土壤环境中物质包括污染物的迁移和对土壤生态系统的影响有重要作用。

对于研究化肥、农药及重金属等在农田的运移规律、盐碱地水盐运动监测和地下水资源保护，水动力弥散通量为不可缺少的参数。将式（4.1）和式（4.7）合并可得：

$$J_{sh} = -D_{sh}(\theta, v) \frac{\mathrm{d}C}{\mathrm{d}x} \tag{4.8}$$

将土壤溶质扩散过程的通用公式（4.4）与式（4.7）合并，则可得：

$$J_{sh} = -\theta D \frac{\mathrm{d}C}{\mathrm{d}x} \tag{4.9}$$

式中　J_{sh}——溶质的水动力弥散通量；

$\quad D_{sh}(\theta, v)$——有效水动力弥散系数；

$\quad\quad D$——水动力弥散系数，为含水量和平均孔隙流速的函数。

在实际土壤体系溶质运移过程中，当对流速度相当大，导致机械弥散作用大大超过分子扩散作用时，溶质在土壤体系中的扩散可忽略不计，此时只需考虑机械弥散作用；反之，当土壤溶液静止或近似静止时，则机械弥散作用完全不起作用或可忽略，此时水动力弥散就与溶质在土壤体系中的分子扩散基本相当了。

三、土壤溶质运移模型

土壤介质中溶质运移理论的研究与模型建立、应用，在近四五十年得到快速发展，阐明了土壤环境体系中支持溶质运移的基本理论，并进一步研究了土壤溶质运移过程中分子扩散、质体流动、对流弥散、水动力学弥散及土壤生物、化学反应之间的耦合关系，并以数学模型阐述和解释土壤环境体系中溶质运移的基本过程和规律。研究者将其基本理论和模型等应用于分析土壤典型污染物如重金属等无机污染物、农药等有机污染物在土壤中的迁移和转化过程,对土壤环境污染的模拟与治理起到了重要作用。

1. 物理模型

物理模型是指采用相似推测,通过建立实物来模拟所需研究的问题。一般的模拟实验都属于物理模拟。

如研究者常以水平土柱吸渗法作为精确解来验证数值计算或其他方法所得到的结果,其实验装置如图 4.2 所示。该装置由透明的有机玻璃管制成,供水端有一片透水石作为滤层,使得在实验过程中透水不透气,用马氏瓶供水,供水瓶与透水石的结合作用,使得土柱的吸水端形成稳定的零压供水边界,所以土柱的吸湿过程既可以排除重力的影响,又可以排除侧向水压力的影响。实验结束后,迅速将土柱拆除并取样,测定土样含水量和土壤溶质含量。采用此法计算水动力弥散系数,得到了较好的试验结果,且可计算出该土壤的水动力弥散系数与孔隙流之间的关系。

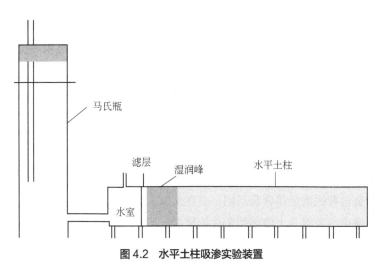

图 4.2 水平土柱吸渗实验装置

2. 数学模型

基于对土壤环境体系中不同溶质、不同研究过程等的模拟,研究者建立起了大量描述土壤溶质运移的模型,大体可分为确定性模型和随机模型两类。

(1) 确定性模型 确定性模型假设一个系统或过程的运行中,存在着明显的相关关系,一系列事件的发生将导致唯一的输出。一般由基本的对流-弥散方程和相应的辅助方程构成,模型中的参数、变量及基本边界条件都是确定的。每次模拟,模型只能给出唯一一组确定的输出。

(2) 随机模型 随机模型的基本理论认为系统会受到某种不确定因素的影响,因此,先假设系统输出不是确定的。这类模型一般将土壤特性视为随机变量,以对流-弥散方程为基础,考虑到模型中所需参数存在巨大的空间变异性,边界条件和某些变量在空间上也存在较大的变异,所以考虑模型中的参数和边界条件为随机变量;另一种随机模型则是根据土壤性质来估算其随机输出。

　　总体上，目前对于土壤环境中的污染物的迁移，确定性模型应用更为普遍，随机模型则由于其参数复杂，影响因素多相对较少。确定性模型从理论上和计算上都相对成熟，且随机模型对于迁移过程中的物理、化学及各种作用过程以及相互关系难以有明确的解释，因此一定程度上限制了它的应用。

第二节　土壤重金属污染物的迁移转化

一、重金属在土壤中的迁移转化规律

　　重金属在土壤中的迁移转化和最终归宿对于研究土壤环境中污染物的去除有重要的作用。由于土壤介质的非均质各向异性，土壤环境中重金属的种类及组成、形态又较为复杂，土壤物质本身与重金属元素又有不同程度的吸附等相互作用，故造成土壤环境中重金属的迁移与转化过程非常复杂，且具有较大的特殊性。重金属在土壤环境中的迁移转化受土壤中重金属溶解度的控制，在降雨、入渗等作用下在土壤环境中发生淋滤、扩散、吸附沉积等过程，最终形成特定土壤体系中重金属的迁移转化规律。

（一）离子交换

　　离子交换又称非专性吸附，是指重金属离子通过与土壤表面电荷之间的静电作用而被土壤吸附的现象。土壤表面通常带不同数量的负电荷，因此带正电的重金属离子可以通过离子交换吸附被土壤吸附。一般来说，阳离子交换容量较大的土壤具有较强吸附带正电荷重金属离子的能力；而对于带负电荷的重金属含氧基团，其在土壤表面的吸附量一般较小。

　　重金属在土壤中的吸附受土壤环境条件的影响。其中 pH 值对离子交换的影响较大。首先，土壤表面正负电荷的多少与溶液 pH 值有关，当 pH 值降低时其吸附负电荷离子的能力将增强，此时土壤对重金属吸附能力下降。一般而言，非专性吸附的重金属可以被高浓度的盐交换而脱附。其次，土壤胶体以离子交换作用吸附重金属的反应可逆性明显受 pH 值的影响。层状硅酸盐（如蒙脱石）与 Co^{2+}、Zn^{2+} 等的离子交换反应仅在 pH < 6 时才是可逆的；而当 pH 值较高时，由于重金属离子的水解作用，而产生了较强烈的专性吸附，使重金属不易发生迁移。

（二）吸附

　　重金属在土壤环境中的吸附过程涉及吸附质（重金属）和吸附剂（土壤中的黏土矿物、氧化物、腐殖质等）。重金属在土壤环境中的吸附重点关注土壤界面环境中重金属元素在土壤各吸附剂表面的富集或内部渗透等过程，具体包括物理吸附和化学吸附两大类。

1. 物理吸附

　　物理吸附是指重金属在土壤环境中通过弱的原子和分子相互作用力（范德华力）而黏附，

原子间的电子云没有显著的俘获效应，是一种界面上的迅速而非活化过程。物理吸附的速率取决于吸附质向界面的扩散，吸附热相当低，在土壤环境体系中普遍存在。重金属的化学性质在吸附和解吸过程中则基本保持不变，这也是物理吸附区别于化学吸附的一个重要特点。

重金属在土壤环境中的物理吸附一般也可用传统的平衡热力学方法进行研究，即吸附等温线方法。根据不同的吸附原理和过程，吸附等温线一般分为 S 型、L 型、H 型、C 型等类型。

物理吸附还可用吸附等温式表示，分平衡吸附等温式和动力学吸附等温式两种。平衡吸附等温式包括如下几种。

（1）线性吸附等温式

$$S = K_d c \tag{4.10}$$

式中　S——吸附量；

c——吸附质浓度；

K_d——分配系数，是土壤基质对溶质吸持程度的度量。

（2）Freundlich 等温式

$$S = K c^N \tag{4.11}$$

式中　K——吸附常数；

N——吸附常数；

c——吸附质浓度。

Freundlich 等温式作为最早的非线性吸附等温式，已在土壤环境各种元素的吸附与转化研究中得到了广泛应用。

（3）Langmuir 等温式

$$\frac{c}{S} = \frac{1}{kb} + \frac{c}{b} \tag{4.12}$$

$$S = \frac{kbc}{1+kc} \tag{4.13}$$

式中　k——土壤表面对溶质（重金属）的键合强度；

b——最大吸附量。

Guibal 和 Roussy 认为控制吸附的动力学过程一般包括 4 个过程：a. 溶液中溶质转移至边界层上；b. 金属离子从边界层转移至表面；c. 离子的吸附；d. 溶质在内部的扩散。其中，离子的吸附过程被认为速度非常快。上述平衡吸附等温式的应用是以重金属等溶质在土壤环境中的吸附速率较土壤溶液中其他原因引起的溶质浓度变化速度大得多，即以吸附为主的情况假定为基础的。

当土壤体系中其他物理过程对溶质浓度影响较大时，采用动力学模式溶质在土壤环境中的吸附和解吸更为合适。动力学吸附模式包括可逆线性模式、可逆非线性模式、动态积模式、双直线吸附模式、质量传递模式、Elovich 模式及双位动力学模式等。这些模式均可用于土壤中重金属等化学物质的吸附与移动研究。

（1）一级吸附动力学速率方程

$$\ln\left(1-\frac{S}{S_b}\right)=-k_1 t+C \tag{4.14}$$

式中 S——时间 t 时的吸附量；

S_b——平衡吸附量；

k_1——一级吸附动力学速率常数；

C——积分常数。

（2）二级吸附动力学速率方程

$$S=\frac{S_b t}{t+1/(k_2 S_b)} \tag{4.15}$$

式中 k_2——二级吸附动力学速率常数。

（3）Elovich 方程

$$S=a+b\ln x \tag{4.16}$$

式中 a，b——常数；

S——t 时刻的瞬时吸附量。

2. 化学吸附

化学吸附又称专性吸附，是指重金属离子通过与土壤中金属氧化物表面的—OH、—HO_2 等配位基或土壤有机质配位而结合在土壤表面。这种吸附可以发生在带不同电荷的表面，也可以发生在中性表面，其吸附量的大小不取决于土壤表面电荷的多少和强弱。专性吸附的重金属离子通常不能被中性盐交换，只能被亲合力更强和相似的元素解吸或部分解吸。因此，进入土壤体系中的重金属一旦发生化学吸附就是不可逆的过程，对土壤环境中重金属污染物的固定和吸持有重要的意义。

重金属在土壤环境体系中的化学吸附受各种氧化物对金属离子的化学吸附能力、吸附剂的结晶度和表面形态等影响，使土壤环境中金属离子的吸附常具有选择性。如一些锰氧化物对 Pb^{2+}、Co^{2+}、Cu^{2+}、Ni^{2+} 等具有非常高的选择性，由于金属的吸附与 pH 值有关，从而可认为金属离子是通过与表面原子直接配位的方式被吸附的，但某些金属在土壤中的化学吸附过程较为复杂，伴随着某些重金属的吸附会有 Mn^{2+} 从土壤固相介质中释放。

另外，吸附作用可逆性是评价土壤重金属累积作用和潜在危害的重要依据。吸附作用可逆程度越高，对重金属的固持相对较差，会伴随着重金属在土壤溶液中的二次释放，对土壤生态环境的影响和土壤生物的危害则可能更强。因此，土壤化学固定修复技术中重金属吸附固定后的解吸特性对修复效果特别是长期修复效果至关重要。

（三）溶解-沉淀

自然土壤体系中，重金属浓度较低，此时沉淀作用对土壤中重金属的迁移与转化影响较小。然而，在重金属污染严重的土壤中，则有可能发生重金属的沉淀而降低重金属在土壤溶液体系中的溶解度。如某些金属矿山或冶炼厂附近土壤中的重金属的含量可能达几百及至上千毫克每千克。被 Pb^{2+} 污染的土壤中，土壤碳酸盐可与之反应形成沉淀，从而制约土壤溶液中 Pb^{2+} 的浓度。

土壤体系中，除单独重金属的溶解-沉淀作用外，铁、铝、锰氧化物等土壤中固有的体系会与其他重金属作用形成金属的共沉淀，对土壤环境重金属的生物有效性和毒性均产生影响。

（四）氧化-还原

重金属在土壤中的溶解度和其生物有效性与其化合价有重要的关系，一般重金属的低价态化合物的毒性要高于高价态化合物，如 As^{3+} 的毒性要比 As^{5+} 高，但有些重金属如 Cr^{6+} 的毒性要比 Cr^{3+} 高 100 倍。因此土壤中氧化还原电位的高低（E_h）对土壤中重金属的价态及其毒性有重要的影响。另外，土壤中某些金属离子的溶解度也很大程度上受化合价的影响，如一般情况下，氧化还原电位最低硫化物体系中，土壤重金属沉淀作用增强，故重金属溶解度降低，毒性下降。总体上，土壤体系中的化学吸附、共沉淀和电子转移过程都有从溶液中有效去除重金属离子的作用。

（五）有机质对金属离子的吸附与配位作用

土壤体系中，有机质除了与金属离子间存在离子交换反应外，有些金属离子还可与有机质中的官能团形成内配位化合物。有机质对金属离子亲合力的顺序取决于有机质本身的特性、pH 值和测量方法，特别是金属吸附选择系数在很大程度上取决于金属离子的吸附饱和度及存在的竞争离子。例如，在吸附饱和度较高时，Cd^{2+} 对土壤体系中吸附位点的亲合力与 Ca^{2+} 相似，但在吸附饱和度较低时则超过 Ca^{2+}。土壤中配位体与汞的配合-螯合作用对汞的迁移转化有较大的影响。OH^-、Cl^- 等对汞的配合作用可大大提高汞化合物的溶解度。同时，土壤中的腐殖质对汞离子有很强的螯合能力及吸附能力。通过土壤环境中生物小循环及上层腐殖质的形成，并借助腐殖质对汞的螯合及吸附作用，土壤中的汞在土壤上层累积，对土壤植物体系中汞的毒性和生物有效性产生影响。

二、典型重金属在土壤中的迁移转化

（一）镉（Cadmium）

金属镉无毒，但镉的化合物毒性极大，而且属于积蓄型，引起慢性中毒的潜伏期可达 10～30 年之久。

镉在土壤中以水溶性镉（离子态和络合态）和非水溶性镉（化学沉淀和难溶络合态）两种形式存在，两种形态可随环境条件的变化而相互转化。水溶性镉常以简单离子或简单配离子的形式存在，如 Cd^{2+}、$[CdCl]^+$、$CdSO_4$，石灰性土壤中还有 $CdHCO_3$。非水溶性镉主要为 CdS、$CdCO_3$ 及胶体吸附态镉等。其中，镉在旱地土壤中以 $CdCO_3$、$Cd_3(PO_4)_2$ 和 $Cd(OH)_2$ 的形态存在，并以 $CdCO_3$ 为主，尤其是在 pH 值大于 7 的石灰性土壤中更以 $CdCO_3$ 居多；而镉在淹水土壤中则多以 CdS 的形态存在。由于土壤对镉的吸附能力很强，土壤中呈吸附交换态的镉所占比例较大。但土壤胶体吸附的镉一般随 pH 值的下降其溶出率增加,当 pH=4 时溶出率超过 50%,而当 pH=7.5 时交换吸附态的镉则很难被溶出。

土壤环境中的两种形态的镉中对作物起危害作用的主要是水溶性镉。在酸性条件下,镉化合物的溶解度增大,毒性增强;在碱性条件下,则形成氢氧化镉沉淀。在氧化条件下,镉的活性或毒性增强。镉在土壤中常会与羟基、氯化物形成络合离子而提高活性。

由于土壤的强吸附作用,镉很少发生向下的再迁移而累积于土壤表层。在降水的影响下,土壤表层的镉可溶态部分随水流动就可能发生水平迁移,进入界面土壤和附近的河流或湖泊而造成次生污染。土壤中水溶性镉和非水溶性镉在一定的条件下可相互转化,其主要影响因素为土壤的酸碱度、氧化-还原条件和碳酸盐的含量。

土壤中的镉非常容易被植物吸收。土壤中镉的含量稍有增加,就会使植物体内镉的含量相应增高。在被镉污染的水田中种植的水稻其各器官对镉的浓缩系数按根 > 秆 > 枝 > 叶鞘 > 叶身 > 稻壳 > 糙米的顺序递减。镉在植物体内可取代锌,破坏参与呼吸和其他生理过程的含锌酶的功能,从而抑制植物生长并导致其死亡。与铅、铜、锌、砷及铬等相比较,土壤中镉的环境容量要小得多,这是土壤镉污染的一个重要特点。

(二)铬(Chromium)

金属铬无毒性,三价铬有毒,六价铬毒性更大,还有腐蚀性。对皮肤和黏膜表现为强烈的刺激和腐蚀作用,还对全身有毒性作用。铬对种子萌发、作物生长也产生毒害作用。

土壤中的有机质可促进对铬的吸附与螯合作用,同时还有助于土壤中六价铬还原为三价铬。有机质对六价铬的还原作用随土壤 pH 值的升高而减弱。

土壤中黏土矿物对铬有较强的吸附作用,黏土矿物对三价铬的吸附能力为六价铬的 30~300 倍,且这种吸附作用随 pH 的升高而减弱。

土壤 pH 值及氧化还原电位均可改变铬的化合物形态。在低 E_h 值时,Cr^{6+} 被还原成 Cr^{3+};而在中性和碱性条件下,Cr^{3+} 可以 $Cr(OH)_3$ 形态沉淀。

Cr(VI)进入土壤后大部分游离在土壤溶液中,仅有 8.5%~36.2% 被土壤胶体吸附固定。不同类型的土壤或黏土矿对 Cr(VI)的吸附能力有明显的差异,吸附能力由大到小:红壤 > 黄棕壤 > 黑土 > 黄壤,高岭石 > 伊利石 > 蒙脱石。研究发现,土壤对 Cr(VI)的吸附中物理吸附(即由静电及范德华力或机械阻滞吸附)占 90% 以上;物理化学吸附(即与带正电荷土壤胶体及有质进行离子交换被吸附)占 5%~8%;化学吸附[即 Cr(VI)还原为 Cr(III)被吸附]占 1% 以下。Zachara 等认为土壤中质子化的矿物表面、带正电矿物,尤其是铁、铝的氧化物可能在 pH 值为 2~7 吸附 Cr(VI);其他竞争的阴离子,如 SO_4^{2-}、SiO_4^{4-} 和 HCO_3^- 等离子浓度的增加可能会显著减少铬在土壤中吸附。

Cr(III)和 Cr(VI)是铬在土壤及地下水中的主要存在形态,Cr(III)与 Cr(VI)在土壤中可相互转化,土壤氧化还原电位高时,Cr(III)氧化成 Cr(VI)较容易;在还原性土壤中,Cr(III)易与硫化物等形成不溶性化合物,易被黏土矿物所固定。在酸性介质中由 Cr(VI)转化为 Cr(III)有利,即 $Cr_2O_7^{2-}$ 在酸性介质中是强氧化剂,用一般还原剂都可将其转化为 Cr(III);在碱性介质中,由 Cr(III)转化为 Cr(VI)较为有利。研究发现,铬在水相环境中的迁移性主要依赖于其氧化状态和溶液的 pH 值。Cr（VI）组成的阴离子（$HCrO_4^-$和CrO_4^{2-}）在许多氧化态水环境中是可迁移的，尽管吸附作用可能会限制它们在酸性条件下的迁移。

由于土壤中的铬多为难溶性化合物，其迁移能力一般较弱，而含铬废水中的铬进入土壤后，也多转变为难溶性铬，故通过污染进入土壤中的铬主要残留积累于土壤表层。铬在土壤中多以难溶性且不能被植物所吸收利用的形式存在，因而铬的生物迁移作用较小，故铬对植物的危害不像 Cd、Hg 等重金属那么严重。有研究结果表明，植物从土壤溶液中吸收的铬，绝大多数保留在根部，而转移到种子或果实中的铬则很少。

（三）砷（Arsenic）

砷是类金属元素，不是重金属，但从它的环境污染效应来看常把它作为重金属来研究。砷主要以正三价和正五价存在于土壤环境中，其存在形式可分为水溶性砷、吸附态砷和难溶性砷。三者之间在一定的条件下可以相互转化。当土壤中含硫量较高且在还原性条件下，可以形成稳定的难溶性 As_2S_3。在土壤嫌气条件下，砷与汞相似，可经微生物的甲基化过程转化为二甲基砷 [$(CH_3)_2AsH$] 之类的化合物。由于土壤中砷主要以非水溶性形式存在，因而土壤中的砷，特别是排污进入土壤的砷，主要累积于土壤表层，难以向下移动。

一般认为，砷不是植物、动物和人体的必需元素。但植物对砷有强烈的吸收积累作用，其吸收作用与土壤中砷的含量、植物品种等有关，砷在植物中主要分布在根部。在浸水土壤中生长的作物，砷含量较高。

土壤中砷的可溶性受 pH 值的影响很大，在接近中性的情况下，砷的溶解度较低。土壤中的砷酸和亚砷酸随氧化还原电位的变化而相互转化。

（四）铅（Lead）

铅对人体神经系统、血液和血管有毒害作用，并对卟啉转变、血红素合成的酶促过程有抑制作用。早期症状为细胞病变。引起慢性中毒后，出现贫血、高血压、生殖能力和智能减退（特别是儿童脑机能减退）等症状。铅急性中毒的症状为便秘、腹绞痛、伸肌麻痹等。

铅是人体的非必需元素。土壤中铅的污染主要是通过空气、水等介质形成的二次污染。铅在土壤中主要以二价态的无机化合物形式存在，极少数为四价态。多以 $Pb(OH)_2$、$PbCO_3$ 或 $Pb_3(PO_4)_2$ 等难溶态形式存在，故铅的移动性和被作物吸收的作用都大大降低。在酸性土壤中可溶性铅含量一般较高，因为酸性土壤中的 H^+可将铅从不溶的铅化合物中溶解出来。在中性至碱性条件下形成的 $Pb_3(PO_4)_2$ 和 $PbCO_3$ 的溶解度很小，植物难以吸收，故在石灰性及碱性土中，铅的污染实际上并不严重。土壤的黏土矿物及有机质对铅也起着强吸附作用，且随土壤 pH 值的增高而增强。

植物吸收的铅是土壤溶液中的可溶性铅。绝大多数积累于植物根部，转移到茎叶、种子中的很少。植物除通过根系吸收土壤中的铅以外，还可以通过叶片上的气孔吸收污染空气中的铅。

（五）汞（Mercury）

汞是有毒元素。土壤中的汞常以零价（单质汞）、无机化合态汞和有机化合态汞形式存在。

除甲基汞、$HgCl_2$、$Hg(NO_3)_2$ 外，大多数为难溶化合物，甲基汞和乙基汞的毒性在含汞化合物中最强。土壤中汞的迁移转化主要有如下几种途径。

1. 土壤中汞的氧化-还原

土壤中的汞有 Hg、Hg^{2+} 和 Hg_2^{2+} 三种价态，该三种价态在一定的条件下可以相互转化。二价汞和有机汞在还原条件下的土壤中可以被还原为零价的金属汞。金属汞可挥发进入大气环境，而且会随着土壤温度的升高，其挥发的速度加快。土壤中的金属汞可被植物的根系和叶片吸收。

2. 土壤胶体对汞的吸附

土壤中的胶体对汞有强烈的表面吸附（物理吸附）和离子交换吸附作用。从而使汞及其他微量重金属从被污染的水体中转入土壤固相。土壤对汞的吸附还受土壤的 pH 值及土壤中汞的浓度影响。当土壤 pH 值在 1~8 的范围内时，其吸附量随着 pH 值的增大而逐渐增大；当 pH > 8 时，吸附的汞量基本不变。

3. 配位体对汞的配合-螯合作用

土壤中配位体与汞的配合-螯合作用对汞的迁移转化有较大的影响。OH^-、Cl^- 对汞的配合作用能提高汞化合物的溶解度。土壤中的腐殖质对汞离子有很强的螯合能力及吸附能力。通过生物小循环及土壤上层腐殖质的形成，并借助腐殖质对汞的螯合及吸附作用，将使土壤中的汞在土壤上层累积。

4. 汞的甲基化作用

在土壤中的嫌气细菌的作用下，无机汞化合物可转化为甲基汞（CH_3Hg^+）和二甲基汞 $[(CH_3)_2Hg]$。当无机汞转化为甲基汞后，随水迁移的能力就会增大。由于二甲基汞 $[(CH_3)_2Hg]$ 的挥发性较强，而被土壤胶体吸附的能力相对较弱，因此二甲基汞较易进行气迁移和水迁移。汞的甲基化作用还可在非生物的因素作用下进行，只要有甲基给予体，汞就可以被甲基化。

（六）锌（Zinc）、铜（Copper）、镍（Nickel）

土壤 pH 值、有机质含量以及氧化还原条件等显著影响着锌、铜和镍在土壤中的变化。在 pH > 6.5 且土壤通气良好时，它们可分别形成植物不易吸收的氧化物或氢氧化物而沉淀。黏土矿物可牢固地吸附锌、铜、镍而使它们失去活性。有机质能对这些离子进行螯合，从而增加了它们的移动性，植物的吸收可能增加。有机质对它们螯合能力的大小为铜 > 镍 > 锌。

第三节　土壤中有机污染物的迁移转化

一、有机污染物在土壤中的迁移转化

有机污染物在土壤中的迁移转化问题实质是水动力弥散问题。有机污染物进入土壤及地下水系统经历 3 个阶段: a. 通过包气带的渗漏; b. 由包气带向饱水带扩散; c. 进入饱水带污染地下水。

有机污染物进入包气带中使土壤饱和后在重力作用下向潜水面垂直运移。在向下运移的过程中一部分滞留在土壤孔隙里,对土壤环境体系构成了污染。在有机污染物通过包气带运移的过程中,在低渗透率地层易发生侧向扩散,而在渗透率较高的地层中则在重力作用下向毛细带顶部运动。到达毛细带的有机污染物在毛细力、重力作用下发生侧向及垂向运移,在毛细带区形成一个污染界面。部分有机污染物进入饱水带形成对地下水的污染,另外的污染物则滞留在毛细带附近,随着降雨的淋溶作用,造成对土壤及地下水的持续污染。

Abdul 利用实验室柱体实验研究石油产品在土壤和地下水中的迁移特征和分布。Bresle 和 Celia 则提出了一种预测毛细管力、饱和度及界面面积间的函数关系,并设计了一种网络模型来检验这种假设。王敏健等采用土壤污染实时模拟系统对土壤中氯苯类化合物的迁移行为进行了研究,结果表明,不同化合物的挥发率随时间的延长而降低,挥发率与氯苯投加量的对数和蒸汽压呈线性关系。

有机污染物作为土壤环境中另一种重要的污染物类型,其在工业场地、城市区域土地功能转化等过程中发生的含量、形态等方面的变化,对土壤体系的质量和环境安全产生了重要影响,是目前广受关注的土壤中污染物的迁移转化类型。

在构成土壤生态系统的固、液、气三相中,有机污染物在土壤中的行为受到其在这三相之间分配趋势的制约。由于有机污染物在物质特性、与土壤颗粒结合方式的差异造成其在土壤环境中的迁移转化与重金属等污染物的迁移转化过程不同。进入土壤体系的有机污染物可能通过以下途径进行持续的动态迁移与转化: a. 挥发进入大气; b. 随地表径流流动迁移污染附近的地表水; c. 吸附于土壤固相表面或有机质中; d. 随降雨或灌溉水向下迁移,通过土壤剖面形成垂直分布,直至渗滤到地下水,造成其污染; e. 生物、非生物降解; f. 作物吸收与转化。

这些过程往往同时发生、互相作用,有时难以区分,并受到多种因素的影响,构成了土壤-水-大气复合环境体系中有机污染物的迁移与转化动态过程,同时与土壤体系中有机污染物的去除和有机污染土壤的修复关系密切。图 4.3 给出了土壤中有机污染物的迁移与转化行为及其主要的影响因素。

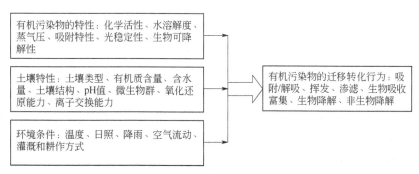

图 4.3 土壤中有机污染物的迁移转化过程及其影响因素

有机污染物在土壤体系中的迁移与转化过程中，近年最受关注的为有机污染物在土壤-地下水系统中的迁移与持续污染，使土壤成为地下水系统的长期二次污染源，在土壤-地下水系统的环境风险评价与控制体系中有重要的作用。

有机污染物在包气带的入渗和迁移是一个非常复杂的过程，Faust 在模拟二维有机污染物运移问题的基础上，建立了一种描述多孔介质中饱和、非饱和条件下与另一种非溶混流体同时流动的三维流动数学模型，提高了有机污染物在地下水和非溶混污染物相结合问题上的有效性和实用性。Kaluarachchi 和 Parker 建立了一种预测三相流体体系中油-水流动的二维有限元模型，并采用伽辽金有限元和迎风差分格式进行数值模拟，大大提高了数学模型的精度。用数学模型的方法来模拟污染物在土壤环境中的迁移、扩散和累积等过程，可以对土壤环境质量做出更为明确的科学评价，同时还为土壤污染预测预报、污染防治提供科学依据和途径。

二、典型有机污染物在土壤中的迁移转化

（一）农药在土壤中的迁移转化

土壤中的农药，在被土壤固相吸附的同时，还通过气体挥发和水的淋溶在土体中扩散迁移，因而导致大气、水和生物的污染。

大量资料证明，不管是非常易挥发的农药，还是不易挥发的农药（如有机氯）都可以通过土壤、水及植物表面挥发。对于低水溶性和持久性的化学农药来说，挥发是农药进入大气的重要途径。农药在土壤中的挥发作用大小，主要取决于农药本身的溶解度和蒸汽压，也与土壤的温度、湿度等有关。

农药除以气体形式扩散外，还能以水为介质进行迁移，其主要方式有两种：一是直接溶于水；二是被吸附于土壤固体细粒表面上随水分移动而进行机械迁移。一般来说，农药在吸附性能小的砂性土壤中容易移动，而在黏粒含量高或有机质含量多的土壤中则不易移动，大多积累于土壤表层 30cm 范围内。因此有的研究者指出，农药对地下水的污染并不严重，主要是由于土壤侵蚀，通过地表径流流入地面水体造成地表水体的污染。

土壤中的农药质体流动是非水相液体迁移的主要方式之一。农药等 NAPL 类污染物在土壤开挖、施工、修复工程运行等过程一旦暴露于环境中，会造成其二次挥发、迁移，成为许多农药类 NAPL 污染场地中重要的污染方式。

农药在土壤中的降解，包括光化学降解、化学降解和微生物降解等过程。

1. 光化学降解

光化学降解是指土壤表面接受太阳辐射能和紫外线光谱等能流而引起农药的分解作用。由于农药分子吸收光能，使分子具有过剩的能量，而呈"激发状态"。这种过剩的能量可以通过荧光或热等形式释放出来，使化合物回到原来状态，但是这些能量也可产生光化学反应，使农药分子发生光分解、光氧化、光水解或光异构化。其中光分解反应是最重要的一种。由紫外线产生的能量足以使农药分子结构中碳-碳键和碳-氢键发生断裂，引起农药分子结构的转化，这

可能是农药转化或消失的一个重要途径。但紫外光难以穿透土壤，因此光化学降解对落到土壤表面与土壤结合的农药的作用可能是相当重要的，而对土表以下农药的作用较小。

2. 化学降解

化学降解以水解和氧化最为重要，水解是最重要的反应过程之一。有人研究了有机磷水解反应，认为土壤 pH 值和吸附是影响水解反应的重要因素。

3. 微生物降解

土壤中微生物（包括细菌、霉菌、放线菌等各种微生物）对有机农药的降解起着重要的作用。土壤中的微生物能够通过各种生物化学作用参与分解土壤中的有机农药。由于微生物的菌属不同，破坏化学物质的机理和速度也不同，土壤中微生物对有机农药的生物化学作用主要有脱氯作用、氧化还原作用、脱烷基作用、水解作用、环裂解作用等。

土壤中微生物降解作用也受到土壤的 pH 值、有机物、温度、湿度、通气状况、代换吸附能力等因素影响。

农药在土壤中经生物降解和非生物降解作用的结果，化学结构发生明显的改变，有些剧毒农药，一经降解就失去了毒性；而另一些农药，虽然自身的毒性不大，但它的分解产物可能增加毒性；还有些农药，其本身和代谢产物都有较大的毒性。所以，在评价一种农药是否对环境有污染作用时，不仅要看药剂本身的毒性，而且还要注意降解产物是否有潜在危害性。

（二）多环芳烃在土壤中的迁移转化

PAHs 在土壤中可以被土壤吸附、发生迁移，并可以被生物降解和利用，包括微生物的降解和植物的富集和消除。

PAHs 进入土壤后，根据土壤的水文特征，表层土壤污染物可由液态迁移形成下层土壤污染和进入地下水系统。鉴于土壤是由矿物质和有机物复合体形成的团粒结构混合物，所以它可有效地吸附有机物，总吸附能力取决于土壤中有机物的性质、矿物质含量、土壤含水率和土壤中其他溶剂的存在和浓度等性质。土壤中的 PAHs 在矿物质的作用下会发生化学反应产生转化，由于土壤中含有过渡金属如 Fe^{3+}、Mn^{4+} 自由基阳离子，所以电子可由芳烃传递到矿物表面的电子受体（过渡金属）。这种不完全的电子转移导致生成由有机物和矿物共享的带电络合物，而完成电子转移将生成自由基阳离子，其可进行链反应产生高分子量的聚合物。

由于 PAHs 水溶性低，在土壤中有较高的稳定性，其苯环数与其生物可降解性明显呈负相关关系。研究表明，高分子量 PAHs 的生物降解一般均以共代谢方式开始。共代谢作用可以提高微生物降解 PAHs 的效率，改变微生物碳源与能源的底物结构，增大微生物对碳源和能源的选择范围，从而达到 PAHs 最终被微生物利用并降解的目的。由于 PAHs 的种类和相互关系复杂（表 4.1），被污染土壤内往往含有多种 PAHs，同时，PAHs 之间存在着共代谢降解作用，因此，可利用此关系筛选出具有共代谢降解能力的微生物，在不另外投加其他共代谢底物的条件下实现土壤中 PAHs 的共代谢降解。这种方法的优点是不需投加诱导物，可避免二次污染，同时提高 PAHs 的降解效率。

表 4.1 微生物与不同 PAHs 之间的相互作用关系特征

PAHs 降解				PAHs 相互关系	参与作用的菌和 PAHs
单独降解		成对降解			
PAH1	PAH2	PAH1	PAH2		
代谢	不代谢	代谢	不代谢	无共代谢作用	菲+芘 *Pseudomonas* sp.
代谢	不代谢	代谢降低	不代谢	无共代谢作用，对 PAH1 有抑制作用	芴+蒽 *Rhodococus* sp.
代谢	不代谢	不代谢	不代谢	无共代谢作用，对 PAH1 有毒性作用	荧蒽+萘 *Rhodococus* sp.
代谢	不代谢	代谢	不代谢	对 PAH2 有共代谢作用	菲+荧蒽 *Pseudomonas* sp.
代谢	不代谢	代谢降低	代谢	对 PAH2 有共代谢作用，对 PAH1 有抑制作用	菲+芴 *Pseudomonas* sp.
代谢	不代谢	代谢升高	代谢	共代谢并有协同作用	菲+芴 *Rhodococus* sp.
代谢	代谢	代谢降低	代谢	优先性底物降解	芘+蒽 *Coryneformbacillus*
代谢	代谢	代谢降低	代谢降低	两种 PAHs 有拮抗作用	菲+荧蒽 *Rhodococus* sp.

（三）多氯联苯在土壤中的迁移转化

土壤中的多氯联苯（PCBs）主要来源于颗粒沉降，少量来源于污泥肥料、填埋场的渗漏以及在农药配方中使用的 PCBs 等。据报道，土壤中的 PCBs 含量一般比其在空气中的含量高出 10 倍以上，其挥发速率随着温度的上升而升高，但随着土壤中黏土含量和联苯氯化程度的增加而降低。对经污泥改良后田中 PCBs 的持久性和最终归趋的研究表明，生物降解和可逆吸附都不能造成 PCBs 的明显减少，只有挥发过程最有可能是引起 PCBs 损失的主要途径，尤其对高氯取代的联苯更是如此。土壤中的 PCBs 很难随滤过的水渗漏出来，特别是在含黏土高的土壤中，PCBs 在不同土壤中的渗滤序列为：砂壤土 > 粉砂壤土 > 粉砂黏壤土。对 PCBs 在土壤中的微观迁移起作用的主要是对流，其有效扩散速率为 $10^{-8} \sim 10^{-10} cm^2/s$，表明 PCBs 在土壤中的迁移性很弱，并且随着土壤浓度的增加，PCBs 迅速降低。

PCBs 是一类稳定化合物，一般不易被生物降解和转化，尤其是高氯取代的异构体。但在优势菌种和其他适宜的环境条件下，PCBs 的生物降解不但可以发生而且速率也会大幅度提高。已有研究证明 Cl 原子数 < 5 的 PCBs 可以被几种微生物降解成无机物，高氯取代（Cl 原子数 > 4）的 PCBs 在有氧条件下一般很稳定，但也有研究表明可以将 4、6 氯取代物降解。受 PCBs 污染的底泥中可检出其代谢中间产物苯甲酸充分证明了土壤中 PCBs 有氧降解的存在。PCBs 的生物降解过程最开始也是最重要的一步是厌氧还原脱氯，氯的三种取代形式在一定条件下均可脱去，还原性脱氯反应主要取决于 Cl 的取代形式而不是取代位置。但也有报道认为还原性脱氯只发生在某些取代位置处，这或许与各处的优势菌、反应条件等有关，其中温度不但可以缩短还原时间，还可以对脱氯方式和脱氯程度有一定的影响。厌氧条件下，脱氯反应时间一般都比较长，而且 PCBs 浓度、营养物质浓度以及其他物质如表面活性剂的存在等对 PCBs 的脱氯速率也有影响。理论上，PCBs 通过无氧-有氧联合处理有可能完全降解成 CO_2、H_2O 和氯化物等；但由于受光、温度、菌种、酸碱度、化学物质及其他物理过程的影响，速度很缓慢，相对其他转化过程几乎可以忽略不计，因此 PCBs 的污染难以从根本上消除，它的污染会给整个生态系统带来长期的影响。

（四）多氯代二噁英的迁移转化

土壤中的 PCDDs/PCDFs 可通过微生物分解、光降解、挥发、作物蒸腾作用、淋溶等途径损失或降解。土壤中的 PCDDs/PCDFs 通过垂直迁移，蒸发或降解的损失率很低，其水中的溶解度更低，但易溶于类脂化合物被土壤矿物表面吸附。复合污染和扩散介质对 PCDDs/PCDFs 的沉积和归宿影响很大，PCDDs/PCDFs 最初的移动取决于载体溶剂（如废石油）的体积及其黏性、土壤的孔隙度、PCDDs/PCDFs 在载体与土壤间的分配系数。被木材防腐油污染的土壤中 PCDDs/PCDFs 可能存在于油相饱和的地下土层，在没有油相的地方，PCDDs/PCDFs 很易分布在土壤表面，而且不能被水溶液浸出。利用活性炭、矿物表面吸附，可以除去土壤中的 PCDDs/PCDFs。但这样只是使 PCDDs/PCDFs 富集或发生转移，并没有降解 PCDDs/PCDFs，仍有潜在危害。

由于 PCDDs/PCDFs 具有相对稳定的芳香环，在环境中具有稳定性、亲脂性、热稳定性，同时耐酸、碱、氧化剂和还原剂，且抵抗能力随分子中卤素含量增加而增强，因而土壤和城市污泥中的 PCDDs/PCDFs，不管是在有氧条件还是缺氧条件下几乎不发生化学降解，生物代谢也很缓慢，主要是光降解。PCDDs/PCDFs 是高度抗微生物降解有机污染物，可以在土壤中保留 15 个月以上；仅有 5% 的微生物菌种能降解 PCDDs/PCDFs，而且降解的半衰期与细菌类型有关。因此，从自然界中分离和选育能降解 PCDDs/PCDFs 的菌种，可能能够有效降解 PCDDs/PCDFs。PCDDs/PCDFs 在自然环境中难以化学降解。但有有机溶剂时，臭氧（O_3）可以促进 PCDDs/PCDFs 的降解和提高降解速率。PCDDs 在水和四氯化碳（CCl_4）混合液中通入臭氧 50h 后，其分解率为 97%。

PCDDs/PCDFs 吸收太阳光近紫外部分能进行光降解反应。PCDDs/PCDFs 的降解主要由直接辐射引起，继而进行脱氯反应。土壤表面的 PCDDs/PCDFs 在太阳光辐射下，能很快降解脱氯，生成低氯的同系物。用太阳光辐射土壤 16d 后，PCDDs/PCDFs 降解率为 25%～30%，但降解深度只有 0.11～0.15mm。张志军等用 1500W 中压汞灯辐射干燥土壤表面的 PCDDs/PCDFs，研究紫外光降解情况，结果发现它们在土壤的表面降解很快，反应在 2h 内基本完成，脱氯反应主要发生在 1，4，6，9 等邻位上，但降解深度仅为 0.1027mm。土壤中加入有机溶剂，可以提高 PCDDs/PCDFs 紫外光降解率，反应速率加快，用己烷萃取污泥中的二噁英成分，将萃取物置于 8 个 10kW 的灯光下照射 20h，经光降解处理后，萃取样品中的二噁英含量从 34mg/kg 降解到 0.12mg/kg 或更低。此结果证明，当 PCDDs/PCDFs 被输送到有机溶剂膜表面时有利于碳氧键断裂。上述研究表明，光降解对治理受 PCDDs/PCDFs 严重污染的土壤和城市污泥，有很大的应用价值。

思考题　　　1. 土壤中典型污染物有哪些?

2. 重金属在土壤中是怎样迁移转化的?

3. 请叙述重金属污染物在土壤环境中迁移转化的主要过程及其影响因素。

4. 举例说明有机污染物在环境中的迁移和转化过程。

第五章

土壤环境法律法规体系与土壤
污染风险评估

第一节 土壤环境法律法规体系

环境法律法规属于环境社会规则的一部分，是环境学基本原理之一。环境法律法规所制定的责任作为一种纠错或纠恶机制是防治土壤污染最强有力的手段，完善法律责任、加强执法是土壤污染政策法规实施、遏制土壤污染违法行为的重要保证。而土壤环境相关的法律法规体系也是土壤环境污染及其防治合理、有效开展的法律依据和准绳。

一、国外土壤环境法律法规体系

欧美、东南亚等一些国家在土壤污染防治立法方面走在了世界前列，相应地在法律责任的规范方面也有很多值得我们学习和借鉴之处，例如美国的超级基金制度、德国的《联邦土壤保护法》、日本的《土壤污染对策法》和韩国的《土壤环境保护法》等。

（一）国外土壤环境法律法规体系构成

1. 美国土壤环境法律法规体系

1980 年美国国会通过了《综合环境反应、赔偿和责任认定法案》（CERCLA），简称《超级基金法案》（Super Fund），在其框架下的相关土壤环境风险评价及修复导则经历了多次的修改、完善与丰富，如 1986 年通过《超级基金修正与面授权法》（SARA），最终形成了基于风险评价的土壤环境质量标准。

总体而言，美国土壤环境质量标准根据不同风险评价基准（人体健康风险和生态风险）和场地指导原则，可以分为两大类：一是以基于推导保护人体健康风险或推导生态风险的土壤筛选值（Soil Screening Levels, SSLs; Ecological-Soil Screening Levels, Eco-SSLs）；二是污染土壤修复目标值，包括对污染场地进行初步调查后开展修复方法选择时初步设定的污染土壤修复目标值（Preliminary Remediation Goal，PRG）和基于人体健康风险评估的 PRG 导则。另外，美国一些州也颁布了自己的土壤修复标准，如新泽西州的环境部的土壤清洁标准、纽约州环境部的土壤质量标准、马里兰州环境部的土壤质量标准等。

在与联邦法律一致的情况下，美国各州有权也有义务保护环境并根据需要立法。目前，美国大多数州都采用了基于风险管理的方法，但是各州在解释何为"基于风险管理"时的表达则各有不同。大多数州都公布了计算场地修复目标值的方法，美国各州的污染场地导则文件和修复指导值名称见表 5.1。

表 5.1　美国各州土壤修复指导值、标准和计划一览表

州名	指导值、标准和计划名称
加利福尼亚	环境健康危害评估办公室（OEHHA）标准/加州人类健康筛选水平（CHHSLs）/土壤筛选值/旧金山水质筛选水平委员会
堪萨斯州	基于风险管理的标准
马里兰州	地下水和土壤修复通用标准值
纽约州	土壤修复目标值与修复水平的确定
新泽西州	土壤修复标准
佛罗里达州	土壤修复目标水平
爱达荷州	风险评估手册
华盛顿州	修复水平和风险计算（CLARC）；场地修复水平
西弗吉尼亚州	基于风险管理的浓度值（RBCs）
犹他州	地下储罐场地 RCLs
得克萨斯州	修复标准
罗德岛州	金属背景水平
田纳西州	石油污染场地修复标准

2. 英国土壤环境法律法规体系

英国于 1992 年开始污染土壤风险管理与修复研究工作，并于 2000 年立法，鼓励开发者（或投资者、土地转让者）对原有场地进行再开发利用，并且要求对再开发场地的土壤污染状况进行调查，在健康风险评价基础上，确定是否需要进一步的场地修复。英国环境部（Environment Agency，EA）、环境、食品与农村事务部（Department of Environment, Food and Rural Affairs, DEFRA）2002 年颁布了一系列污染场地文件（Contaminated Land Report，CLR），形成了包括污染场地健康风险评价要求、土地评价中的潜在污染物、土壤污染物的毒理学和人体摄入量估算、污染场地风险评价模型（CLEA）、土壤指导性标准等一系列报告与标准，完成了"污染场地风险评价技术规范"，全面指导英国污染场地的人体健康风险评估和土壤指导值的推导。EA 还颁布了土壤指导值（Soil Guideline Values，SGVs）系列文件对英国常见污染物的分布、毒性和暴露途径，以及常见污染物的 SGVs 进行推导并针对具体污染场地开展 SGVs 的使用。EA 于 2009 年颁布了新的 SGVs 导则，之前的导则大部分已废止。

SGVs 及其支撑性导则旨在帮助专业技术人员评价暴露于土壤中化学污染物的长期人体健康风险，并未考虑对土壤环境中其他受体的风险性，如植物、动物、建筑物和受控水体等。由

于人类利用土地方式的差别从而带来暴露人群及暴露途径的差异，针对居住、菜（果）园、商业等土地利用途径有不同的 SGVs。作为筛选出场地污染低风险区的"触发值（TriggerValues）"，SGVs 给出土壤中达到可能最低长期健康风险水平的化合物均值。虽然许多案例中将进行进一步的调查和风险评估，但超出 SGVs 并不意味着必须进行修复。

SGVs 作为 2004 年 EA 与 DEFRA 联合颁布通用评价标准的一个范例应用于长期暴露于土壤化学物质的人体健康初步评价。虽然 PCDDs 和二噁英化合物的来源可能不同，但由于其具有相似的毒性作用机理而经常在进行风险评估时被一起评价。因此，具体规定了土壤中一组由相似化学成分构成的、持久性有毒物质［多氯二苯并-对-二噁英（PCDDs）、呋喃（PCDFs）和多氯联苯（PCBs）］的 SGVs。该导则给出了二噁英类物质的总 HCVs 和 SGVs，可结合场地的具体信息对不同化合物具体的化合物指导值及风险进行评估。

3. 德国土壤环境法律法规及标准

1999 年，德国联邦政府颁布实施了《联邦土壤保护法》和《联邦土壤保护和污染场地条例》。《联邦土壤保护法》最重要的目标是消除对土壤功能的有害影响，减少或避免土壤污染，以及清理废弃污染场地。根据该法，对土壤功能的有害影响被定义为对个人和公众造成或可能造成的一定程度危害。《联邦土壤保护和污染场地条例》是对《联邦土壤保护法》的补充或细化，规定了现场调查、采样策略、实验室分析方法、评价和修复方面的具体要求。同时，德国工业标准（DIN）和欧洲标准（CEN）也进一步明确了实验室分析方法和土壤分析方法的具体内容。

根据《联邦土壤保护法》和《联邦土壤保护和污染场地条例》，德国政府已经建立了较为完善的污染场地管理制度，要求严格执行风险评价、现场调查等程序，排除低风险或无风险的场地，确保良好的成本效益比，提高场地修复的可行性。但是，对急性危害场地，德国政府要求立即采取有效措施，消除对人体和环境的危害。污染场地的管理制度，包括识别、风险评价、修复和监测四个阶段，每个阶段都有明确的管理要求。

首先是对可疑的污染场地进行历史调查，包括收集以前工业部门、技术实施或者生产过程中排放废弃物的所有可获得的数据资料。例如，环保部门的审批文件、土地的登记文件、地方志的记载或进行当面询问的记录等。历史调查包括现场调查，但不包括技术调查或危险物质的调查。其次是定向调查，即经过历史调查后怀疑场地被污染，就要进行定向调查，包括开展监测、采集相关土壤样本等。通过定向调查得出的专家建议，包括危险评估结论和进一步行动方案。一旦定向调查确认了可疑污染场地，就要启动详细调查，其目标是最终评价危害程度并设定处置标准。详细调查后，要编写修复建议，为单个的污染场地和修复目标寻找最佳的修复技术方案，既可以是几种不同的修复方案，又可以是几种修复方案的结合。方案设计中可以采取去污、保护或限制三种措施排除或降低危害。去污措施主要运用物理方法（如土壤蒸汽浸提、清洗）、微生物方法（如生物降解、生物喷射）、热方法（如焚烧、热解吸、汽提和原位加热）、化学方法（如氧化、还原、沉淀、吸附）等方式，消除或减少污染物，这些措施可以在原场地直接实施，有利于避免挖掘而破坏土壤表层。保护措施是长期采取的措施，目的是防止滞留在土壤里的污染物蔓延，并通过监测来检验措施的有效性。保护措施包括封装、表面密封、安装排水设施等，通常要开展伴随监测和后续环境监测，以确保场地修复的成功和清洁的持续性。限制措施的目的在于防止或减少对公众的危害，只有当其他去污措施或保护措施不可采用时，才能使用限制措施。限制措施包括特别途径和使用限制两种方式，可根据成本或时间考虑选择。

为修复污染场地，德国颁布了各种技术指令和法令，并将欧洲指令纳入国家立法中，要求严格遵守相关的规定。此外，废弃物处置场的运行和关闭必须受到以下法律的规范，如1991年的《废物技术指令》、1993年的《城市垃圾技术指令》、2001年的《废物处置条例》、2002年的《填埋条例》、《地下废物储存条例》等规定或标准。

4. 加拿大土壤环境法律法规及标准

加拿大通过一系列法规规定了土壤环境管理的具体流程，这些法规主要包括《环境质量指导值》《污染场地健康风险评估方法》《生态风险评估框架：技术附录》《污染场地管理指导文件》《污染场地风险管理框架（讨论稿）》《加拿大土壤质量指导值》《生态风险评价框架导则》《制定环境和健康土壤质量指导值草案》《建立污染场地特定土壤修复目标值指导手册》《保护水生生物沉积物质量指导值制定草案》《场地环境评价第1阶段》《污染场地地表水评估手册》《污染场地采样、分析、数据管理手册Ⅰ：主要报告》《污染场地采样、分析、数据管理手册Ⅱ：分析方法》《污染场地国家分类系统》《退役工业场地国家指南》《污染场地临时环境质量标准》等。

加拿大环境部长理事会（The Canadian Council of Ministers of the Environment, CCME）于1996年颁布环境与健康土壤质量指导值推导规程。1997年，CCME颁布了基于该规程的加拿大土壤质量推荐指导值，给出了20种物质，农业用地、居住/公园用地、商业用地和工业用地4种土地利用方式下的土壤质量指导值（Soil Quality Guideline, SQG）。2006年，CCME对环境与健康土壤质量指导值推导规程进行了修订与完善，对规程缺省参数的设置、分配模型的使用、不同类型化学物质引起暴露的方式、受体情况及暴露途径等内容进行了更新和完善，制订了4种土地利用方式下不同受体-暴露途径土壤质量指导值的推导方法和计算公式。之后对于致癌类多环芳烃和其他一些化合物，CCME又经多次修正，给出了分土地利用类型和土壤质地等的土壤质量指导值。

在考虑保护生态物种安全和人体健康风险的基础上，分别制定了保护环境的土壤质量指导值（SQGE）和保护人体健康的土壤质量指导值（SQGHH），CCME推荐取两者中的低值作为最终的加拿大土壤质量指导值。

CCME于2004年对苯系物的土壤质量指导值进行了修订，分别制定了保护环境的土壤质量指导值（SQGE）和保护人体健康的土壤质量指导值（SQGHH），CCME推荐取两者中的低值作为各种土地用途的最终土壤质量指导值。

2008年，CCME在环境与健康土壤质量指导值推导规程（CCME，2006）的基础上，对PAHs的土壤质量指导值进行了制定，并于2010年进行修订。此类PAHs并没有唯一确定的用于同时保护人体健康和环境健康的最终土壤质量指导值（SQGF）。为保护人体健康，对于PAHs（苯并[*a*]蒽、苯并[*a*]芘、苯并[*b*, *j*, *k*]荧蒽、苯并[*g*, *h*, *j*]芘、䓛、二苯并[*a*, *h*]蒽、茚并[1,

2，3-*c*，*d*]芘）的致癌效应，应进行 2 个过程的工作：a. 计算一个苯并[*a*]芘总效应（毒性）当量（B[*a*]P TPE）以确保人体在直接致癌性 PAHs 污染土壤接触途径下的保护；b. 计算累积致癌风险指数（IACR）以保护饮用水资源。值得注意的是本指导值中未评估 PAHs 非致癌效应对人体健康的影响。为保护环境健康，则针对性地考虑 PAHs（蒽、苊、荧蒽、芴、萘、菲、芘）的非致癌风险，分别考虑了所有基于非致癌效应的相关指导值。

（二）国外土壤环境法律法规体系的特点

国外发达国家土壤环境法律法规体系完善、制度严格，可为土壤环境的管理和污染土壤的修复提供法律法规保障和指导。下面仅从责任主体、责任范围、归责原则、承担方式 4 个方面加以阐述。

（1）责任主体　美国《超级基金修正案与再授权法》将赔偿责任主体分成以下 4 类：a. 当前该船舶或设施的所有者或营运人；b. 在处置危险物质时拥有或营运处置设施的人；c. 通过合同、协议或其他方式，借助第三人拥有或营运的设施处置危险物质，或为处置本人或其他主体拥有的危险物质安排运输的人；d. 危险物质为发生泄漏或存在泄漏危险的处置设施接受后，负责运输危险物质的人。日本《土壤污染对策法》规定土地所有者是"基本责任人（赔偿主体）"（Basic responsible parties）。民事责任首先由所有者承担，但有"合理理由"可以归咎于污染行为人的除外。土地所有者承担责任后可以向污染行为人求偿。韩国《土壤环境保护法》的规定也颇为类似。其污染者有两类：一是对造成土壤污染的损害后果有过错的行为人；二是对造成土壤污染的损害后果无过错的行为人，只要他是造成土壤的相关设施的所有者、占有者或运行者。

（2）责任范围　美国《超级基金法》规定，责任主体应该对反应行动的费用和自然资源损害赔偿费用承担赔偿责任。根据该法第 107 条（a）（4）（c）的规定，责任主体应该就其给自然资源造成的损害、减损或损失以及对损害、减损或损失的评估费用承担赔偿责任。赔偿金额中也包含了上述各项费用的利息。

（3）归责原则　英国 1868 年的瑞兰兹诉弗莱切尔一案所确立的法律原则，是英美法系中严格责任原则的起点。原则内容如下：土地所有人非依自然的方法使用土地过程中，在土地上堆放物品，如果该物品逃逸造成损害，无论其是否有过错均应负赔偿责任。此后，美国各州法院多数采用了上述原则，使企业主对从事特别危险活动造成的损害负严格责任，并不断扩大它的适用范围。美国《超级基金法》规定，除了法定的免责事由外，责任者没有别的理由来为不承担费用辩护。不论危险物质的泄漏是不是因责任者的过失所引起，责任者对治理费用承担严格责任。联邦法院的有关判决也确认了严格责任原则。虽然《超级基金法》本身并没有明文规定连带责任和溯及责任，但是该法已将司法中适用连带责任和溯及责任的裁量权交给了法院，通过研究判例法可知，连带责任和溯及责任已经成为归责原则。日本《土壤污染对策法》也采用严格责任和溯及责任，但对连带责任的适用范围做出了限制，规定在污染者之间无特别联系的情况下，不采用连带责任。韩国对土壤环境污染采用严格责任和溯及责任，但其对于连带责任的适用较为谨慎，只有在污染者无法确定的情况下才适用连带责任。

（4）责任方式　在责任方式上，主要有损害赔偿和排除侵害两种予以适用。16 世纪后半期，英、美国家出现了损害赔偿和排除侵害两种救济方式相分离的局面，被害人就已发生的损害，依据普通法向法院提起损害赔偿之诉；就目前和将来的损害，再依平衡法向法院提起请求排除侵害及预防损害之诉。产业革命后由于环境侵权的大量出现，这种分离的救济模式对受害人的救济相当不方便。于是英、美国家又逐渐确立了一种诉行使两种救济方式的制度，目前已成为英、美国家妨害行为法救济方式的主要原则。但二者在适用范围上有较大差别，赔偿损害的目的在于填补受害人的损失，以原告所受的具体损害为要件。排除危害的适用关系到他人活动的存废，引发的后果较严重，因此其构成要件要比赔偿损失严格许多。但基于保护受害人的利益的考虑，对排除侵害的方式做了调整，即"部分排除侵害"和"代替排除侵害"制度，以期既维护产业活动的存续，又确保公众生活安宁。上述两种救济方式亦适用于土壤污染者对利益受损方进行责任承担。

二、中国土壤环境法律法规体系

2018 年习近平在全国生态环境保护大会上指出"要全面落实、深入实施《土壤污染防治行动计划》，突出重点区域、行业和污染物，强化土壤污染管控和修复，有效防范风险，让老百姓吃得放心、住得安心"。经过多年的发展与完善，中国已初步形成了以《中华人民共和国土壤污染防治法》、《土壤环境质量》（《土壤环境质量 农用地土壤污染风险管控标准（试行）》、《土壤环境质量 建设用地土壤污染风险管控标准 （试行）》）、《土壤污染防治行动计划》为核心和基础的土壤环境法律法规体系。

中国环境相关法律法规体系的构成主要包括：a. 宪法中关于环境保护的规定；b. 环境保护基本法；c. 环境保护单行法规；d. 环境标准；e. 其他部门法中关于环境保护的规定或要求。此5 个部分的法律效力及基础性、适用性均有不同，5 部分共同组成了环境法律法规体系。

在中国土壤环境法律法规体系中，宪法是基础，是各种环境保护包括土壤环境保护法律、法规和规章的制定指导原则与立法依据；《中华人民共和国环境保护法》作为环境保护基本法是中国环境法律法规体系的核心，其对环境保护的目的、范围、方针政策、基本原则、重要措施、管理制度、组织机构、法律责任等做出了原则性规定，制定其他环境保护单项法或标准、规范的基础和依据，其第三十二、第三十三条明确提出了"国家加强对大气、水、土壤等的保护，建立和完善相应的调查、监测、评估和修复制度；各级人民政府应当加强防治土壤污染和土地沙化、盐渍化、贫瘠化、石漠化、地面沉降以及防治植被破坏、水土流失、水体富营养化、水源枯竭、种源灭绝等生态失调现象，推广植物病虫害的综合防治"，对土壤污染防治及土壤修复等作出了明确的原则性规定；土壤环境保护单行法规为《土壤污染防治法》，是土壤环境保护的直接依据，是针对土壤环境进行专门规定的立法；环境标准是环境法律法规体系中独立、特殊、不可缺少的组成部分，是国家为保护环境质量、控制污染，从而保护人群健康、社会财富和生态平衡，按照法定程序制定的各种技术规范的总称，土壤环境标准近年发展迅速，已成为土壤环境工作的技术基础和依据；其他部分法中关于土壤环境保护的法律规范等针对性条文，也是土壤环境法律法规体系的有机组成部分与有益补充，共同组成了中国土壤环境法律法规体系。

1．土壤污染及其防治相关国家法律法规

目前，我国现行法律法规中有关土壤污染及其防治的法律主要是《中华人民共和国环境保护法》和《中华人民共和国土壤污染防治法》，另外《中华人民共和国固体废物污染环境防治法》《中华人民共和国环境影响评价法》《中华人民共和国土地管理法》等也对土壤污染及其防治相关工作和要求做出了补充规定，结合中华人民共和国联合各相关部门发布的土壤环境相关的法规和规章，共同构成我国国家层面的土壤环境相关法律法规体系。我国与污染场地相关的国家层面的法律法规及规章如表 5.2 所列。

表 5.2　土壤污染及其防治相关国家法律、法规及规章

名称	发布单位	发布或修订时间
《中华人民共和国环境保护法》	全国人民代表大会常务委员会	2014 年 4 月
《中华人民共和国土壤污染防治法》	全国人民代表大会常务委员会	2018 年 8 月
《中华人民共和国固体废物污染环境防治法》	全国人民代表大会常务委员会	2020 年 4 月
《中华人民共和国环境影响评价法》	全国人民代表大会常务委员会	2018 年 12 月
《中华人民共和国土地管理法》	全国人民代表大会常务委员会	2019 年 4 月
《土壤污染防治行动计划》	中华人民共和国国务院	2016 年 5 月
《污染地块土壤环境管理办法》	中华人民共和国生态环境部	2016 年 12 月
《农用地土壤环境管理办法（试行）》	中华人民共和国生态环境部 中华人民共和国农业农村部	2017 年 9 月
《工矿用地土壤环境管理办法（试行）》	中华人民共和国生态环境部 中华人民共和国财政部	2018 年 5 月
《土壤污染防治基金管理办法》	中华人民共和国生态环境部 中华人民共和国农业农村部 中华人民共和国自然资源部 中华人民共和国住房城乡建设部 中华人民共和国国家林业和草原局	2020 年 2 月
《农用地土壤污染责任人认定暂行办法》	中华人民共和国生态环境部 中华人民共和国农业农村部 中华人民共和国自然资源部 中华人民共和国国家林业和草原局	2021 年 1 月
《建设用地土壤污染责任人认定暂行办法》	中华人民共和国生态环境部 中华人民共和国自然资源部	2021 年 1 月
《建设用地土壤污染风险管控和修复从业单位和个人执业情况信用记录管理办法（试行）》	中华人民共和国生态环境部	2021 年 8 月
《国家危险废物名录》	中华人民共和国生态环境部 中华人民共和国国家发展和改革委员会 中华人民共和国公安部 中华人民共和国交通运输部 中华人民共和国国家卫生健康委员会	2020 年 11 月

在我国土壤环境法律法规体系中，《中华人民共和国环境保护法》作为我国环境保护基本法，是为了保护和改善环境，防治污染和其他公害，保障公众健康，推进生态文明建设，促进经济社会可持续发展而制定的，是我国基本的环境保护框架性法规，制定了环境保护的目标和方针及环境保护基本法律制度。

《中华人民共和国土壤污染防治法》是中国专门针对土壤环境的单项立法，是"为了保护和改善生态环境，防治土壤污染，保障公众健康，推动土壤资源永续利用，推进生态文明建设，促进经济社会可持续发展"而制定的，所有"在中华人民共和国领域及管辖的其他海域从事土壤污染防治及相关活动，适用本法"，其制定和执行标志着我国土壤污染及其防治有法可依，是土壤环境法律法规体系的核心和基础，也是土壤环境其他法规、规章、办法、标准与导则等的制定基础。

《中华人民共和国固体废物污染环境防治法》是"为了保护和改善生态环境，防治固体废物污染环境，保障公众健康，维护生态安全，推进生态文明建设，促进经济社会可持续发展"而制定的法律，其规定了固体废弃物、生活垃圾、一般工业固废管理的要求，包括实行工业固体废物申报登记制度、禁止进口列入禁止进口目录的固体废物、执行危险废物转运联单制度等，对污染土壤修复及其管理中可能产生的工业固废及危险废物等的储存、转运、处理等具有重要的法律参考价值与作用。

《中华人民共和国土地管理法》是"为了加强土地管理，维护土地的社会主义公有制，保护、开发土地资源，合理利用土地，切实保护耕地，促进社会经济的可持续发展"而制定的，在该法的基本框架范围内，对土壤污染及其防治也做了相关规定，如其三十六条明确规定："各级人民政府应当采取措施，引导因地制宜轮作休耕，改良土壤，提高地力，维护排灌工程设施，防止土地荒漠化、盐渍化、水土流失和土壤污染。"

《土壤污染防治行动计划》又称"土十条"，其总体要求为"以改善土壤环境质量为核心，以保障农产品质量和人居环境安全为出发点，坚持预防为主、保护优先、风险管控，突出重点区域、行业和污染物，实施分类别、分用途、分阶段治理，严控新增污染、逐步减少存量，形成政府主导、企业担责、公众参与、社会监督的土壤污染防治体系，促进土壤资源永续利用"；结合《土壤污染防治行动计划》目标和任务，2018～2020年科技部会同有关部门地方，制定并执行国家重点研发计划"场地土壤污染成因与治理技术"重点专项，围绕国家场地土壤污染防治的重大科技需求，重点支持场地土壤污染形成机制、监测预警、风险管控、治理修复、安全利用等技术、材料和装备创新研发与典型示范，形成土壤污染防控与修复系统解决技术方案与产业化模式，在典型区域开展规模化示范应用，目标为实现环境效益、经济效益和社会效益等综合效益。

在土壤环境相关法律法规基础上，生态环境部联合不同部委（门）制定了土壤环境系列规章，包括《农用地土壤环境管理办法（试行）》《工矿用地土壤环境管理办法（试行）》《土壤污染防治基金管理办法》《农用地土壤污染责任人认定暂行办法》《建设用地土壤污染责任人认定暂行办法》《建设用地土壤污染风险管控和修复从业单位和个人执业情况信用记录管理办法（试行)》等，涵盖了土壤环境管理、土壤污染责任认定、土壤污染防治资金、污染土壤修复主体管理等，已初步形成体系，为我国污染土壤修复及其管理奠定了坚实的基础。

《国家危险废物名录》是根据《中华人民共和国固体废物污染环境防治法》制定的，目的是为了加强对危险废物的管理，防止危险废物对环境的污染。此名录中涉及土壤污染及其防治过程中所可能产生的危险废物、土壤污染防治用到的材料及其使用过程产生的废弃物是否为危险废物等的判断、储存与处置等均具有指导性作用。例如，在污染土壤修复过程中产生的有毒有害废气（尾气）常以活性炭吸附，吸附饱和的活性炭应当对照《国家危险废物》；如为危险废物则要按照《危险废物转移联单管理办法》的要求进行转运、处理与处置。另外，《国家危险废物名录》中的豁免规定部分条款还涉及污染土壤修复技术，如《国家危险废物名录》（2021年版）危险废物豁免管理清单第26条"历史遗留危险废物"中"实施土壤污染风险管控、修复活动中，属于危险废物的污染土壤"处置环节，满足《水泥窑协同处置固体废物污染控制标准》（GB 30485）和《水泥窑处置固体废物环境保护术规范》（HJ 662）要求进入水泥窑协同处置，其处置过程不按危险废物管理，这对于污染土壤修复技术的开展和推广都具有积极的意义。

2. 土壤污染及其防治相关地方法规和管理政策

除国家层面法律法规之外，各省、自治区、直辖市等根据各自的土壤资源、工矿开发特点、区域经济发展等现状，也制定了各级地方政府的法规和管理政策（表5.3）。

表 5.3　土壤污染及其防治相关地方法规及政策（部分）

名称	发布单位	发布或修订时间
《北京市土壤污染防治工作方案》	北京市人民政府	2016 年 12 月
《上海市土壤污染防治行动计划实施方案》	上海市人民政府	2017 年 1 月
《湖南省土壤污染防治工作方案》	湖南省人民政府	2017 年 1 月
《山东省土壤环境保护和综合治理工作方案》	山东省生态环境厅	2014 年 9 月
《山西省土壤污染防治 2020 年行动计划》	山西省生态环境厅	2020 年 5 月
《重庆市建设用地土壤污染防治办法》	重庆市生态环境局	2019 年 12 月
《四川省工矿用地土壤环境管理办法》	四川省生态环境厅	2018 年 12 月
《河北省"净土行动"土壤污染防治工作方案》	河北省人民政府	2017 年 2 月
《吉林省土壤污染防治基金管理办法》	吉林省生态环境厅	2021 年 2 月

为深入贯彻落实《国务院关于印发土壤污染防治行动计划的通知》精神，各省、自治区、直辖市等地方各级政府及相关部分为全面掌握土壤环境状况，加强土壤污染防治，改善土壤环境质量，保障土壤环境安全，制定并发布地方土壤污染防治工作方案。为配合各省、自治区、直辖市等的土壤污染防治工作方案，一些地方各级政府和部门还出台了相应的行动计划，如《北京市土壤污染防治工作方案》《上海市土壤污染防治行动计划实施方案》《湖南省土壤污染防治工作方案》《河北省"净土行动"土壤污染防治工作方案》《山西省土壤污染防治 2020 年行动计划》等，以积极推动全省土壤污染防治取得积极进展。

重庆市生态环境局于 2019 年发布的《重庆市建设用地土壤污染防治办法》旨在保护和改善重庆市生态环境，防治建设用地土壤污染，建立土壤污染重点监督单位名录并实时更新，保障公众健康，推动土壤资源永续利用，推进生态文明建设，促进社会可持续发展。

四川省生态环境厅联合四川省经济和信息化厅、四川省自然资源厅于 2019 年印发《四川省工矿用地土壤环境管理办法》，旨在结合四川省实际，加强全省工矿用地土壤和地下水生态环境保护管理，保障工矿企业用地土壤环境安全。

吉林省财政厅 2021 年印发的《吉林省土壤污染防治基金管理办法》，由省级财政通过预算安排单独出资或者与社会资本共同出资设立，采用股权投资等市场化方式，发挥引导带动和杠杆效应，引导社会各类资本投资土壤污染防治，规范了吉林省土壤污染防治基金的管理，创新财政资金使用方式，发挥财政资金的杠杆效应，带动更多社会资本参与土壤污染防治，推动全省土壤环境质量全面改善。

3. 土壤污染及其防治标准

环境标准包括环境质量标准、污染物排放标准、环境监测方法标准、环境标准样品标准和环境基础标准等。由于土壤环境介质的特点与大气环境、水环境等的差异，土壤环境则不包括污染物排放标准，因此，土壤污染及其防治标准以土壤环境质量标准为核心，包括土壤监测方法标准、土壤环境基础标准等，涵盖了土壤污染隐患排查，土壤污染调查、监测、风险评估、修复及竣工验收等污染土壤及其防治的全过程。

部分典型的土壤污染及其防治标准与导则见表5.4。

表 5.4 污染土壤及其防治典型标准及导则

名称	发布单位	时间
《土壤环境质量 农用地土壤污染风险管控标准（试行）》（GB 15618—2018）	中华人民共和国生态环境部	2018 年 6 月
《土壤环境质量 建设用地土壤污染风险管控标准（试行）》（GB 36600—2018）	中华人民共和国生态环境部	2018 年 6 月
《区域性土壤环境背景含量统计技术导则（试行）》	中华人民共和国生态环境部	2021 年 7 月
《重点监管单位土壤污染隐患排查指南（试行）》	中华人民共和国生态环境部	2021 年 1 月
《建设用地土壤污染状况调查技术导则》	中华人民共和国生态环境部	2019 年 12 月
《建设用地土壤污染风险管控和修复监测技术导则》	中华人民共和国生态环境部	2019 年 12 月
《建设用地土壤污染风险评估技术导则》	中华人民共和国生态环境部	2019 年 12 月
《建设用地土壤修复技术导则》	中华人民共和国生态环境部	2019 年 12 月
《污染地块风险管控与土壤修复效果评估技术导则》	中华人民共和国生态环境部	2019 年 1 月
《污染地块地下水修复和风险管控技术导则》	中华人民共和国生态环境部	2019 年 6 月
《建设用地土壤污染风险管控和修复术语》	中华人民共和国生态环境部	2019 年 12 月
《建设用地土壤污染状况调查、风险评估、风险管控及修复效果评估报告评审指南》	中华人民共和国生态环境部 中华人民共和国自然资源部	2019 年 12 月
《受污染耕地治理与修复导则》	中华人民共和国农业农村部	2019 年 8 月

在土壤环境相关标准与导则中，《土壤环境质量 农用地土壤污染风险管控标准（试行）》（GB 15618—2018）和《土壤环境质量 建设用地土壤污染风险管控标准（试行）》（GB 36600—2018）作为土壤环境质量标准，是土壤环境法律法规体系的重要组成部分。

《土壤环境质量 农用地土壤污染风险管控标准（试行）》（GB 15618—2018）以"保护农用地土壤环境，管控农用地土壤污染风险，保障农产品质量安全、农作物正常生长和土壤生态环境"为目标，规定了农用地土壤污染风险筛选值和管制值，以及监测、实施与监督要求。该标准于1995年首次发布，本次为第一次修订，自该标准实施之日起《土壤环境质量评价标准》（GB 15618—1995）废止。该标准针对性定义农用地土壤污染风险筛选值是指农用地土壤中污染物含量等于或者低于该值的，对农产品质量安全、农作物生长或土壤生态环境的风险低，一般情况下可以忽略；超过该值的，对农产品质量安全、农作物生长或土壤生态环境可能存在风险，应当加强土壤环境监测和农产品协同监测，原则上应当采取安全利用措施；而农用地土壤污染风险管制值则是指农用地土壤中污染物含量超过该值的，食用农产品不符合质量安全标准等农用地土壤污染风险高，原则上应当采取严格管控措施。标准规定了农用地土壤污染风险筛选值基本项目和其他项目，相对 1995 版的土壤环境质量标准不再分一级、二级、三级标准，而是从风险管控角度分为筛选值和管制值：将除锌和镍的其他 6 种重金属的风险筛选值均增加了水田和其他土地利用方式，增加了 pH 值为 5.5 的不同土壤酸碱度重金属风险筛选值（表 5.5），增加苯并 [a] 芘的风险筛选值（表 5.6）；规定了镉等 5 种重金属的风险管制值（表 5.7）。该标准还规定了农用地土壤污染风险筛选值和管制值的使用条件和农用地土壤的基本风险管控措施要求，对农用地的土壤污染及其防控、农用地土壤安全利用等均具有重要的指导意义和作用。2019 年，中华人民共和国农业农村部发布《受污染耕地治理与修复导则》，规定了受污染耕地治理与修复的基本原则、目标、范围、流程、总体技术性要求及受污染耕地治理与修复实施方案的编制提纲与要点，对于贯彻落实《土壤污染防治法》和《土壤污染防治行动计划》，科学规范指导我国耕地污染治理修复工作有重要意义。

表 5.5　农用地土壤污染风险筛选值（基本项目）　　　单位：mg/kg

污染物项目	风险筛选值			
	pH≤5.5	5.5<pH≤6.5	6.5<pH≤7.5	pH>7.5
镉水田	0.3	0.4	0.6	0.8
镉其他	0.3	0.3	0.3	0.6
汞水田	0.5	0.5	0.6	1.0
汞其他	1.3	1.8	2.4	3.4
砷水田	30	30	25	20
砷其他	40	40	30	25
铅水田	80	100	140	240
铅其他	70	90	120	170
铬水田	250	250	300	350
铬其他	150	150	200	250
铜果园	150	150	200	200
铜其他	50	50	100	100
镍	60	70	100	190
锌	200	200	250	300

表 5.6　农用地土壤污染风险筛选值（其他项目）　　　单位：mg/kg

序号	污染物项目	风险筛选值
1	六六六总量①	0.10
2	滴滴涕总量②	0.10
3	苯并[a]芘	0.55

① 六六六总量为 α-六六六、β-六六六、γ-六六六、δ-六六六四种异构体的含量总和。
② 滴滴涕总量为 P, P'-滴滴伊、P, P'-滴滴滴、O, P'-滴滴涕、P, P'-滴滴涕四种衍生物的含量总和。

表 5.7 农用地土壤污染风险管制值（基本项目）   单位：mg/kg

序号	污染物项目	风险管制值			
		pH≤5.5	5.5<pH≤6.5	6.5<pH≤7.5	pH>7.5
1	镉	1.5	2.0	3.0	4.0
2	汞	2.0	2.5	4.0	6.0
3	砷	200	150	120	100
4	铅	400	500	700	1000
5	铬	800	850	1000	1300

《土壤环境质量　建设用地土壤污染风险管控标准（试行）》（GB 36600—2018）则以"加强建设用地土壤环境监管，管控污染地块对人体健康的风险，保障人居环境安全"为目标，规定了保护人体健康的建设用地土壤污染风险筛选值和管制值，以及监测、实施与监督要求。该标准专门针对建设用地土壤污染风险管控，对场地调查、监测、修复与验收均有重要的指导意义。该标准针对性定义了建设用地土壤污染风险筛选值：特定土地利用方式下，建设用地土壤中污染物含量等于或者低于该值的，对人体健康的风险可以忽略；超过该值的，对人体健康可能存在风险，应当开展进一步详细调查和风险评估，确定具体污染范围和风险水平；建设用地土壤污染风险管制值则是指在特定土地利用方式下，建设用地土壤中污染物含量超过该值的，对人体健康通常存在不可接受风险，应当采取风险管控或修复措施。该标准按一类和二类建设用地规定了其筛选值和管制值，并明确了必测项目和选测项目，规定了建设地土壤污染风险筛选值和管制值的使用条件和建设用地土壤的基本风险管控修复要求。

生态环境部发布修订了 HJ 25〔HJ 25.1～HJ 25.6〕系列导则（表 5.4），分别对建设用地土壤污染的调查、监测、风险评估、风险管理和（或）修复、风险管控与修复效果评估做出了明确规定和要求，一些省、自治区、直辖市等也颁布了地方标准和导则，如北京市《污染场地修复验收技术规范》、《上海市污染场地修复工程验收技术规范（试行）》、重庆市《污染场地治理修复验收评估技术导则》、江西省《污染地块土壤修复工程验收技术规范》，与国家层面的相关标准共同构成我国污染土壤的修复与再利用相关的标准体系。

第二节 土壤污染风险评估

根据土壤污染定义，结合土地利用类型，对其人体健康风险和（或）生态风险进行评估，根据风险评估结果对危害或潜在危害程度的表征对土壤污染程度进行判定，并在此基础上确定污染土壤修复的目标，进行修复技术选择与实施。可见，污染土壤风险评估是污染土壤修复的前提，是修复目标确定的基础。因此，对污染土壤进行风险评估，对土壤污染的界定、土壤污染的危害程度和污染土壤修复均具有重要的作用。

一、土壤污染风险评估概念与发展

风险是指一种可能性，主要指不利事件或不希望事件发生的可能性。风险评价中的风险是指"遭受损害、损失的可能性"，或者定义为"不良结果或不期望事件发生的概率"。用公式表示为：

$$R=SP \tag{5.1}$$

式中　R——某种影响或危害的风险；

　　　S——影响或危害的严重程度；

　　　P——影响或危害发生的概率。

风险评估则是对人类生活或自然灾害的不利影响和可能性的评价，是对不良影响或不期望事件发生概率的描述和定量分析。环境风险评价（risk assessment）是对暴露于环境中的化学试剂、生物制剂或物理因子给人类和生态系统带来不良影响（发生损害效应的性质、强度、概率等）的可能性进行预测与评价的过程。土壤污染风险评估是在研究土壤环境质量变化规律的基础上，按一定的原则、标准和方法，对土壤污染程度进行评定，或是对土壤对人类健康的适宜程度进行评定，目的是提高和改善土壤环境质量，并提出控制和减缓土壤环境不利变化的对策和措施。

土壤污染风险评估通常包括生态风险评估和人体健康风险评估。

① 生态风险评估（ecological risk assessment）是对污染物暴露对微生物、植物、动物或环境的潜在不利影响进行预测与评价、表征的过程。土壤污染生态风险评估主要包括危害识别、暴露评价、剂量-反应评价和风险表征四大要素。

② 人体健康风险评估（health risk assessment）是对化学、生物、物理或社会等因子对特定人群的潜在不利影响与危害进行预测与评价的过程。

在土壤污染风险评估的研究与实践过程中，生态风险评估和人体健康风险评估的最主要的区别是评价终点对象不同，人体健康环境风险评估的终点选择，只有一个物种（评价对象为人），而生态风险评估的终点不止一个，不仅考虑到生物个体和群体，还要考虑到群落，甚至整个生态系统，因此广义的生态风险评估包含了人体健康环境风险评估终点对象。无论何种风险评估，用以表征风险水平的结果为风险发生的概率，其不确定性贯穿于环境风险评估的整个过程，其主要由对各种各样的物理及生化过程缺乏足够的认识，同时也缺乏足够的实测数据而造成，因此，在风险表征时必须进行评价结果的不确定性分析，运用综合的专业判断、类比分析等推理技巧，获得更多的风险评价所需要的数据和资料，采用技术处理手段以尽量减少不确定性，从而使风险管理者了解风险评价数据来源的方式和可靠程度，提供给环境管理者或决策者相对准确的信息，便于科学指导风险管理，结合我国场地管理的实际现状和特点，我国政府制定出以人体健康风险评价为主的污染场地修复风险评价体系。

环境风险评估是污染土壤环境管理体系的重要组成部分，为管理决策的执行提供科学基础，主要内容包括：a. 为决策者提供量化环境风险的方法；b. 评价可能或已出现的环境风险源，加强对源的控制。污染场地环境风险评价的合理性与可行性是建立在对评价区域信息的全面调查、评价技术与方法有效运用的基础上，评价方法的选取要科学合理，能很好地涵盖污染场地条件的复杂性，准确量化环境风险，并严格执行国家和地方相关法律、法规和标准的有关规定。

1. 国外土壤污染风险评估进展

由于国外环境保护工作起步较早，对污染土壤的风险评估做了大量的工作，并取得了很大的成就。世界卫生组织于1980年成立化学物质安全国际项目（IPCS），综合各国的研究成果，为评价因化学物质暴露造成的人体健康和环境危害提供了科学基础。在此基础上西方一些国家分别建立了自己的土壤污染风险评估体系。

20世纪60年代以后，关于致癌物有无阈值以及致癌物的危险评定方法成为研究者们关注的课题，一些学者提出实际安全剂量来估计致癌物的实际危险度。1976年，USEPA首先公布了可疑致癌物的风险评估准则，提出了有毒化学品的致癌风险评估方法，这个方法被很多环境立法机构所接受，同时也引起了学术界更广泛深入的研究和讨论，使风险评估的方法日渐普遍和成熟。1983年，美国国家科学院提出了健康风险评估的定义与框架，以及危害判定、剂量—效应关系评估、暴露评估和风险表征的风险评估四步法，被许多国家健康风险评估程序所采用。随后，USEPA颁布了一系列技术性文件、导则和指南，系统介绍环境健康风险评估方法、技术，如《健康风险评估导则》《暴露风险评估指南》等。荷兰、英国等欧洲国家的风险评估体系也相继建立起来。欧盟16国于1996年完成污染场地风险评价协商行动指南，加强欧盟国家污染场地调查和治理的理论指导和技术交流，欧洲环境署（EEA）于1999年颁布了环境风险评估的技术性文件，系统介绍健康风险评估的方法与内容。目前，风险评估方法已被中国、日本、法国、荷兰等许多国家和经济合作与发展组织（OECD）、欧盟（EU）等一些国际组织所采用，并且已经广泛应用于人体健康风险评估。

到了21世纪，土壤污染健康风险评估更加注重定量化和减少评估过程中的不确定性，许多学者和研究机构对混合污染物暴露中的相互作用风险评估方法进行研究。随着"3S"技术（GIS、RS、GPS）的发展，大尺度暴露风险的空间分布规律越来越受到广大学者的关注。

2. 国内土壤污染风险评估进展

土壤污染风险评估在我国也取得了一定的进展，主要体现在评估方法、评估基准、具体评估工作等方面。例如，原国家环保总局（现生态环境部）制定了《工业企业土壤环境质量风险评价基准》，旨在保护那些在工业企业中工作或在附近生活的人群，以及保证工业企业区内的土壤和地下水的质量，对工业企业生产活动造成的土壤污染危害进行风险评估。胡二邦等在《环境风险评价实用技术和方法》一书中，较详细地介绍了土壤健康风险评估的技术和方法。清华大学联合中国环境科学研究院、中国矿业大学（北京）等单位开展了"受污染场地环境风险评价与修复技术规范研究"课题，在污染场地监测、风险评价、修复等关键技术方面取得了重要成果，首次在构建污染场地风险评价与修复技术体系方面开展了系统研究。课题成果为污染场地环境风险管理和场地功能恢复决策的规范化和标准化提供了支撑。

我国学者对重金属与POPs污染的土壤均开展了相关的风险评估研究。在土壤重金属污染方面，方晓明、刘皙皙等采用Hakanson生态风险指数法对沈阳市丁香地区重金属污染土壤潜在的生态风险进行了评价。赵晓等评估因污水灌溉引起的土壤As污染暴露风险，浙江大学土水资源与环境研究所的孙叶芳、谢正苗等利用TCLP法评价矿区土壤重金属的生态环境风险，郭森等估算了天津地区人群对六六六的暴露剂量。

二、土壤污染风险评估类型

保护人体健康和生态安全是进行污染防治的最终目的。作为污染土壤修复目标确定的重要前提和污染土壤环境管理的基础，污染土壤风险评估一般可分为人体健康风险评估和生态风险评估两大类。

1. 土壤污染人体健康风险评估

健康风险评价起源于欧美发达国家，它是在收集和整理毒理学、流行病学、环境监测及暴露情况等资料的基础上，通过一定的方法或使用模型来估计某一暴露剂量的化学或物理因子对人体健康造成损害的可能性及损害的性质和程度大小。

人体健康风险评估中的一个重要部分被称为暴露途径，是指人们将通过哪些途径暴露在污染的媒介中。如果污染的媒介是土壤，在这一地点的人就会通过不同的途径暴露在污染土壤中。例如，在污染的工业或商业区，每年工作人员可能接触污染土壤的时间将超过工作时间。因此，在同样的污染浓度下，由于暴露时间不同，居民受到污染物的影响就会大于非居民。建筑施工人员不仅要接触表层土壤（一般为距离地面 1 英尺），还会接触表层以下的土壤。有些污染地点的表层以下土壤也会受到污染，所以施工人员就会比其他人更多地接触污染物。因此，在人体健康风险评估时必须确定每一条有可能存在的暴露途径。

暴露途径包括污染物进入人体的所有方式。通常的方式是经皮肤接触、吸入粉尘颗粒、由口直接摄入这 3 种方式。对于居民中的儿童，由于他们在日常生活中使污染物由手进入体内的概率大于成年人，所以他们对污染物的直接摄入量也就会大于成年人。因此，在评估计算中成年人和儿童是分别计算的。

在进行暴露途径评估的同时还要进行毒性评估。毒性评估工作主要侧重于有害化学物质对人体健康所造成的各种不良影响及其与暴露程度之间的关系，以及某些有害化学物质在导致癌症方面的不确定性。毒性评价的步骤是关于有害物质的确定和剂量反应。有害物质确定的过程主要是确定在暴露情况下某种化学物质所产生的不良影响是否有所增加。所谓不良影响一般是指可能导致癌症或生育缺陷。

对污染土壤进行人体健康风险评估在美国的污染治理中起着重要的作用。通过一系列科学方法，进而可以节省相当一部分治理费用，对通过评估而确定的治理目标，通过量化来确定所需采用的治理技术和方法，治理费用因此可以得到合理的使用。

在参考国外和其他地区先进的污染场地（土壤）健康风险评估体系及成果基础上，经过多年的探索与完善，初步建立起我国土壤污染健康风险评估体系。1999 年，国家环境保护总局（现生态环境部）就发布了《工业企业土壤环境风险评价基准》，该基准考虑了食入和皮肤接触污染土壤以及饮用被污染的地下水这两个暴露途径，并依此分别制定 89 种常见工业污染物的土壤基准直接接触和土壤基准迁移至地下水，这对筛查工矿企业的土壤污染起到了一定的指导作用。但是该基准仅适用于工矿企业界区内土壤污染的环境质量风险评价，同时也没有明确如何指导后续的污染治理，北京市环境保护科学研究院的姜林和王岩在参考了大量国内外有关场地评价文献的同时结合所在单位多年来在场地评价实践中积累的经验于 2004 年编著出版了《场地环境评价指南》，该书重在对工矿企业造成的土壤污染进行健康风险评价、为场地交易提供决策依据。清华大学的李广贺和陈华应用 USEPA 的多介质风险评价模型 MMSOILS，通过建立不同国家土壤环境基准值与健康风险值之间的线性回归关系，以 10^{-6} 作为人类健康风险限值，初步确定了重金属、芳烃类、氯代烃类、杀虫剂和除草剂等 61 项污染物的风险基准值作为我国土壤环境标准的建议值；同时应用 MMSOILS 模型对山东淄博大武水源地烯烃厂苯污染导致的健康风险进行了评价。生态环境部则颁布并修订了土壤污染健康风险评估导则，最新的《建设用地土壤污染风险评估技术导则》（HJ 25.3—2019）明确规定了在土壤污染状况调查的基础上，分析地块土壤和地下水中污染物对人群的主要暴露途径，评估污染物对人体健康的致癌风险或危害水平，为污染场地的风险评估、修复与再利用奠定了基础和依据。

2. 土壤污染生态风险评估

生态风险评估是以土壤生态系统为对象，评价土壤中的一个种群、生态系统和整个景观的正常功能受到外界胁迫，从而在目前和将来减小该系统内部某些要素或其本身的健康、生产力、遗传结构、经济价值和美学价值的可能性。

生态风险评估在欧美都有法律依据和技术规则。从 1983 年美国国家科学院提出土壤生态风险评价方法发展到 Suter（1993）、EPA（1998）模型、MMSOILS 等各种多介质模型，生态风险评价基本已形成体系，其重点在评价 DDT、PCDD 等土壤中有机农药的生态风险。

生态风险评估能够灵活组织和运用各种数据、信息、假设和不确定性，对产生不利的生态效应进行评价。土壤生态风险评价可为土壤生态风险管理提供可能引起不良生态效应的信息，为环境决策提供依据。我国也有很多学者开展了此方面的研究，但主要研究多集中在土壤重金属污染的风险评估，采用的主要方法有概念模型法、数学模型法、生态风险指数法、形态分析法、生物评价法等。其中，风险指数法是国际上众多科学家从沉积学角度提出的多种重金属污染评价方法，主要有潜在生态风险指数法、地质累积指数法、污染指数法、回归计量分析法等。虽然这些方法大多用于沉积物污染评价，但用于土壤重金属评价的实例也逐年增多。到目前为止，在生态风险评价方面还没有一种公认的可广泛接受的模型或方法，因而在实际运用中应结合评价区域土壤及其重金属的特性、评价目的，选择适当的评价方法。

三、土壤环境质量评估法

土壤环境质量评价指数的计算方法种类很多，有与大气、水质指数等相似的污染指数，在土壤环境污染评价的应用与实践中，常用的污染指数包括单项指数、综合指数与预测评价指数等。

1. 单因子指数法

$$P_i = \frac{C_i}{S_i} \tag{5.2}$$

式中 P_i——土壤中污染物 i 的环境质量指数；

C_i——污染物 i 的实测浓度，mg/kg；

S_i——污染物 i 的评价标准浓度，mg/kg。

一般可以土壤环境质量标准中不同用地类型土壤的筛选值作评价标准，$P_i \leqslant 1$ 表示土壤未受该污染物污染，而若 $P_i > 1$ 则表示土壤被该污染物污染，P_i 值越大，则污染越严重。

2. 内梅罗综合污染指数法

由于在自然环境中，土壤污染物常以不同的种类及形态存在，各污染物的毒性及其污染影响也各不相同，因此，有必要将不同污染物对土壤的综合污染与影响程度进行评价，以评价土壤的整体污染程度。综合指数法在单项污染指数法的基础上对多个污染物对土壤环境质量的影响进行综合，给出不同污染物共同作用和整体污染程度。

$$P_{综合} = \{[(C_i / S_i)_{\max}^2 + (C_i / S_i)_{\text{ave}}^2] / 2\}^{1/2} \tag{5.3}$$

式中 $(C_i / S_i)_{\max}$——土壤污染物中污染指数的最大值；

$(C_i / S_i)_{\text{ave}}$——土壤污染物中污染指数的平均值。

土壤环境质量的分级采用以下污染指数分级标准（见表 5.8）。

表 5.8　土壤综合污染分级标准

等级划分	$P_{综合}$	污染等级	污染水平
1	$P_{综合} \leqslant 0.7$	安全	清洁
2	$0.7 < P_{综合} \leqslant 1$	警戒线	尚清洁
3	$1 < P_{综合} \leqslant 2$	轻污染	土壤轻污染、作物开始受到污染
4	$2 < P_{综合} \leqslant 3$	中污染	土壤作物均受中度污染
5	$3 < P_{综合}$	重污染	土壤作物受污染已相当严重

3. Rapant 环境风险指数法

Rapant 等于 2003 年提出环境风险指数法，对土壤环境中污染物的环境风险水平进行表征，其计算公式为：

$$I_{\text{ER}i} = \frac{AC_i}{RC_i} - 1 \tag{5.4}$$

$$I_{\text{ER}} = \sum_{i=1}^{n} I_{\text{ER}i} \tag{5.5}$$

式中 $I_{\text{ER}i}$——土壤物质中超过临界限量的第 i 种元素的环境风险指数；

AC_i——第 i 种元素的分析限量，mg/kg；

RC_i——第 i 种元素的临界限量，mg/kg；

I_{ER}——待测样品的环境风险指数。

若 $AC_i < RC_i$，则定义 $I_{\text{ER}i}$ 为零，即此种污染物的环境风险指数为零，无环境风险。Rapant 同时规定了相应的环境风险划分标准，以定量测度污染土壤或沉积物样品的环境风险程度，环

境风险指数的分级标准见表 5.9。

表 5.9 环境风险指数分级

环境风险指数	分级	环境风险程度
0	1	无环境风险
0~1	2	低环境风险
1~3	3	中等环境风险
3~5	4	高环境风险
>5	5	极高环境风险

四、人体健康风险评估法

（一）污染土壤人体健康风险评估体系

美国科学院（NAS）1983 年提出了风险评价的 4 个步骤，即危害识别（hazard iden tification）、暴露评估（exposure assessment）、剂量效应评价（dose response assessment）、风险表征（risk characterization）。针对特定污染场地健康风险评价，美国环保局在 1989 年颁布的《超级基金场地风险评价导则—健康评价指南》中对美国科学院经典的 4 个步骤进行了细化，提出了类似的 4 个步骤，即数据收集与分析（data colection and analysis）、暴露评估（exposure assessment）、毒性评估（toxicity assessment）、风险表征（risk characterization）。世界上多个国家认可 NAS 四步法并以此作为本国评价模型的基础。

在"NAS 四步法"的基础上，结合我国国情和污染场地的特点，我国污染场地环境风险评价主要包括 4 部分：a. 危害识别；b. 暴露评估和毒性评估；c. 风险表征；d. 控制值计算。

另外，在污染土壤环境风险评估中，由于存在参数选择、污染物毒性效应及复合污染、外界环境影响等诸多不确定因素，可能会使污染土壤的环境风险后果产生不确定性，因此有必要对环境污染风险评价进行不确定性分析。

（1）风险鉴别阶段 由于所依据的数据在监测、识别和描述时有一定的限制，会引入不确定性。

（2）暴露评估过程参数模拟的不确定性 例如模型表达的内容不全面或问题阐述得不充分。

（3）参数值的不确定性 例如使用不完全的数据或有偏向性的数据。

（4）数据的不确定性 对许多污染物来说，关于给定的暴露途径的致癌特性和非致癌特性的数据信息很少。

（5）风险加和带来的不确定性。

（二）国外污染土壤人体健康风险评估体系

1. 场地信息调查与数据收集

场地信息调查与数据收集包括文献调查和现场实地调查，在现场调查取样的基础上获取场地污染物基本特征。场地调查、数据收集和分析是健康风险评价的基础，可分为资料收集、现场调查和采样监测三个步骤，开展场地评价工作前应收集场地自然背景资料、污染物数据和暴露人群相关数据。

文献调查的目的是了解国内外关于污染场地修复技术的最新研究成果，深化对污染场地修复系统风险的认识以及研习类似污染场地修复案例，防止相关风险的再次产生。现场场地调查的目的是明确污染物的分布和污染程度，为随后的修复系统建设提供具体的参考，包括建井的位置、数量，施工方法选择及其他风险控制需要的注意事项。

且由于污染场地修复技术的选用受到有机物特性和土壤特性及场地地理/地质条件等因素的影响，因此，在确定选用何种技术手段之前也需对污染场地进行现场调研，对污染场地进行调查和评估，包括土壤的基本性质，颗粒组成、密度、容重、孔隙度、渗透系数、有机质含量、含水率、pH 值、土壤质地、地下水位及水流方向等。

2. 暴露评估

暴露评估是对人群暴露于环境介质中有害因子的强度、频率、时间进行测量、估算或预测的过程，是进行风险评价的定量依据。在进行暴露评价时应对接触人群的数量、性别、年龄分布、居住地域分布、活动状况、人群的接触方式（一种或多种）、接触量、接触时间、接触频度等情况进行描述。暴露评估基本内容为通过暴露假设，分析暴露途径，根据暴露浓度、潜在的暴露人群和暴露程度确定各暴露途径的污染物摄入量。

（1）场地类型及其环境表征　CLEA 模型中将土地利用类型划分为三类，分别是带花园的居住用地、租赁农业用地和商业/工业用地。

① 带花园的居住用地。在此场地上生活的居民，其典型的居住场景被设定为：一栋建造在混凝土地基的两层楼房屋，同时具有一个由草坪、花坛、小型果蔬园组成的私人花园。居住者主要是普通家庭，包括父母和儿童，并经常到私人花园中观赏和玩耍。

② 租赁农业用地。该用地方式下，普遍的使用情景假定为：由当地的居民承租场地，种植并自己食用水果和蔬菜，场地为开阔空间，一般超过 250m²，通常由几个区块组成，整体面积可超过 1 公顷。在场地上居民被认为是含有祖父母及儿童在内的大家庭，并偶尔会有熟人来拜访住宿。

③ 商业/工业用地。在这类场地上，包含多个不同种类的工作场所，并确定已投入使用。其利用情景设定为：一个典型的商业或者小型工业建筑，一般具有 3 层楼房，员工大部分在室内办公，或者从事室内轻体力劳动。

对于不同类型的污染场地，能够有效代表污染场地环境状况的各项表征数据主要包括：区域气候、气象、地质条件、场地上植被现状、土壤类型、地下水水文学、地表水等方面。这方面的数据可以从对污染场地进行的环境现状调查过程中得到，如果通过该渠道获取的资料数据仍然有欠缺，就需要开展补充调查活动来进行完备处理。

（2）暴露途径分析　暴露场地表征主要是对场地环境特征的调查描述及对暴露人群的相关数据进行合理统计和深入分析，这项工作是开展暴露评估的首要步骤。通过这项工作收集的场地环境的特征和可能存在的暴露人群相关的表征数据，主要是被用在以暴露路径和暴露量作为主要对象的估算活动里，因此，这类数据的收集是开展暴露评估工作的根本性前提。

① 潜在敏感人群确定。这类数据主要是和污染场地或场地周边群体相关的各类信息，具体来说，就是这类人群的区位分布、生活基本方式、群体结构以及其中的敏感群体等信息。其中，人群的区位分布这一对象主要是为了定位清楚可能存在的各种暴露人群和污染场地之间的距离以及这些人群的具体方位。这一对象信息的确定不只是指那些居住在污染场地范围内的和在场地周边的群体，而且也指那些由于受到污染物在环境中运移影响的敏感群体。举例来说，可能饮用了污染场地下流经的地下水或地表水的人群，或者食用了从污染场地上出产的作物等各种类型的食物的人群。而对于人群活动内容和方式这一调查对象，可以采取对污染场地周边区域的土地利用状况信息进行了解后，利用收集到的这类数据来完成描述。土地利用类型在一般情况下，大致可以归类为居住类型、工业或商业类型以及公共类型三大类，有些污染场地则要将不同类型的用地在该场所中的比重信息加以全面收集和明确。另外，在前面这些工作完成后，需要对暴露人群的日常活动及行为方式进行分析，并利用相关数据将表征描述清楚。

总体来看，应该在 4 个方面来完成该项调查工作：a. 明确与污染场相关的可能敏感人群在该场所上处于暴露状况的时间；b. 调查这类人群的活动发生在室内还是室外，或者是在两种环境下都有，这是考虑到在上述不同场景下污染物从土壤或者水中向环境空间渗入和挥发情况和暴露量也不同；c. 分析活动随季节的变化情况；d. 识别一些潜在的对暴露人群有影响的特殊场址，如食用了污染场地上的作物或鱼类的人群，其暴露量也较高。

确定潜在的敏感群体和暴露频度较高的人群，这是因为，一定规模的暴露剂量或暴露物质对这些人群有着更高的危害性，或者说相对于一般人来说，污染物会对这类人群产生更高的危害风险。敏感人群一般是指幼儿群体、老龄群体、孕期妇女、哺育期妇女以及其他一些患有慢性疾病的群体等；而高暴露人群可以认为由于这类人群的独特行为方式，决定了他们会有更高概率存在于污染暴露的环境里。

② 受体参数。CLEA 模型将人的一生（70 年）划分为 18 个阶段：0~16 岁中每 1 岁代表一个阶段，16~59 岁代表成年人的工作阶段，60~70 岁代表退休养老阶段，并在不同土地用途下制定了敏感受体及其暴露特征（见表 5.10）。

表 5.10 不同土地用途下的敏感受体暴露特征

土地用途	敏感受体	暴露时间	暴露途径	建筑物类型
带花园的居住用地	0~6 岁的女孩	6 年	直接摄入土壤；室内尘土摄入；自家作物及附着土壤摄入；皮肤接触土壤和室内尘土；吸入室内、外尘土和蒸气	带有平台的两层民房
租赁农业用地	0~6 岁的女孩	6 年	直接摄入土壤；自家作物及附着土壤摄入；皮肤接触土壤；吸入室外尘土和蒸气	无建筑物
商业/工业用地	16~65 岁的成年妇女	49 年	直接摄入土壤；室内尘土摄入；皮肤接触土壤和尘土；吸入尘土和蒸气	三层办公楼（1970 年后）

（3）暴露途径的确定　污染场地的暴露途径就是化学有害物质从污染源运移，最终进入人体内部形成危害的整个路径（见图 5.1）。污染场地修复过程中场地污染物的暴露途径主要包括如下 4 种。

① 途径 1：污染场地修复过程中污染物散逸到空气中，通过呼吸暴露于修复区暴露目标人员。

② 途径 2: 场地修复过程中污染土壤或地下水与工作人员等可能的直接接触，会通过皮肤接触使修复区目标人员暴露于污染物。

③ 途径 3: 污染场地区域范围内种植的蔬菜、粮食、水果等植物，通过摄食等途径进入人体，使污染物对人体产生毒性效应。

④ 途径 4: 修复不同阶段现场产生的污染性土壤或水体微沫、微粒，随呼吸系统进入体内，虽然量较少但是危害较大，所以也考虑在内。

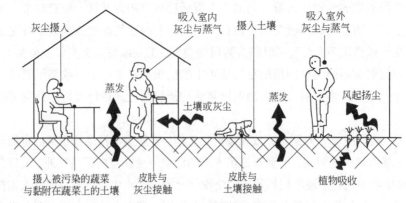

图 5.1　人体潜在暴露途径

此外，还可能存在其他的暴露途径。如降雨时，污染物经过淋洗进入雨水中，可能造成的皮肤接触暴露；污染区的污染土壤经过降雨淋滤，可能使污染物进入地下水中，通过地下水途径造成暴露。

一般来说，完整的暴露途径需要包括以下基本组成部分: a. 场地存在污染源，并且化学物质可以释放出来; b. 化学物质在各种介质中运动所包括的位置迁移、降解变化以及滞留于介质等; c. 各种暴露点，也就是人和受到污染的介质之间的接触点; d. 化学有害因子进入人体的渠道。

（4）暴露量计算　土壤环境中的污染物主要经过以下途径进入人体，即各污染物的主要暴露途径包括: a.大气颗粒物经呼吸吸入; b. 经口摄入尘土; c. 皮肤接触尘土; d. 摄食当地种的蔬菜。通过各暴露途径的暴露量计算方程如表 5.11 所列。

表 5.11　土壤环境污染物各暴露途径的暴露量计算方程

暴露途径	暴露量方程	参考文献
经口摄入尘土	$CDI = \dfrac{C_d \times IRs \times CF \times FIs \times EF \times ED}{BW \times AT}$	USEPA，1989a
呼吸	$CDI = \dfrac{C_a \times IRA \times EF \times ED}{BW \times AT}$	USEPA，1989a
皮肤接触	$CDI = \dfrac{C_s \times CF \times SA \times AF \times ABS \times EF \times ED}{BW \times AT}$	USEPA，1989a
摄食蔬菜	$CDI = \dfrac{C_p \times IR_p \times FI_p \times EF \times ED}{BW \times AT}$	USEPA，1989a

注: CDI 为各不同摄入途径下的摄取剂量，mg/（kg·d）; C_d、C_a、C_s、C_p 分别为各不同摄入途径的污染物浓度，mg/kg; IR 为不同摄入途径的摄取速率，mg/d; CF 为转换因子，10^{-6} kg/mg; FI 为摄取分数（范围 0~1），%; EF 为暴露频率，d/a; ED 为暴露持续时间，a; BW 为体重，kg; AT 为平均接触时间，d。

另外，有研究者利用人体摄入量与污染物生物可给性方式方法，通过体外模拟装置模拟人体消化系统，分别取胃和小肠阶段反应液样本，经离心过滤后检测其污染物含量并计算生物可给性，根据污染物的生物可给量进行健康风险评价。

污染物在胃或小肠阶段的生物可给性可用式（5.6）计算：

$$BA = \frac{C_{IV}V_{IV}}{C_S M_S} \times 100 \tag{5.6}$$

式中　　BA——特定污染物的生物可给性，%；

C_{IV}——体外模拟实验的胃或小肠阶段反应液中特定污染物的可溶态总量，mg/L；

V_{IV}——各反应器中反应液的体积，L；

C_S——土壤样品中特定污染物的总量，mg/kg；

M_S——加入反应器中的土壤样品重量，kg。

污染物的日均摄入量则以式（5.7）计算：

$$W_m = C_m \times W_{soil} \tag{5.7}$$

式中　　W_m——污染物的摄入量，μg/d；

C_m——土壤中污染物的含量，μg/g；

W_{soil}——日均土壤摄入量，重金属一般日均土壤摄入量为成人 0.05g/d，儿童 0.2g/d。

重金属生物可给量，即每日摄入体内的污染物中可被吸收的量以式（5.8）计算：

$$W_A = W_m \times BA \tag{5.8}$$

式中　　W_A——日可吸收的污染物量，μg/d；

W_m——污染物的摄入量，μg/d；

BA——特定污染物的生物可给性，%。

3. 毒性评估

毒性评估是指利用场地目标污染物对暴露人群产生负面效应的可能证据，估计人群对污染物的暴露程度和产生负面效应的可能性之间的关系。一般认为污染物的非致癌毒性存在阈值现象，即低于某一剂量，不会产生可观察到的不良反应。

一般化学物质的毒性分致癌和非致癌毒性两类。

（1）致癌物质　分为基因致癌物（gene carcinogen）和非基因致癌物（non genotoxic compound）。基因致癌物为直接 DNA 作用物，其致癌方式包括致癌物或其代谢产物直接与 DNA 共价结合或直接改变染色体结构或数量。非基因致癌物即非直接 DNA 作用物，这类致癌物主要通过杀死细胞、诱导再生细胞增殖和通过与细胞感受器发生作用引起器官增生等继发方式致癌，包括细胞毒害物和致细胞分裂物。对于基因致癌物，一般认为致癌物的单个分子既可以诱发癌症，因此，在低剂量条件下基因致癌物的剂量-反应关系呈线性变化趋势。对于非基因致癌物，除了通过继发方式诱导突变外，还可通过激发癌细胞形成影响致癌过程。受这种致癌作用机制的影响，非基因致癌物的剂量-反应关系常表现为非线性关系。

（2）化学物质的非致癌毒性　包括神经毒性、生殖和发育毒性。神经毒性指由于暴露于化学物质引起的中枢神经系统或周围神经系统在功能或结构上的不良变化。功能性神经毒害效应包括躯体自主、感觉、运动或认知功能的不良变化；结构神经毒性效应定义为神经系统组织任何水平的神经解剖学变化。相应地，神经毒性化学物质可分为中枢神经系统作用物、周围神经纤维作用物、周围神经末梢作用物和肌肉或其他组织作用物四类。神经毒性效应可在神经化学、解剖学、生理学或行为等各个水平中发生。在神经化学水平，神经毒物可抑制高分子或神经传递素的合成，改变离子渗透细胞膜的能力或抑制神经传递素从神经末梢上的释放。解剖学变化包括细胞和神经轴突变化。在生理学水平上，神经毒物可改变神经活化阈值或降低神经传递速度。行为变化包括视觉、听觉和触觉、反射和运动能力的变化，以及认知能力如理解能力、记忆能力或注意力的改变、情绪变化以及方向感丧失，产生幻觉和错觉等。甲基汞、铝、汞、锰、铅、大部分杀虫剂、多氯联苯、氟化物、有机氯农药、有机磷、氨基甲酸盐、某些杀真菌剂和熏蒸剂等证实具有神经毒性。生殖发育毒性指由于暴露于环境毒物引起的雄性或雌性生殖系统产生不良反应，表现为对雄性或雌性生殖器官、内分泌系统和后代的毒性，具体包括影响青春期的开始、性行为、生育能力、妊娠、分娩、哺乳、发育以及其他与生殖系统有关的功能。

暴露强度与不良反应增加的可能性及不良健康反应程度之间的关系可以用毒性评估来估计，它也是污染物质是否能够引起人群不良健康反应的证据。不同的化学物质对人体产生的危害效果不同，可以分为对人体的致癌和非致癌毒性，同时毒性评估也包括致癌评估和非致癌评估。

通常，毒性评估包括危害识别和剂量-效应关系，其中剂量-效应关系可以用该物质的参考剂量（Reference Dose，RfD）表示，即当人群（包括敏感亚群）暴露于该水平时，预期发生有害效应的风险很低，或实际不可检出，一旦超出该水平时即对人体健康造成危害。危害识别是确定暴露于目标人群的污染物是否能引起人类的不良健康反应，是毒性评估的初始步骤。剂量-反应评估是指确定危害识别之后，对污染物毒性数据的定量估计，它能够确定暴露污染物和目标人群不良反应发生率之间的关系。

我国污染土壤常见有机污染物的健康风险毒性效应参数如表 5.12 所列。

表 5.12　常见有机污染物的毒性效应参数

污染物名称	非致癌参考剂量/［mg/（kg·d）］			致癌斜率因子/［mg/（kg·d）］			致癌分类
	经口暴露 RfD_o	皮肤暴露 RfD_d	呼吸暴露 RfD_i	经口暴露 SF_o	皮肤暴露 SF_d	呼吸暴露 SF_i	
1，1-二氯乙烯	$5.0×10^{-2}$	$5×10^{-2}$	$5.71×10^{-2}$	$6×10^{-1}$	$6×10^{-1}$	$1.75×10^{-1}$	C
1，2-二氯乙烯	$2×10^{-2}$	$2×10^{-2}$	$2×10^{-2}$	$9.1×10^{-2}$	$9.1×10^{-2}$	$9.1×10^{-2}$	B_2
氯仿	$1×10^{-2}$	$2×10^{-3}$		$6.1×10^{-3}$	$3.05×10^{-2}$	$8.05×10^{-2}$	—
苯	$4×10^{-3}$	$3.88×10^{-3}$	$8.57×10^{-3}$	$5.5×10^{-2}$	$5.67×10^{-2}$	$2.73×10^{-2}$	A
四氯化碳	$7×10^{-4}$	$4.55×10^{-4}$		$1.3×10^{-1}$	$2×10^{-1}$	$5.25×10^{-2}$	B_2
三氯乙烯	$3×10^{-4}$	$4.5×10^{-5}$	$1.14×10^{-2}$	$4.0×10^{-1}$	$2.67×10^{0}$	$4×10^{-1}$	B_2
四氯乙烯	$1×10^{-2}$	$1×10^{-2}$	$1.71×10^{-1}$	$5.4×10^{-1}$	$5.4×10^{-1}$	$2.07×10^{-2}$	B_2
1，1-二氯乙烷	$2×10^{-1}$	$2×10^{-1}$	$1.43×10^{-1}$				
1，1，2-三氯乙烷	—	—	—				
1，1，1，2-四氯乙烷	—	—	—				

注："—"表示未查出或还没有明确的研究结果。

4. 风险表征

风险表征就是将前面数据收集与分析、暴露评估以及风险评估过程所得的信息进行综合分析，量化可能产生某种健康效应的发生概率或者健康危害的强度，再进一步结合实际和计算过程进行不确定性分析，为环境管理者或者环境治理者提供风险管理的科学依据以及环境治理时的指导。

(1) 非致癌风险　单个污染物单一暴露途径的非致癌风险通过平均到整个暴露作用期的平均每日单位体重摄入量（CDI）除以慢性参考剂量（RfD）计算得出，以 HQ（Hazard Quotient）表示，计算式：

$$HQ = \frac{CDI}{RfD} \tag{5.9}$$

当某种污染物存在多种暴露途径时，该污染物各暴露途径的联合非致癌风险为所有暴露途径的风险值之和。当多个污染物同时存在某一暴露途径时，该暴露途径的联合非致癌风险为所有涉及到的化学物质风险值的总和。对于多个污染物多种途径的联合非致癌风险，以 HI（Hazard index）表示，计算式：

$$HI = \sum_{j=1}^{n_1} \sum_{i=1}^{n_2} \frac{CDI_{ij}}{RfD_{ij}} \tag{5.10}$$

式中　CDI_{ij}——第 i 种污染物第 j 种暴露途径的平均每日单位暴露量；

RfD_{ij}——第 i 种污染物第 j 种暴露途径的慢性参考剂量；

n_1——非致癌影响的污染物个数；

n_2——暴露途径的个数。

USEPA 推荐的非致癌风险标准值为 1，即多途径下多污染物的综合非致癌风险不高于 1。

(2) 致癌风险　单个污染物单一暴露途径的致癌风险通过平均到整个生命期的平均每日单位体重摄入量（CDI）和致癌斜率因子（SF）计算得出，以风险值 R 表示。当暴露人群处于低风险水平（估算风险值在 0.01 以下）时，采用线性低剂量致癌风险模型，计算式：

$$R = CDI \times SF \tag{5.11}$$

当暴露人群处于高风险水平（估算风险值高于 0.01）时，采用一次冲击模型，计算式：

$$R = 1 - \exp(-CDI \times SF) \tag{5.12}$$

多个污染物多种暴露途径的联合致癌风险计算式：

$$R = \sum_{j=1}^{n_1} \sum_{i=1}^{n_2} CDI_{ij} \times SF_{ij} \tag{5.13}$$

式中　CDI_{ij}——第 i 种污染物第 j 种暴露途径的平均每日单位暴露量；

RfD_{ij}——第 i 种污染物第 j 种暴露途径的慢性参考剂量；

n_1——非致癌影响的污染物个数；

n_2——暴露途径的个数。

通常对于致癌风险而言，美国环保局有一个风险可接受程度的区间：如果任何化合物引起的致癌风险低于或等于 10^{-6}，则认为风险是可忽略的；如果任何化合物引起的致癌风险高于 10^{-4}，则风险是不可以接受的；如果引起的致癌风险在 $10^{-6}\sim10^{-4}$ 之间，必须就其情况进行讨论。

（三）中国土壤污染人体健康风险评估体系

目前，中国土壤污染人体健康风险评估体系主要是基于《建设用地土壤污染风险评估技术导则》（2019 年），其评估结果在现场修复工程与实践中已普遍作为修复目标制定的重要原则之一，对我国污染土壤修复及其安全再利用具有重要的指导性意义。中国土壤污染人体健康（地块）风险评估程序与主要内容如图 5.2 所示，其基本框架则可总结为图 5.3。

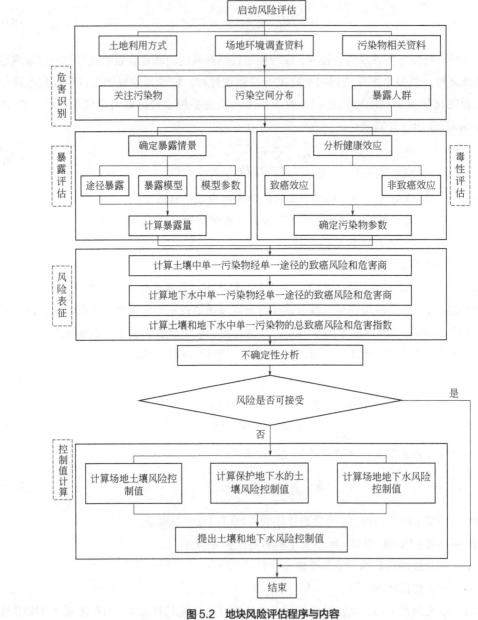

图 5.2　地块风险评估程序与内容

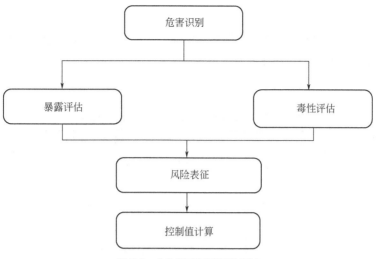

图 5.3　人体健康风险评估框架

1. 危害识别

收集场地环境调查阶段获得的相关资料和数据，掌握场地土壤和地下水中关注污染物的浓度分布，明确规划土地利用方式，分析可能的敏感受体，如儿童、成人、地下水体等，具体包括以下内容。

（1）资料收集和分析　包括：①详细、完整的场地背景资料，如场地的使用沿革、与污染相关的人为活动、场地及周边的平面布局图、地表及地下设备设施和构筑物的分布等信息；②场地环境的监测数据，尤其是不同深度土壤污染物浓度等；③具有代表性的场地土壤样品的理化性质分析数据，如土壤 pH 值、容重、有机碳含量、含水量、质地等；④场地（所在地）气候、水文、地质特征信息和数据，如地表年平均风速等；⑤场地及周边地区土地利用方式、人群及建筑物等相关信息。

（2）确定土地利用方式　根据规划部门或评估委托方提供的信息，确定场地用地方式，并确定该用地方式下相应的敏感人群，如居住人群、从业人员等。场地及周边地区地下水作为饮用水或农业灌溉水时，应考虑土壤污染对地下水的影响，将地下水视为敏感受体之一。

（3）确定关注污染物　由于各污染场地之间的各项指标存在显著差异，根据污染物的毒性、停留时间、数量、迁移特性等选取几种主要关注的有害污染物。依据具体的环境调查和检测结果，选择性地在对这几种污染物进行风险评估。

2. 暴露评估和毒性评估

在危害识别的基础上，分析场地内关注污染物迁移和危害敏感受体的可能性，确定场地土壤中污染物对人体的主要暴露途径和暴露评估模型，确定评估模型参数取值，计算敏感人群的暴露量。

（1）暴露情景分析　暴露情景是指特定土地利用方式下，场地污染物经由不同暴露路径迁移和到达人群的情况。根据不同土地利用方式下人群的活动模式，一般分为敏感用地和非敏感用地。

（2）暴露途径确定　对于敏感用地和非敏感用地，土壤环境主要通过 6 种暴露途径对人体健康产生危害，包括经口摄入土壤、皮肤接触土壤、吸入土壤颗粒物、吸入室外空气中来自表层土壤的气态颗粒物、吸入室外空气中来自下层土壤的气态颗粒物、吸入室内空气中来自下层土壤的气态污染物。

(3) 暴露量计算　对敏感用地和非敏感用地途径下根据不同污染物性质和场地特征决定的接触途径对各主要暴露途径下的暴露量分别进行计算。表 5-13 中以非敏感用地情景土壤 6 种暴露途径下暴露量计算举例说明。

表 5.13　土壤 6 种暴露途径下暴露量计算公式

暴露途径	公式说明	暴露量计算公式
经口摄入	致癌风险	$$OISER_{ca} = \frac{OSIR_a \times ED_a \times EF_a \times ABS_o}{BW_a \times AT_{ca}} \times 10^{-6}$$
	危害商	$$OISER_{nc} = \frac{OSIR_a \times ED_a \times EF_a \times ABS_o}{BW_a \times AT_{nc}} \times 10^{-6}$$
皮肤接触	致癌风险	$$DCSER_{ca} = \frac{SAE_a \times SSAR_a \times EF_a \times ED_a \times E_v \times ABS_d}{BW_a \times AT_{ca}} \times 10^{-6}$$
	危害商	$$DCSER_{nc} = \frac{SAE_a \times SSAR_a \times EF_a \times ED_a \times E_v \times ABS_d}{BW_a \times AT_{nc}} \times 10^{-6}$$
吸入土壤颗粒	致癌风险	$$PISER_{ca} = \frac{PM_{10} \times DAIR_a \times ED_a \times PIAF \times (fspo \times EFO_a + fspi \times EFI_a)}{BW_a \times AT_{ca} \times 10^6}$$
	危害商	$$PISER_{nc} = \frac{PM_{10} \times DAIR_a \times ED_a \times PIAF \times (fspo \times EFO_a + fspi \times EFI_a)}{BW_a \times AT_{nc} \times 10^6}$$
吸入室外空气土壤表层气态污染物	致癌风险	$$IOVER_{ca1} = VF_{suroa} \times \frac{DAIR_a \times EFO_a \times ED_a}{BW_a \times AT_{ca}}$$
	危害商	$$IOVER_{nc1} = VF_{suroa} \times \frac{DAIR_a \times EFO_a \times ED_a}{BW_a \times AT_{nc}}$$
吸入室外空气土壤下层气态污染物	致癌风险	$$IOVER_{ca2} = VF_{suboa} \times \frac{DAIR_a \times EFO_a \times ED_a}{BW_a \times AT_{ca}}$$
	危害商	$$IOVER_{nc2} = VF_{suboa} \times \frac{DAIR_a \times EFO_a \times ED_a}{BW_a \times AT_{nc}}$$
吸入室内空气土壤下层气态污染物	致癌风险	$$IIVER_{ca1} = VF_{subia} \times \frac{DAIR_a \times EFO_a \times ED_a}{BW_a \times AT_{ca}}$$
	危害商	$$IIVER_{nc1} = VF_{subia} \times \frac{DAIR_a \times EFO_a \times ED_a}{BW_a \times AT_{nc}}$$

在危害识别的基础上，分析关注污染物对人体健康的危害效应，包括致癌效应和危害商，确定与关注污染物相关的参数，包括参考剂量、参考浓度、致癌斜率因子和呼吸吸入单位致癌因子等。

暴露强度与不良反应增加的可能性及不良健康反应程度之间的关系可以用毒性评估来估计，它也是污染物质是否能够引起人群不良健康反应的证据。不同的化学物质对人体产生的危害效果不同，可以分为对人体的致癌和非致癌毒性，同时毒性评估也包括致癌评估和非致癌评估。

毒性评估技术要求可分为两个步骤：分析污染物毒性效应和确定污染物相关参数。分析污染物毒性效应是指分析污染物经不同途径对人体健康的危害效应，包括致癌效应、危害商、污染物对人体健康的危害机理和剂量-效应关系等。我国主要土壤污染物健康风险评估的毒性参数基于《建设用地土壤污染风险评估技术导则》，参考美国环保局"化学品性质参数估算工具包"数据、"区域筛选值"中污染物毒性数据等确定。

3. 风险表征

在暴露评估和毒性评估的基础上基于各土壤样品中危害识别阶段确定的关注污染物检测分析数据，采用风险评估模型计算土壤单一污染物经单一途径的致癌风险和危害商，量化可能产生某种健康效应的发生概率或者健康危害的强度。例如，地块范围内土壤样品中关注微生物的检测数据呈正态分布，可根据检测数据的平均值、平均值置信区间上限值或最大值计算致癌风险和危害商。对于单一污染物应根据导则 6 种土壤暴露途径下的致癌和非致癌风险推荐模型分别计算其致癌风险和危害商（计算公式见表 5.14），再根据不同污染物、不同暴露途径等加和计算特定污染土壤条件下单一污染物复合风险和多种污染物综合风险。当单一污染物致癌风险水平超过 10^{-6} 或危害商超过 1 的土壤点，其代表的地块区域应划定为风险不可接受的污染区域。

表 5.14　土壤 6 种暴露途径下致癌风险和危害商计算公式

暴露途径	风险类型	计算公式
经口摄入	致癌风险	$CR_{ois} = OISER_{ca} \times C_{sur} \times SF_o$
	危害商	$HQ_{ois} = \dfrac{OISER_{nc} \times C_{sur}}{RfD_o \times SAF}$
皮肤接触	致癌风险	$CR_{dcs} = DCSER_{ca} \times C_{sur} \times SF_d$
	危害商	$HQ_{dcs} = \dfrac{DCSER_{nc} \times C_{sur}}{RfD_d \times SAF}$
吸入土壤颗粒	致癌风险	$CR_{pis} = PISER_{ca} \times C_{sur} \times SF_i$
	危害商	$HQ_{pis} = \dfrac{PISER_{nc} \times C_{sur}}{RfD_i \times SAF}$
吸入室外空气中来自土壤表层气态污染物	致癌风险	$CR_{iov1} = IOVER_{ca1} \times C_{sur} \times SF_i$
	危害商	$HQ_{iov1} = \dfrac{IOVER_{nc1} \times C_{sur}}{RfD_i \times SAF}$
吸入室外空气中来自土壤下层气态污染物	致癌风险	$CR_{iov2} = IOVER_{ca2} \times C_{sub} \times SF_i$
	危害商	$HQ_{iov2} = \dfrac{IOVER_{nc2} \times C_{sur}}{RfD_i \times SAF}$
吸入室内空气土壤下层气态污染物	致癌风险	$CR_{iiv1} = IIVER_{ca1} \times C_{sub} \times SF_i$
	危害商	$HQ_{iiv1} = \dfrac{IIVER_{nc1} \times C_{sub}}{RfD_i \times SAF}$

注：表中公式来自《建设用地土壤污染风险评估技术导则》。

土壤污染健康风险评估结果不确定性的主要来源包括暴露情景假设、评估模型的适用性、模型参数取值等多个方面，再进一步结合实际和计算过程进行不确定性分析。

① 暴露风险贡献率分析：根据单一污染物在不同暴露途径下的致癌风险和危害商贡献率分析模型分析不同暴露途径下的风险贡献率，选择并确定最主要的风险贡献暴露途径；

② 模型参数敏感性分析：基于风险计算结果选择对风险水平影响较大的参数选定为模型敏感性分析参数，如人群相关参数（体重、暴露期、暴露频率等）、暴露途径相关参数（每日土壤摄入量、皮肤表面土壤粘附系数、每日吸入空气体积等）；对于选定的模型敏感性参数计算其敏感性比值［式（5.14）］

$$SR = \frac{\dfrac{X_2 - X_1}{X_1}}{\dfrac{P_2 - P_1}{P_1}} \times 100\% \qquad (5.14)$$

式中　SR——模型参数敏感性比例，无量纲；

P_1——模型参数 P 变化前的数值；

P_2——模型参数 P 变化后的数值；

X_1——按 P_1 计算的致癌风险或危害商，无量纲；

X_2——按 P_2 计算的致癌风险或危害商，无量纲。

参数敏感性比值越大，表示该参数对风险的影响也越大。另外，进行模型参数敏感性分析时，还应综合考虑参数的实际取值范围确定参数值的变化范围。

4. 风险控制值计算

对致癌风险和危害商超过对应标准的风险不可接受区域，应根据导则计算其风险控制值，一般比较选择不同暴露途径的风险控制值较小值作为地块的风险控制值（表 5.15）。如地块及周边地下水作为饮用水源，则应充分考虑到对地下水的保护，提出保护地下水的土壤风险控制值；按照 HJ 25.4 和 HJ 25.6 确定地块土壤和地下水修复目标值时，应将基于风险评估模型计算出的土壤和地下水风险控制值作为主要参考。

表5.15　土壤6种暴露途径下风险控制值计算公式

暴露途径	风险类型	风险控制值计算公式
经口摄入	致癌风险	$RCVS_{ois} = \dfrac{ACR}{OISER_{ca} \times SF_o}$
	非致癌风险	$HCVS_{ois} = \dfrac{RfD_o \times SAF \times AHQ}{OISER_{nc}}$
皮肤接触	致癌风险	$RCVS_{dcs} = \dfrac{ACR}{DCSER_{ca} \times SF_d}$
	非致癌风险	$HCVS_{dcs} = \dfrac{RfD_d \times SAF \times AHQ}{DCSER_{nc}}$
吸入土壤颗粒	致癌风险	$RCVS_{pis} = \dfrac{ACR}{PISER_{ca} \times SF_i}$
	非致癌风险	$HCVS_{pis} = \dfrac{RfD_i \times SAF \times AHQ}{PISER_{nc}}$
吸入室外空气中来自土壤表层气态污染物	致癌风险	$RCVS_{iov1} = \dfrac{ACR}{IOVER_{ca1} \times SF_i}$
	非致癌风险	$HCVS_{iov1} = \dfrac{RfD_i \times SAF \times AHQ}{IOVER_{nc1}}$
吸入室外空气中来自土壤下层气态污染物	致癌风险	$RCVS_{iov2} = \dfrac{ACR}{IOVER_{ca2} \times SF_i}$
	非致癌风险	$HCVS_{iov2} = \dfrac{RfD_i \times SAF \times AHQ}{IOVER_{nc2}}$

暴露途径	风险类型	风险控制值计算公式
吸入室内空气土壤下层气态污染物	致癌风险	$RCVS_{iiv} = \dfrac{ACR}{IIVER_{ca1} \times SF_i}$
	非致癌风险	$HCVS_{iiv} = \dfrac{RfD_i \times SAF \times AHQ}{IIVER_{nc1}}$

五、生态风险评估法

污染土壤的生态风险评价是指确定人为活动或不利事件对生态环境产生危害或对生物个体、种群及生态系统产生不利影响的可能性分析过程。常用的土壤污染物生态风险评价方法主要有地累积指数法和潜在生态风险指数法。而污染土壤生态风险评估的提出与实施则包括3个阶段，即问题的提出、问题分析和描述，技术评估路线一般包括以下几个步骤（见图5.4）。

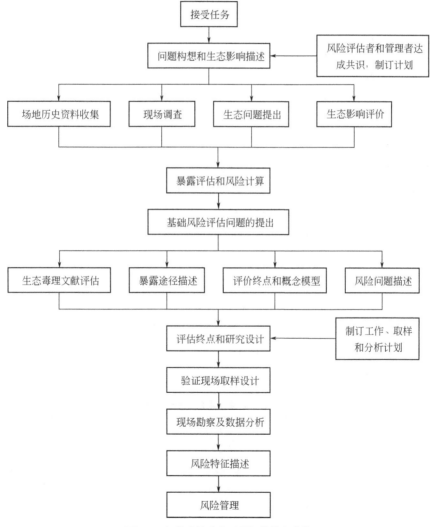

图 5.4　污染土壤生态风险评估技术路线

1. 提出问题和生态影响预评估

提出问题包括：现场调查环境条件和污染物，污染物的变化和迁移，生态毒性和潜在受体，所有暴露途径，评价终点和测定终点。生态影响评估则包括重要毒性数据、剂量换算和不确定性评价。

2. 暴露估计和风险计算

暴露估计主要包括暴露参数（如动物的活动范围、生物可利用率、生命阶段，体重和食物摄入量、食物组成等）的确定，不确定性分析。

风险计算与评估主要包括上述的地累积指数法和潜在生态风险指数法，及常用的熵值法。

（1）熵值法　熵值法（HQ）是最常见的风险定量评价方法。该方法可以确定风险的存在与否，并简单高效地回答风险的高低，可用于筛选水平的评价，其计算公式见式（5.15）。

$$HQ = \frac{D_{\text{OSE}}}{NOAEL} \ \text{或} \ HQ = \frac{EEC}{NOAEL} \tag{5.15}$$

式中　　HQ——损害熵；

D_{OSE}——污染物摄取量，mg/（kg·d）；

EEC——污染物浓度；

$NOAEL$——无有害影响值。

当损害熵＜1时不会引起有害生态影响，当同时出现多个污染物时，需用损害熵之和即有害指数。当有害指数＜1时，表明此组复合污染物不会引起有害生态影响，但损害熵和有害指数＜1并不表明不存在生态影响，而应按照计算值的大小和影响程度进行解释。

（2）地累积指数法　地累积（Index fo Geo-accumulation，I_{gen}）指数法又称 Mull 指数法，是20世纪60年代晚期在欧洲发展起来的广泛用于研究沉积物及其他物质中重金属等污染程度的定量评估与计算方法，其计算公式见式（5.16）。

$$I_{\text{gen}} = \frac{\log_2 C_n}{K \times B_n} \tag{5.16}$$

式中　　C_n——土壤或沉积物中污染物的实测浓度，mg/kg；

B_n——当地土壤污染物含量背景值，或其他指导建议值，mg/kg；

K——常数，考虑成岩作用等可能引起背景值及指导建议值波动的常数，一般取 1.5。

表 5.16 为地累积指数法的分级标准与污染程度划分。

表 5.16　地累积指数法分级标准

环境风险级别	地累积指数范围	污染程度
0	$I_{\text{gen}} \leqslant 0$	无污染
1	$0 < I_{\text{gen}} \leqslant 1$	轻度—中等污染
2	$1 < I_{\text{gen}} \leqslant 2$	中等污染
3	$2 < I_{\text{gen}} \leqslant 3$	中等-强污染
4	$3 < I_{\text{gen}} \leqslant 4$	强污染

环境风险级别	地累积指数范围	污染程度
5	$4<I_{gen}\leq5$	强-极严重污染
6	$5<I_{gen}\leq10$	极严重污染

（3）潜在生态风险指数法 瑞典科学家 Hakanson 于 1980 年提出的潜在生态风险指数法（The potential ecological risk index）是评价土壤重金属等污染物潜在生态风险的一种相对快速、简便和标准化方法。由于综合考虑了多元素的协同作用、毒性水平、污染浓度及生态对重金属的敏感性等多种因素，潜在生态风险指数法得到了较为广泛的应用。其计算公式见式（5.17）～式（5.19）。

$$C_f^i = C^i / C_n^i \tag{5.17}$$

$$E_r^i = T_r^i \times C_f^i \tag{5.18}$$

$$RI = \sum_{i=1}^{m} E_r^i = \sum_{i=1}^{m} T_r^i \times C_f^i = \sum_{i=1}^{m} T_r^i \times \frac{C^i}{C_n^i} \tag{5.19}$$

式中 RI——多种污染物的潜在生态风险指数；

E_r^i——第 i 种污染物的潜在生态风险指数；

C_r^i——第 i 种污染物的污染系数；

C^i——样品中第 i 种污染物质量分数实测值，mg/kg；

C_n^i——第 i 种污染物质量分数背景值，mg/kg；

T_r^i——第 i 种污染物的毒性响应参数。

潜在生态风险指数法评价结果分级如表 5.17 所列。

表 5.17 潜在生态风险指数法分级标准

风险级别	E_r^i	RI	生态危害程度
A	$E_r^i \leq 40$	$RI \leq 150$	轻微
B	$40 < E_r^i \leq 80$	$150 < RI \leq 300$	中等
C	$80 < E_r^i \leq 160$	$300 < RI \leq 600$	强
D	$160 < E_r^i$	$600 < RI$	极强

3. 风险表征和管理

风险表征即在风险定量计算的基础上，根据标准分级方法对风险进行描述和估计，并进行相应的不确定性分析和汇总。在风险大小评估的基础上通过风险管理对风险评价的后果作出风险管理决策。

第三节　土壤污染风险控制

一、污染场地修复过程的环境风险可控性理论基础

（一）风险可控性理论基础

广义来讲，可控系统指凡是人能改变其状态的系统。基于此种理论，包含污染场地修复项目系统在内的大多数人造系统都是可控系统。鉴于可控性对于控制的重要性，即只有系统是可控的，才能达到控制目标，才能针对所选择修复技术的特点，将污染场地的修复置于控制之下。

可控性是现代控制理论中的一个基础性概念。在现实系统中，由于各种不可控环节的存在和对主体的作用，完全可控仅是一种理想状态，现实工程中不可能达到。但是在找到不可控环节，克服其影响，满足工程控制的要求，是每一个工程项目所追求的基本目标。

美国数学家卡尔曼提出控制系统的可控性概念，如果系统的每一个状态变化都能被控制输入所影响，则系统是可控的；反之，如果系统至少有一个状态不受输入的影响，其结果则不可控，系统亦是不可控的（图 5.5）。

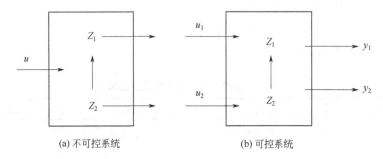

(a) 不可控系统　　　　　　(b) 可控系统

图 5.5　控制系统示意

u、u_1、u_2—输入源；y_1、y_2—输出结果；Z_1、Z_2—系统状态变化

系统的可控性分为状态可控性和输出可控性。对于污染场地而言，由于其不确定因素众多，控制过程和途径也随修复技术种类差别、防护主体差异、工程实施措施和过程多样化等原因存在较大的随机性和结果的不确定性。因此，在现实中对其可控性的要求可主要集中在场地修复实施过程中风险水平目标的总体可控性与过程的适度可控性，以求将项目的总体风险控制在一定幅度之内。

然而对于项目实施过程而言，修复工程在实施过程中环境风险的可控程度可以认为是以下 2 个因素的函数：a. 风险对项目实施的威胁程度，威胁程度越小则实施过程的环境风险可控性越强；b. 项目对环境风险的承受和控制能力，项目对风险的承受和控制能力越强，则该项目的环境风险可控性越强。也就是说，修复工程实施过程中风险是否可控，主要由

该项目的环境风险威胁程度和项目自身的承受能力决定的。通过研究环境风险威胁程度和项目自身的承受能力，可得出项目在实施过程中的环境风险可控性与二者之间存在如图 5.6 中所示关系。

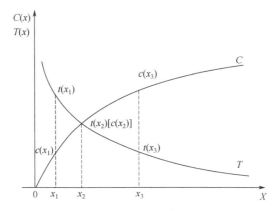

图 5.6 环境风险可控性与环境威胁程度、项目承受能力的关系

图 5.6 中，C 曲线代表修复工程对风险的承受能力曲线；T 曲线则代表风险对修复工程的威胁程度曲线，C 曲线与 T 曲线的交叉点为修复工程对风险的可控性临界点风险。二者的差值即每条曲线上下方所围成的面积分别代表了修复工程对风险的总承受能力和风险对修复工程的总威胁程度，即为该修复工程项目的风险可控性程度。由图 5.6 可知，环境风险可控性的高低与修复工程对风险的承受能力成正相关，而与风险对修复工程的威胁程度成负相关。当在临界点时，对该修复项目而言，风险对修复工程的威胁程度与修复工程对风险的总承受能力相当，此时为临界可控。而对于临界点右方的风险，由于修复工程对风险的承受能力大于风险的总威胁程度，故为可控风险。同样的，对于临界点左侧的风险，由于修复工程对风险的承受能力低于风险的威胁程度，故为不可控风险。

（二）污染场地修复过程中的环境风险可控性

环境风险（environmental risk）是自然原因或人类活动引起的，通过自然环境传递，降低环境质量，从而能对人类健康、自然生态环境产生损害或带来有害影响的事故的潜在性，包括了不利环境事件发生的概率和事件发生的后果，即事故发生的可能性及其产生的危害两个方面。

基于场地修复过程中污染物的存在形态和受体可能的接触途径，污染场地的环境风险可控性指标体系：a. 基于风险控制论的场地污染物的环境风险识别，确定其风险来源；b. 场地污染物的环境风险源项分析，分析最大可信风险及其概率；c. 场地修复工程典型修复环节的污染物的环境风险评价，计算风险值并判定风险程度；d. 场地修复过程中产生的环境污染物的环境风险可控性评价，确定环境风险的可控性水平；e. 基于风险控制优先次序，针对修复典型环节展开环境污染物环境风险控制。

场地修复过程中环境污染物的环境风险可控性指标体系框架如图 5.7 所示。

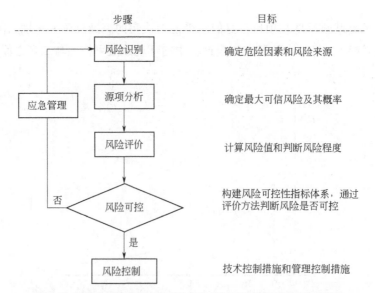

图 5.7　场地修复过程中环境污染物的环境风险可控性指标体系框架

二、污染场地修复环境风险控制体系

污染场地修复环境风险控制是指根据污染场地修复环境风险的评价结果,按照污染场地管理与修复等相关的法律法规及标准,利用费用和效益等综合进行分析,确定可接受风险度和可接受的损害水平;根据政策分析及社会经济和政治因素影响,决定科学可行的管理及技术措施,以降低或消除环境风险水平,保护人群健康与生态系统的安全,从而实现场地修复环境风险进行控制。

从根本上讲,污染场地修复环境风险控制是权衡经济、社会发展与环境保护之间相互关系,根据现有经济、社会、技术发展水平和环境状况做出的综合决策过程,因此增强对其预测的能力则可以在很大程度上降低风险发生的概率,是一种最经济、有效的控制。然而现代风险的复杂性使其已经超过了单一系统而扩散到全社会,同时由于污染场地的特殊性,许多公众危害事件均与污染场地相关,更提高了其公众关注程度。因此,导致污染场地的修复及其可能存在的二次环境风险受到了广泛关注,使其在风险控制和管理中也不可避免地受到公众参与的影响。因此应充分发挥咨询机构、新闻媒体和各种非政府组织(NGOs)等与特定污染场地修复工程项目无直接利益关系的群体的积极参与和监督作用,在政府、修复工程实施方、场地周边居民及其他相关人员之间建立起良好的互信关系。

(一)污染土壤环境风险控制工作流程及决策框架

污染场地修复环境风险控制应针对污染场地调查、场地修复及其后续环节,按照规范的流程进行风险控制(图 5.8)。

在污染场地初步调查的基础上,应尽快完成污染场地状况全面调查,摸清全国污染场地的场地类型、土壤特征、重点区域分布和危害等基础信息,初步建立全国污染场地土壤环境监测网络,为污染场地进行全国统一的土壤环境管理提供依据,提高污染场地土壤环境管理的前瞻性和目标规划性，促进污染场地土壤环境管理向目标管理转变尽早建立《国家污染场地数据库》及《国家优先控制污染场地名录》，并对数据库进行定期及时更新，以准确并动态地掌握我国污染场地的区域分布、时空分布、污染面积、污染类型和污染程度等方面的统计数据。另外，鉴于挥发性有机化合物（VOCs）的高生物毒性，其风险的发生经常伴随严重的危害，故制定应急预案是对可能发生的风险的后果和危害最大程度的避免，对修复工程过程中 VOCs 的环境风险控制有重要的意义。

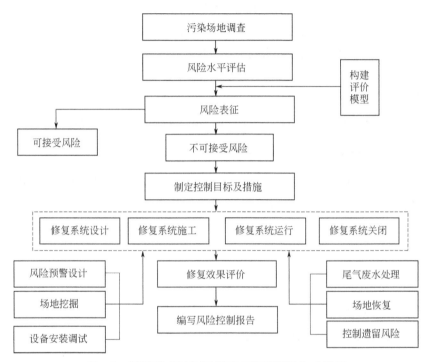

图 5.8　典型污染场地修复过程的环境风险控制工作流程

综上所述，污染场地修复环境风险控制体系包括污染场地调查、风险评价、制定控制目标及措施、修复系统工程设计与施工、控制系统运行和尾气废水处理，修复系统关闭等过程中的风险环节及其控制方法，其决策技术包括场地风险识别和判断、风险评价、场地管理决策、场地修复方案选择和评估，修复行动的实施和运行以及场地的修复效果评价和后期管理等。场地的所有者、开发商、企业、专家顾问、监管机构、财政资助实体、周边的利益相关者、甚至更加广泛的社会公众等都有可能会参与到工业搬迁遗留场地风险决策中来。可以通过技术手段如改进修复系统设计和运行参数来对污染物加入控制的措施均可称为技术控制方法。工业搬迁遗留场地环境风险管理的技术支撑体系应包括土壤环境质量标准、场地环境风险评价及环境修复的技术导则和规范、污染场地信息管理系统等主要针对于修复工程实施过程中的技术风险。

（二）污染场地修复环境风险控制原则

在修复工程实践中，根据污染物的特点和修复技术的种类，在修复环境风险管理整体框架范围内，以环境风险控制为核心，对其进行综合管理。场地修复过程中污染物环境风险控制应遵循以下原则。

（1）控制手段具有充分性　根据控制论原理，系统要具有可控性，必须选择足够多的控制手段，以确保对系统所有状态产生影响，以达到所有输出的可控。若控制手段不够，造成某些状态不能被控制手段所影响，则某些输出项可能不可控，就不能保证系统初始状态向期望状态转移，则达不到控制目标。

（2）控制手段具有经济性　场地修复过程中污染物的环境风险控制措施亦是修复成本的重要一环，其经济性强弱决定了修复的成本和可行性，是必须要考虑的因素。因此，应在保证其环境风险可控的前提下减少不必要的控制手段，以保证污染物环境风险控制对整个修复工程所带来的经济、社会、环境等收益或综合收益大于其控制成本。

（3）修复工程全程风险控制　鉴于一般修复技术与工程中污染物环境风险的产生是涉及从开挖到工程关闭的全过程，所以应从决策阶段就开始控制手段的介入与配合，对风险的产生、成长、爆发以及风险后果等进行全面的控制与管理，从而提高风险的可控性。

（三）污染场地修复环境风险控制实施途径

根据场地的风险评价结果，明确场地环境风险水平时，应采取不同水平的风险管理方法减轻风险的危害。减轻风险的最终危害可从以下两个途径进行：a. 对场地中的污染进行控制；b. 对受体进行管理。

1. 污染物风险控制

应用新技术可使修复工程实施过程中污染物的产、排时间或浓度降低，从而从总量上减少污染物的产生，切断风险生成链，从而控制修复过程中风险水平。例如，对土壤气相抽提（SVE）修复系统，可通过强化尾气净化效率和气液分离效率等减少 VOCs 排放，减少风险对主体的压力，达到提高其风险可控性的目的。

依据场地风险评价，建议的控制手段有不采取行动、场地监测和管理或修复 3 种。

（1）不采取行动　若风险评价结果得出场地没有潜在的风险，并且能确保场地中的人群与环境可以得到充分的保护，则可以考虑不采取进一步的修复治理行动。

（2）长期监测　若风险评价认为当前场地中没有不利的风险，但因数据的不确定性和其他因素可能会导致风险随着时间推移发生改变，此时需要对场地进行长期监测。长期监测计划必须根据场地特定的条件制定，由有资质的人员定期进行。如果监测结果超过修复目标，应该报告超过的数额并重新评估修复行动计划以便采取应变措施。还要考虑是否需要再一次修复。

（3）修复或治理　若风险评价认为场地中存在潜在的风险，则可能要作出进行场地管理或修复的决定。场地管理包括为将风险降低到可以接受的水平而采取的主动控制措施，如隔离、固定、封闭等，修复也是场地管理的一种方式。

2. 受体管理

对风险受体管理的主要策略是风险分离策略，即采取相关措施避免受体与风险的接触，主要包括隔离风险因素和提高个体防护。

（1）隔离风险因素和危害对象　应尽量避免受体在潜在风险区域内出现，可通过在污染场地周边设置物质障碍、隔离带及警告标示，阻止非工作人员入内，隔离人员同风险因素的接触，从而降低风险主体的健康风险水平，亦可达到提高风险可控性水平的目的；

（2）提高个体防护　修复工程设计、运行、实施及关闭等不同阶段，受体具有不同暴露频率、暴露途径和暴露量，针对性提高其个体防护水平，尽量使风险区域内的受体降低风险危害，亦可降低其风险水平，同时要求进入风险区域的人员必须接受相应的培训或是相关的专业人员，且需按照要求穿戴个人防护用具，从而提高污染物的环境风险可控性水平。根据环境风险分区理论，对处于修复场地不同风险区的人员进行相应的隔离防护措施（表5.18）。

表5.18　修复场地不同区域划分的隔离防护

风险区域	个人防护
安全区	一次性防护服；铁头靴；安全帽；耳塞（如果需要）；防护眼镜；安全背心；施工手套。
吸入反应区	全面式正压防毒面具（带滤盒）；一次性防护服；铁头靴；安全帽；耳塞（如果需要）；防护眼镜；安全背心；施工手套。
禁止区	立即停止作业，疏散工作人员，采取措施降低污染物浓度（如强制通风、喷洒抑制剂等），直到污染物浓度降低到可接受水平

三、污染场地修复环境风险控制方法

（一）技术控制

在污染场地修复环境风险控制实践中，技术控制方法主要针对目标污染物的消减，从根本上减轻污染物对人体健康的危害。污染场地环境风险技术控制方法从修复原理上可分为物理方法、化学方法和生物方法三类。通过对美国583个原位修复工程案例的调查，土壤蒸汽抽提技术是主流技术，约占23%，其次为生物修复约占6%，多相萃取与固定/稳定化技术各占5%左右。而对于597个异位修复工程案例而言，固定/稳定化技术最为常用占17%，其次为焚烧约占9%，热脱附技术占6%左右。我国应用比较成熟的修复技术是以挖掘后异位处理处置为主，包括填埋和水泥窑共处置技术等。这些修复技术在实验室的研究进展尤其是现场的成功应用，在降低污染物浓度从而控制污染物环境风险上起到了至关重要的作用。在污染场地修复及其环境风险控制的技术实践过程中，各种不同原理及联合修复技术的应用在恢复。

（二）工程控制

工程控制主要是利用工程措施将污染物封存在原地，限制污染物迁移，切断暴露途径，降低污染物的暴露风险，保护受体安全。

1. 工程控制定义

工程控制（engineering controls）的定义有多种。美国加利福尼亚州环境保护局（California EPA）给出的定义：用于控制危险物质迁移，预防、最小化或减轻危险物质释放可能导致的危害的措施，包括覆盖、密封、堤坝、壕沟、渗滤液收集和处理系统、地下水封存阻隔系统等。

美国俄亥俄州环境保护局（Ohio EPA）给出的定义：工程控制包括围栏、覆盖系统、景观美化等。工程控制必须满足以下标准：a. 有效消除或减轻所有受体的暴露风险；b. 满足风险控制目标和相关应用标准；c. 适应场地的气候条件，不影响场地现有活动；d. 在合理的时间内工程措施必须能达到一定的标准；e. 能够被监测，并按照计划运行和维护。佛罗里达污染土壤论坛工程控制讨论组（Florida Contaminated Soils Forum Engineering Controls Focus Group）给出的定义：工程控制为人为设的封存阻隔墙和系统用于控制污染物向下迁移，表层渗滤和降雨入渗作用下的污染物迁移以及污染物在地下的自然渗滤和迁移。

综合上述定义，将工程控制措施概括为：通过各种工程技术措施，限制污染物的迁移（表层迁移和地下迁移），切断污染源与受体之间的暴露途径，以达到降低污染风险和保护受体安全的污染物阻隔系统。

2. 工程控制的主要类型

场地污染物迁移扩散的途径主要有地表迁移和地下迁移。污染物地表迁移包括污染物挥发、尘土和植物富集等。污染物地下迁移主要是伴随着地下水流动而发生的。因此，与污染物迁移途径对应的工程阻隔措施有水平阻隔、垂直阻隔。

（1）水平阻隔 水平阻隔系统或水平覆盖层也称为表层阻隔。其主要功能或目的是将污染物与人、动物和植物隔开；抬高地面以提供适当的坡度，促进地表水径流，减少地表水渗透到地下，造成污染物的迁移；控制污染物质排放的气体。典型的水平阻隔系统通常由 6 个基本层组成，自上到下分别为表层、保护层、排水层、阻隔层、气体收集层和基础层。阻隔系统的层数是与场地特征有关的，并不是任何场地所有层都必须具备。例如，在干旱场地就不需要排水层，但所有阻隔系统都必须有表层。

（2）垂直阻隔 垂直阻隔主要是利用地下阻隔墙体封存污染物或改变地下水流向以达到控制污染的目的。根据场地水文地质条件和污染物的分布特征，垂直阻隔墙需建设成不同的形状。垂直阻隔墙的水平形状可以是环绕型、上坡型或下坡型。阻隔墙的垂直形状可以延伸到地表或嵌入到低渗透性岩层。当污染物主要随地下水流迁移时，适宜采用悬挂型阻隔墙。悬挂型阻隔墙可以延伸到地下水位以下将污染物环绕起来，必要时在内部抽取地下水以降低水力梯度。当地下水的流动情况不清楚或地下水在各方向都有流动时使用环绕型。上坡型指阻隔墙建在污染区上游，阻止地下水流过污染物而导致扩散；下坡型指阻隔墙建在污染区下游，用于让地下水流过污染区域冲刷污染物，通常需要与地下水抽提相结合。

根据垂直阻隔墙的建筑材料和施工方式，垂直阻隔措施可分为泥浆墙（slurry walls）、灌浆墙（grouting walls）、板桩墙（sheet pile walls）、土壤深层搅拌（deep soil mixing）、土工膜（geomembranes）、衬层技术（liners）等。泥浆墙的建筑材料有黏土、膨润土、水泥、混凝土、粉煤灰等，其建设方法是进行土壤开挖形成深沟，然后利用低渗透性材料进行回填，通过夯实，形成低渗透性的连续墙体。灌浆墙是将适当的物质灌入砂土、岩石和人造建筑物，从而降低被灌物的渗透性并提高强度，根据泥浆喷灌的方式，灌浆墙可以分为压力灌浆、振动梁灌浆和喷射灌浆等。板桩防渗墙是将钢板、预制混凝土、铝或木材用打桩机垂直打入地基以形成地下阻隔墙。土壤原位搅拌是使用一组深层搅拌机将污染场地的土壤和固化剂（通常是膨润土或水泥浆）强制搅拌，利用固化剂和土壤发生一系列物理、化学反应，凝结成具有整体性、水稳性好、强度较高的连续墙体。土工膜是利用低渗透材料来阻隔污染物的迁移，土工膜作为垂直阻隔墙常用的材料是高密度聚乙烯（HDPE）。最常见的安装方式为：水平阻隔的土工膜通过水平延展或垂直下伸与垂直墙的土工膜形成垂直密封，土工膜的下端嵌入弱透水层。

在实际污染场地修复应用中通常的工程策略为水平阻隔和垂直阻隔相结合，这是因为大部分污染场地为复合污染，在控制污染物随地下水迁移的同时要阻止挥发性有机物在场地表层的扩散。垂直阻隔墙技术中，通常 83.33%的场地会采用泥浆墙技术，应用板桩墙和振动梁技术均只占 5.56%左右。泥浆墙建筑材料以土壤-膨润土为主，应用比例高达 86.67%。其他几种材料类型如水泥-膨润土、黏土、混凝土等应用则相对较少。水平阻隔系统中，RCRA 阻隔层应用最广，约占 64.29%。黏土阻隔系统与土壤阻隔系统应用比例相对较小，均只占 14.29%。

（三）制度控制

1. 制度控制的定义与类型

制度控制是一种非工程的措施，如行政和法律控制，这有助于减少污染物对人类和环境的暴露风险，保护修复措施的完整性。制度控制可以通过限制公众对土地或资源的使用，引导公众在场地上的行为，减少污染物对人类和环境的暴露风险。制度控制是场地修复过程中一个关键组成部分，场地管理者可通过制度控制短期甚至长期保护人类健康和环境。通常用于配合，而不是替代工程措施，它可以应用在修复过程的各个阶段来完成与修复有关的不同目标；制度控制应该是"分层"（即使用多重制度控制）或一系列并联实施，提供强化的保护。

制度控制需满足以下标准：a. 保护人体健康和环境；b. 达到不同介质的修复标准或者遵守固废管理的相关标准；c. 控制源的释放，从而降低或消除进一步释放危险废物可能引起的风险。

根据不同的目的，美国的制度控制包括 4 种类型：a. 所有权控制；b.政府控制；c. 执法和许可证；d. 信息控制。具体内容包括：所有权控制是指控制土地使用等措施，本质上属于私有权，通过土地的拥有者和参与治理的第三方签订的私人协议来实现，美国的国家和州法律授权所有权控制，常见的例子包括地役权限制使用和限制性契约；政府控制是指运用政府实体的权利限制土地或资源的利用，典型例子有分区、建筑法规、州、当地政府的地下水使用条例等；执法和许可证工具是法律工具，例如行政命令、许可证、联邦设施协议、同意的律例；信息工具提供信息通知，通告所记录的场地信息，劝告当地社区、游客或者其他利害关系人场地上存在残留的污染，这种信息工具不提供强制性限制，典型的信息工具包括污染场地的政府登记备案、行动通知、跟踪系统、贝类/鱼类消费报告等。美国的制度控制体系见表 5.19。

表 5.19　美国制度控制相关指南

时间	指南
2000 年	《制度控制:超基金和 RACA 校正行动场地上识别、评估和筛选制度控制的场地管理者指南》
2005 年	《制度控制:理解超基金、棕地、联邦设施、地下储罐和 RACA 场地修复中制度控制的公民指南》
2010 年	《污染场地制度控制的计划、实施、维护和执行指南》
2011 年	《制度控制的推荐评估："综合五年回顾指南"的补充》

建议针对我国污染场地的类型、特征和重点区域，进一步全面统计分析汇总我国污染场地信息，实施污染场地信息系统工程，建立一系列不同类型污染场地数据信息共享平台，建立《重金属污染场地数据信息共享平台》《有毒有害有机物污染场地数据信息共享平台》等，准确并动态地掌握我国污染场地的区域分布、时空分布、污染面积、污染类型和污染程度等方面的统计数据，初步实现污染场地土壤环境管理的规范化、自动化和信息化。为开展我国污染场地的管理、修复和治理研究奠定良好的基础。

对化工厂场地的修复应在施工开始之前，根据预测模型对污染物浓度分布进行预测，并根据现场施工过程中根据实测结果，结合污染物可能的产生和扩散路径，按照工业场所职业健康规定的允许暴露浓度，对场地进行风险级别分区，根据风险级别分区可以保证相应区域内的工作人员得到相应保护，施工和污染可以控制在特定区域内，人员及时疏散。常用的分区方式包括以下几种：

① 禁止区：重度污染区，本区内人员如无防护，持续暴露时间超过 15min 会产生急性中毒症状。

② 吸入反应区：轻度污染区，本区内人员如无防护，持续工作 8h 会产生中毒症状。

③ 安全区：非污染区，工作人员在此区域工作 8h 不会产生健康危害。

2. 制度控制的实施周期

制度控制的分层使用或一系列集合使用通常是加强风险防护的有效的方法。例如，场地修复管理者可以使用行政命令或许可条件，在场地调查过程中禁止进行场地的开发。之后，场地管理者可以增加一个同意法令或许可证，要求污染场地在开发利用前需通知相关管理单位。

制度控制整个实施的生命周期包括计划、实施、维护和执行。

（1）计划　主要是建立制度控制，包括筛选制度控制的类型，选定制度控制的负责机构，确定制度控制完成的标准，分析可能影响制度控制有效性的因素，并估计成本和寻找资金来源。

（2）实施　包括特定文件的起草和签署，安排污染源的监测、监控，寻找技术和法律支持。

（3）维护　包括监控和报告，考核和评估制度控制是否仍在实施，是否符合地方规定的目标。

（4）执行　当制度控制实施不当、疏于监控或报道不实等违反行为发生时，需采取行动。

思考题　　1. 熟悉并掌握《土壤环境质量　农用地土壤污染风险管控标准（试行）》的目标、内容和土壤污染风险筛选值和管制值的使用要求。

2. 熟悉并掌握《土壤环境质量　建设用地土壤污染风险管控标准（试行）》的目标、内容和土壤污染筛选值和管制值的使用要求。

3. 简述我国土壤环境法律法规体系的构成。

4. 土壤污染风险评估有哪些类型？各自特点如何？

5. 土壤污染人体健康风险评估的主要步骤有哪些？

6. 掌握土壤污染生态风险评估的技术构架与主要方法。

第六章

污染土壤修复技术

随着人类对化学品的依赖程度越来越高，环境污染状况也日趋严重。据联合国环境规划署（UNEP）1990 年的报告（IRPTC）指出，每年有 3 亿~4 亿吨有机物进入环境，其中大部分进入了土壤环境，土壤生态系统成了有机污染物的最大受体。土壤有机污染不仅对作物产量和品质具有不良效应，还能通过食物链对人类健康构成重大威胁，并通过迁移、转化对大气、水等其他环境产生不利影响。尤其是从 20 世纪后半期开始一直持续至今，在国内外均时有发生的与土壤污染相关的公害事件，如美国 20 世纪 70 年代爆发的美国拉夫（Love）运河事件、中国武汉"毒地"事件等，更是将污染土壤和其修复推到了公众的视野中来。鉴于土壤污染的严重危害及土地资源的日益紧张，世界上许多国家特别是发达国家纷纷制定了土壤整治与修复计划。20 世纪 80 年代初，常规的挖掘和填埋处置方法，以费用低、见效快的优势得到广泛应用。然而，随着填埋场面积的迅速减少，无有效的空间新建填埋场等难以克服的现实问题，此处置方法丧失了对企业、公众、管理者的吸引力。因此，自 20 世纪 80 年代末起，鼓励研究具有长期效率的污染土壤处置技术和措施，利用经济、有效的控制技术处理土壤中的复杂污染物，降低其对人类健康和环境的危害。为此，荷兰在 20 世纪 80 年代花费约 15 亿美元进行土壤的修复研究，德国在 1995 年投资约 60 亿美元净化土壤，美国 20 世纪 90 年代用于土壤修复方面的投资约有数百亿美元。进入 21 世纪后，土壤污染防治成为土壤和环境科学领域中的一个重要方向，随着点源污染逐渐得到控制，污染土壤的修复已经提到日程上来。2008 年作为中国污染土壤修复的正式开端，发展至今已经形成了以风险防控为目标的污染土壤修复和风险管控系列技术，建成了以效率高、适用性强、修复后土壤安全再利用为导向的技术与环境管理体系。

第一节　污染土壤修复概念与分类

污染土壤修复是一个范围很广的概念，从土壤污染的绝对定义、相对定义和综合性定义等不同定义方式出发，污染土壤修复亦有不同的内涵。总体上，一般可将通过各种技术手段促使受污染的土壤恢复其基本功能和重建生产力的过程理解为污染土壤修复（陈怀满，2010）。《建设用地土壤修复技术导则》则规定土壤修复（soil remediation）是采用物理、化学或生物的方法固定、转移、吸收、降解或转化地块土壤中的污染物，使其含量降低到可接受水平，或将有毒有害的污染物转化为无害物质的过程。随着污染土壤风险评价与控制的广泛应用，所有降低土壤环境风险、减轻土壤环境中污染物危害的相关技术、措施等均可归入污染土壤修复的技术体系。另外，鉴于土壤环境具有一定的自净作用，在自然循环的情况下可在一定程度上保持土壤缓冲体系的清洁，而各种人工的污染土壤修复技术也是在土壤自净机理的基础上，模拟土壤环境的自净作用和过程，从而对其进行强化处理。

土壤生态系统是一个高效"过滤器"，其净化功能包括：a.自然条件下绿色植物根系的吸收、转化、降解和生物合成作用；b.土壤中的细菌、真菌和放线菌等微生物和动物的降解、转化和固定作用；c.土壤有机、无机胶体及其复合体的吸附、配位和沉淀作用；d.土壤的离子交换作用；e.土壤和植物的机械阻留作用；f.土壤的气体扩散和挥发作用。

然而，土壤自身的净化能力和速率通常满足不了污染给环境造成的压力，人们开始重视土壤污染治理和修复技术的研究。在土壤自净作用的基础上，针对受污染土壤的污染特性、土地功能的特点等，采取各种物理、化学、生物学及其复合作用方式与技术对污染土壤进行修复与净化。目前广泛应用的污染土壤修复技术体系，按照修复技术开展的原理主要包括物理修复技术、化学修复技术和生物修复技术等，同时还包括修复技术的集成或联合。

（1）物理修复技术　以物理手段为主体的移除、覆盖、稀释、热挥发等污染治理技术。主要包括物理分离技术、翻土/客土、土壤蒸气浸提技术、固化/稳定化技术、玻璃化技术及热力学修复技术等。

（2）化学修复技术　利用外来的，或土壤自身物质之间的，或环境条件变化引起的化学反应来进行污染治理的技术。主要包括化学氧化法、化学淋洗法、化学改良剂、溶剂浸提技术等。

（3）生物修复技术　广义的生物修复是指一切以生物为主体的环境污染治理技术，包括利用植物、动物和微生物吸收、降解、转化土壤中的污染物，使污染物的浓度降低到可接受的水平；或将有毒、有害污染物转化为低毒、无害的物质。广义的生物修复包括微生物修复技术、植物修复技术和以土壤动物为功能主体的修复技术。而狭义的生物修复则是特指通过微生物的作用吸收、利用或消除土壤中的污染物，或是使污染物无害化的过程。

物化处理技术由于成本较高，易造成二次污染、治理不彻底等，通常作为事故应急处理技术。对于污染程度深、范围广的污染土壤，物化治理技术具有难以克服的缺点。相比之下，生物技术因费用低、不易造成二次污染、对土壤结构破坏度小等优点受到普遍的关注和重视。

另外，按照污染土壤修复实施的场址，可将其分为原位修复（in-situ remediation）和异位修复（out-side remediation）。其中原位修复指的是在污染场地原址开展的修复，而异位修复则是指将污染土壤移出，在其他地方开展的修复。在污染土壤修复的实践中，原位修复和异位修复均具有广泛的应用，国内外成功开展的污染土壤修复案例也包含了上述两种形式的修复工程。实际应用中，原位修复因其不需开挖，对土层不产生扰动和破坏，同时可节约大量的土方量，具有成本低、不影响土壤功能等优点，是现场工程可优先考虑的修复方式。而异位修复由于其污染物去除彻底、便于进行污染物去除过程和机制研究等优点，也得到了广泛的研究和应用，尤其对于污染程度深、危害大和特殊的污染物，异位修复具有不可比拟的优势。

鉴于土壤介质的非均质各向异性带来的土壤污染体系的复杂性和土壤污染的特殊性，单一的修复技术往往难以达到有效修复和净化的目的。另外，在土壤体系中，物理、化学与生物学过程本身也是难以截然分开的，是土壤生态系统中自然存在的过程。因此，污染土壤的联合修复在实际污染土壤的修复工程和修复技术体系中就经常涉及和采用，其主要原理包括了物理-化学的联合、化学-生物的联合，以及物理-化学-生物的联合，在土壤环境体系中通过多种作用机制与过程，综合去除土壤环境中的污染物，对污染土壤进行修复与净化。

第二节　物理修复技术

物理修复技术是指充分利用污染物在土壤的吸附、扩散等物理学规律，以物理过程对土壤中的污染物进行清除。物理修复技术在目前国内外污染土壤修复案例中有不少成功开展的应用，尤其是在高浓度、应急性事故处理和修复中集中体现出其修复彻底、效果好、周期短等优点，对于防止土壤环境中污染物的扩散，将危害降到最低水平起到了重要的作用。

一、物理分离

物理分离技术是应用在化工、采矿和选矿工业中成熟的物理技术对污染土壤中的污染物进行分离的技术。其在污染土壤修复中的应用主要是根据土壤介质与污染物的物理特性不同而开展的：a. 根据粒径的大小，采用过滤或微过滤的方法进行分离；b. 根据污染物与土壤颗粒在分布、密度大小等方面的差异，采用沉淀或离心分离；c. 根据磁性的有无和大小，以磁分离手段分离土壤中的污染物；d. 根据表面特性的不同，采用浮选法进行分离。

适于用物理分离技术进行分离和修复的污染土壤，一般其污染物在密度、磁性、粒径、表面特性等方面与土壤颗粒均具有较明显的差异，因此，一般物理分离技术常用于土壤中无机污染物的分离，如用重力分离法除汞，以膜分过滤法分离金、银等贵重金属等。物理分离技术一般适用于污染物具有较高浓度且存在于具有不同物理特征的相介质中，当进行干污染物筛分处理时应注意粉尘，另外固相介质中细粒径部分和废液中的污染物需进一步处理。

在实际应用过程中，常常将物理分离技术与其他修复技术集成，作为其他修复技术方法的预处理或前处理。例如，重金属等污染物一般吸附于土壤胶体颗粒上，因此利用物理分离技术将砂、砂砾等从黏粒和粉粒中分离出来，将黏粒和粉粒等主要吸附污染物的部分缩小体积、浓缩污染物，再利用其他化学、生物学、物理修复等措施进一步处理。

以美国路易斯安那州炮台港受铅和其他重金属污染的射击场土壤的修复为例，此污染场地的修复技术采用的是物理分离技术和酸淋洗技术结合的集成修复。其中，物理分离技术用以去除土壤中颗粒状存在的重金属，而酸淋洗技术则用以洗脱掉以较细颗粒状吸附于土壤基质上的重金属，即以物理分离技术做预处理，通过物理分离，将土壤中的弹头、大块金属等以筛分方式去除，同时可回收重金属。而土壤颗粒中的粗质部分则通过矿物筛以重力分离的方式去除粒径较小的重金属。将预处理后的土壤用乙酸淋洗以去除吸附态的重金属，从而达到整体的污染土壤净化。

图 6.1 为该射击场污染土壤修复方案的物理分离预处理部分。

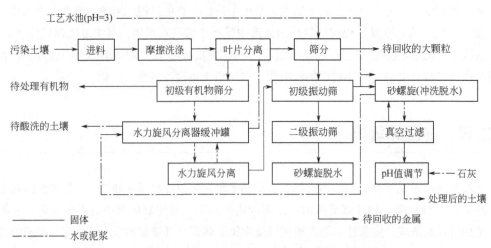

图 6.1　路易斯安那州炮台港射击场土壤物理分离预处理技术方案

二、气相抽提技术

（一）概述

土壤气相抽提技术（soil vapour extraction，SVE），又称土壤蒸气浸提技术，是利用物理方法去除不饱和土壤中挥发性有机组分污染的一种原位修复技术，利用真空设备或鼓风设备产生压力差驱使空气流过污染的土壤孔隙，从而夹带挥发性有机组分流向抽取系统，抽提到地面后收集和处理。为增加压力梯度和空气流速，很多情况下在污染土壤中也安装若干空气注射井。该技术是 20 世纪 80 年代最常用的土壤及地下水有机物污染的修复技术，有成本低、可操作性强、可采用标准设备、处理有机物的范围宽、不破坏土壤结构、不引起二次污染等优点。但所受影响因素较多，例如土壤的渗透性、土壤湿度及地下水深度、土壤结构和分层、气相抽提气体的流量和流速、蒸汽压与环境温度等，尤其是土壤的渗透性，对土壤气相抽提法处理效果的影响很大。土壤气相抽提技术一般适用于去除不饱和土壤中挥发性有机化合物（VOCs）或半挥发性有机污染物（SVOCs），如汽油、苯和四氯乙烯等污染土壤的修复和治理。该技术一方面需要把清洁空气连续通入土壤介质中；另一方面土壤中的污染物以气体形式随之被排出。这一过程主要通过固态、水溶态和非水溶性液态之间的浓度差，以及常常通过土壤真空浸提过程引入的清洁空气进行驱动，因此有时也将其称为"土壤真空浸提技术"。

SVE 技术按其采取的具体工艺和修复技术实施的场址可分为原位土壤气相抽提技术和异位土壤气相抽提技术。其中原位土壤气相抽提技术一般主要用于亨利系数大于 0.01 或蒸汽压大于 66.66Pa 的挥发性有机化合物，同时也可用于土壤中油类、重金属及其有机物、PAHs 或二噁英的去除，其一般的运行和维护所需的时间为 6～12 个月；而异位土壤气相抽提技术在修复实践中常用于处理挥发性有机卤代物和非卤代污染物污染土壤，其通常处理单批污染土壤的时间周期为 4~6 个月。图 6.2 为原位土壤气相抽提技术的一般构成。

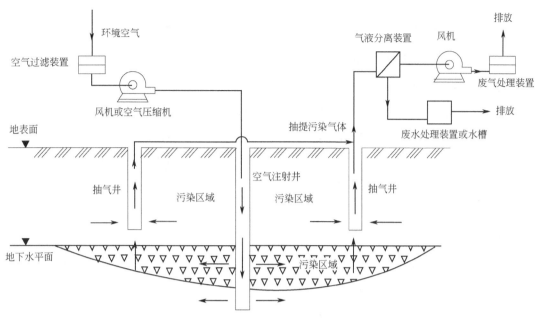

图 6.2　原位土壤气相抽提技术体系的一般构成

SVE 技术具有成本低、可操作性强、可采用标准设备、处理有机物的范围宽、不破坏土壤结构和不引起二次污染等优点，是美国环保署（USEPA）推荐的绿色修复技术之一。研究表明，应用 SVE 技术可使土壤体系中苯系物等轻组分石油烃类污染物的去除率达 90%。深入研究土壤多组分 VOCs 的传质机理，精确计算气体流量和流速，解决气提过程中的拖尾效应，降低尾气净化成本，提高污染物去除效率，成为优化土壤蒸汽浸提技术的迫切需要。

（二）SVE 技术的系统及其修复过程

SVE 技术作为一种现场修复技术，用于从渗流区土壤中去除挥发性污染物。空气流被导入污染土壤中，在蒸汽抽提出口使用真空泵抽取，从而在土壤中形成压力梯度。随着土壤蒸汽通过土壤孔隙迁移到抽取出口，VOCs 便挥发，从地下土壤中被转移出来。在处理有机污染土壤时，SVE 技术系统优于其他修复技术的地方是安装和操作系统相对简单，所需设备少。

建造 SVE 系统的第一步是在污染区域安装蒸汽抽提井和注射井（或空气通风口）。空气注射井使用空气压缩机强制空气进入地下；空气通风口的功能和空气注射井一样，但它是被动的，仅仅为空气进入地下提供一个通道。在注入的空气通过土壤到达抽提井的过程中，污染物从土壤颗粒的空隙间蒸发出来，随空气被抽出而去除。蒸汽抽提井可以垂直设置或水平设置。典型的是垂直设置在土壤不饱和区域。

由 SVE 过程抽提出蒸汽的处理技术有活性炭吸附、焚烧、催化氧化或者浓缩。其他的方法，如生物处理和紫外氧化，也已和 SVE 系统结合使用。处理类型的选择取决于污染物的性质和浓度。

活性炭吸附广泛用于处理污染蒸汽，适合于处理大多数挥发性有机化合物。当设计和操作适当时，SVE是一个安全、维修费用低的处理过程。防爆装置适用于处理具有潜在爆炸性的抽取气混合物，这种情况在一些土壤填埋厂或汽油泄漏场地可以遇到。

（三）SVE技术的适用条件

总体上，SVE技术适用于具有一定挥发性的污染物，且要求土壤的渗透性一般较高，其具体适用条件包括以下几个方面：a. 所治理的污染物必须是挥发性或半挥发性有机化合物，蒸汽压应低于0.5Torr（1Torr=133.322Pa）；b. 污染物必须具有较低的水溶性，且土壤温度不可过高；c. 污染物必须在地下水位以上，但将SVE技术扩展应用于地下水修复如双相抽提则不受此限制；d. 被修复的污染土壤应具有较高的渗透性，对于容重大、土壤含水量大、孔隙度低、渗透速率小的土壤，土壤蒸汽迁移会受到很大限制，不适用此技术。

（四）SVE系统增强技术

当污染物或土壤性质限制了SVE技术的处理效果，或当污染物存在于饱和土壤中时，需要考虑增效技术。下面简要介绍5种常用增效技术。

（1）空气注射（air sparging）　它可以和SVE技术结合使用，用于处理VOCs类污染物，例如存在于饱和区的汽油、有机溶剂和其他挥发性污染物。空气注射系统将空气注射入污染区域下方的饱和区。空气通过饱和区的土壤缝隙并携带挥发出来的污染物上升进入不饱和土壤，接着在那里被SVE系统去除。空气注射也增加了地下水的溶解氧浓度，这样加强了地下需氧可降解化合物的生物降解。

（2）双相抽提（dual-phase extraction，DPE）　即从地下抽取污染蒸汽，也抽取地下水，从而加强了污染物的去除。DPE从同一个孔道去除污染蒸汽和地下水。连接于孔道的真空泵从不饱和土壤中抽取污染蒸汽，同时携带污染的地下水，接着将地下水从蒸汽中分离出来，采用标准的地面水处理方法进行处理。在一个DPE井作用下的区域，地下水平面下降，从而使毛细管边缘和先前是饱和的土壤暴露于抽提真空中，使这些土壤比传统的SVE系统能取得更好的修复效果。

（3）直接挖掘（directional driling）　直接挖掘技术允许SVE技术在垂直挖掘技术不易接近的区域应用。按照污染区域的几何特征，直接挖掘可以增加单一抽提井或注射井的影响区域。直接挖掘通过在垂直井系统的孔道中减少空气短路也增强SVE效果。

（4）气力和水力分裂（pneumatic and hydraulic fracturing）　气力和水力增强技术通过造成裂缝或填沙缝隙增加了SVE技术在低渗透性土壤的效果。气力分裂将空气注射入低渗透性土壤中造成裂缝，以来增加土壤的渗透性。水力分裂造成填沙缝隙，也加强了地下结构的可渗透性。这些增强能使SVE技术在低渗透性、沙泥质黏土结构中不加强土壤渗透性就可以在现场应用。

（5）热增效（thermal enhancement）　热增效涉及许多不同的技术，目的在于将热传递到地下，从而达到以下效果：a. 增加挥发性有机化合物和半挥发性有机化合物的蒸汽压，以便通过SVE加强其去除；b. 使土壤干燥，增加空气的渗透性。热增效技术包括热空气或蒸气注射、电阻加热（ER）、射频加热（RFH）和热传导加热。

场地地质条件、污染物性质和表面特征决定了哪种增效技术最有效。热处理可以提高一种污染物的蒸汽压，这样通过 SVE 使它更易于被去除。气力和水力分裂、直接挖掘和热处理可以提高低渗透性土壤的空气渗透。气力和水力分裂通过在压力下向土壤注射一种流体来增加渗透能力，而直接挖掘使用机械处理来提高土壤的渗透性。热处理使用热来干燥土壤和增加空气渗透能力。如果污染物存在于场地的饱和土壤中，以及常规的 SVE 受到在饱和土壤里从地下水中 VOCs 蒸发速率的影响，则应考虑空气注射和双相抽提。

（五）土壤气相抽提技术案例

落基山兵工厂是美国陆军于 20 世纪末设立一个化学武器制造中心，位于科罗拉多州，主要生产常规兵器和化学兵器，其中包括白磷、凝固汽油弹、芥子气、路易氏剂和氯气。场地中检出多种污染物，包括有机氯农药、有机磷农药、氨基甲酸酯类杀虫剂、有机溶剂、氯化苯、重金属等，其中主要污染物是三氯乙烯，土壤蒸汽中的体积浓度高达 $65×10^{-6}$，来自清洗过程中使用的含氯溶剂。此案例选择土壤气相抽提技术对落基山兵工厂 18 单元土壤进行修复，其技术路线如图 6.3 所示。

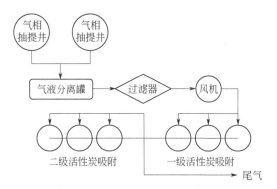

图 6.3　美国落基山兵工厂 18 单元污染修复工程主体单元

蒸汽从气相抽提井中抽提出之后，进入气液分离罐中分离掉其中的凝结水，随后进入沉淀过滤器和再生鼓风机；之后一级活性炭吸附可去除掉气体中 90% 的三氯乙烯，二级活性炭吸附单元则用于处理残余的三氯乙烯。修复工程从 1991 年 7 月持续到 12 月，总共处理了约 70 磅的三氯乙烯，总处理土方量约为 26000m³；SVE 系统处理后 TCE 体积浓度 $< 1×10^{-6}$，SVE 系统筹备、建立、运行费用为 182800 美元。

三、热解吸

热解吸修复技术是指通过直接或间接热交换，将污染介质及其所含的有机污染物加热到足够温度（150～540℃），使有机污染物从污染介质中挥发或分离的过程。常用的热解吸修复介质气体包括空气、燃气或惰性气体。热解吸技术是将污染物从一相转化为另一相（通常是从固相或液相转化为气相）的物理分离过程，不涉及污染物的化学转化，对污染物本身的化学组成及其性质没有破坏作用，这也是热解吸技术区别于焚烧等技术的特点。热解吸系统的有效性可以根据未处理的污染土壤中污染物水平与处理后的污染土壤中污染物水平的对比来测定和分析。

热解吸技术可以分为两类：一是修复过程中加热温度为 150～315℃的称为低温热解吸技术；二是修复过程温度为 315～540℃的称为高温热解吸技术。目前，热解吸技术已在苯系物（BTEX，包括苯、甲苯、乙苯和二甲苯）以及石油烃的修复中得到应用。总体上，热解吸修复技术费用较高。由于上述常见的挥发性和半挥发性有机污染物的挥发温度一般较低，同时考虑降低能耗，一般来说，低温热解吸修复技术更为普遍。

热解吸技术可以用作原位处理，也可以用作异位修复。整个热解吸修复过程强调污染物在土壤体系中的物理分离，故其重要目的是使有机污染物脱离土壤体系而进入相应的处理单元。处理后的土壤其污染物含量必须达标，使其能够符合填埋标准或可重新种植植被或满足相应用途的质量要求。一般情况下，常将热解吸处理后回填的土壤上再覆盖一层清洁土壤，以更好地支持植物生长。

（一）热解吸修复技术的主要内容

图 6.4 为常见的热解吸修复技术的过程。

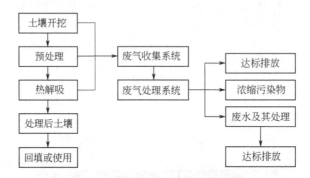

图6.4　土壤热解吸修复技术的典型流程

首先，对污染土壤进行开挖和收集，在热解吸系统中在特定温度下使尽可能多的有机污染物挥发，携带着污染土壤中有机污染物的处理尾气排出热解吸系统后进入废气处理系统，以活性炭等吸附物质对尾气净化后排放。活性炭等吸附材料需定期更新，并需对吸附过程产生的浓缩污染物和水进行处理，达标后排放或回用。而处理后达到相应应用标准的土壤则回填或进行其他用途的使用。

（二）热解吸修复技术的影响因素

1. 污染物特性

污染物的温度特性和其挥发性等性质与热解吸的效率和修复技术的成败有重要影响。图 6.5 和图 6.6 为土壤中常见有机污染物的热解吸处理适宜温度和适用的热解吸过程和具体技术形式。

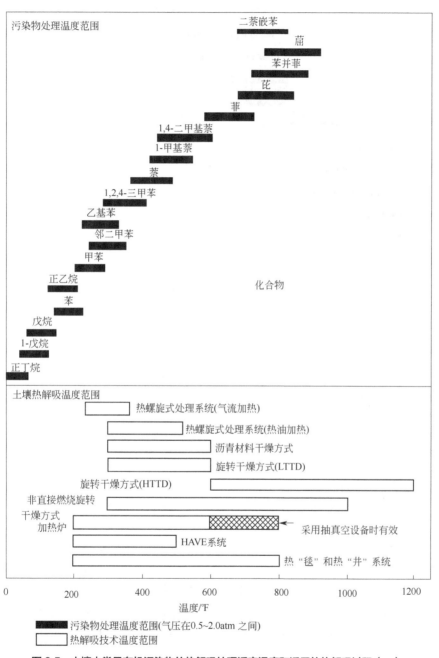

图 6.5　土壤中常见有机污染物的热解吸处理适宜温度和适用的热解吸过程（一）
（℉为华氏摄氏度，1℉=9/5℃+32；atm为标准大气压，1atm=101.325kPa）

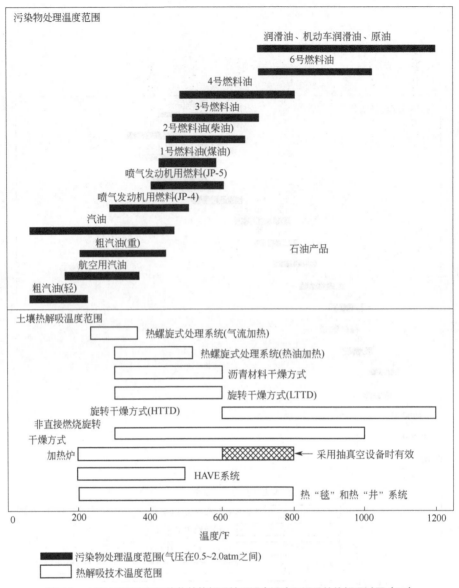

图6.6 土壤中常见有机污染物的热解吸处理适宜温度和适用的热解吸过程（二）

另外，热处理技术还可用于挥发性重金属的去除，如汞污染土壤的修复，其主要过程包括：a. 将被污染的土壤和废弃物从现场挖掘后进行破碎；b. 往土壤中加具特定性质的添加剂，此添加剂既有利于汞化合物的分解，又能吸收处理过程中产生的有害气体；c. 在不断向土壤通入低速气流的同时对土壤进行加热；d. 对低温阶段排出的气体通过气体净化系统，用活性炭吸收各种残余的含汞蒸汽和其他气体；e. 对高热阶段产生的气体通过与上述工序相同的处理净化后再排入大气。

2. 土壤粒径分布及其组成

土壤颗粒对有机物有吸附作用，不同粒径的土壤颗粒其吸附作用不同，如土壤胶体的吸附作用较砂粒等大粒径的颗粒要强很多。因此，从粗粒级土壤上解吸污染物要比从黏粒含量高的土壤中解吸更为容易。确定土壤质地粗细时，如果超过半数的土壤颗粒粒径＞0.075mm，则土壤为粗质，如砂砾和粗砂；如果超过半数的土壤颗粒粒径＜0.075mm，则土壤为细质，如黏土。细质土壤采用热解吸技术可能会出现旋转干燥系统中土壤颗粒随气流吹出的现象使其超载，大幅降低系统的性能与效率。同时，细质土壤有机污染物的吸附作用很强，污染物的解吸很困难，故整体效率也不会高。反过来，粗质土壤则从物料的集结状态、污染物的吸附状态和吸附量、物料处理难易等各个方面都比较适宜热解吸技术的开展。但是，热解吸系统也不宜含有过大粒径的土壤颗粒，否则会影响其传送系统或反应系统，如对于旋转干燥热解吸系统，最大的颗粒粒径限制为2mm。

3. 土壤渗透性

土壤渗透性影响着土壤体系中气态污染物导出土壤介质的过程。黏土含量高或结构密实的土壤，渗透性较差，不适合利用热解吸技术来对污染的土壤进行修复。

（三）常温解吸

当有机污染物在常温下即可达到热解吸类似效果时，在污染土壤修复现场应用中就发展出常温解吸技术。常温解吸是将污染土壤堆置于密闭车间内，通过常温下添加药剂、定时机械扰动等方式促进土壤中的有机污染物的解吸和挥发，并最终通过尾气处理系统去除，图6.7为常温解吸技术的典型流程。

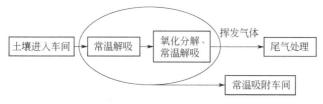

图6.7 常温解吸典型流程

常温解吸过程通常需要预处理来实现污染土壤与大气充分接触，必要时需增加土壤孔隙度，以提高解吸效率加快解吸过程。常温解吸实施过程中的2个关键步骤为染物解吸过程和尾气收集过程。常温解吸技术与热解吸相比最突出的优点是减少加热土壤环节使修复费用降低，而在实际土壤修复应用时，也可加入药剂或进行适当加热，即常温解吸的强化（表6.1）。

表6.1 常温解吸与热解吸比较

项目	常温解吸	热解吸
处理污染物	低浓度、易挥发有机污染物，如苯、萘、氯代烃等物质	高浓度、难挥发有机污染物，如农药、多环芳烃
处理方式	异位处理	异位或原位处理，如加热棒、加热毯、加热井等
温度	室温附近	100～600℃
前景	两种技术联用加以改进，能够解决土壤中所有的有机污染物	
应用	美国超级基金场地修复案例；北京广华新城土壤污染治理工程；南通姚港化工区退役场地污染土壤修复工程	

（四）热解吸技术修复案例——美国新泽西州 Wallington 乳胶厂场地污染土壤修复工程

1. 概述

Wallington 乳胶厂面积为 9.67 英亩（1 英亩=4046.86m²），坐落在居住-工业混合区。从 1951 年到 1983 年，该厂曾生产天然和合成橡胶产品以及化学胶黏剂。生产过程中大量使用有机溶剂，包括挥发性有机化合物（VOCs），如丙酮、庚烷、正己烷、甲乙酮、二氯甲烷以及多氯联苯（PCBs）。

1986～1987 年，美国环保署从该污染场地清除 1200 桶溶剂桶和 22 个地下溶剂储藏罐；1987～1988 年，发现该场地被广泛污染。1989 年 5 月，该场地被添加到美国超级基金优先治理清单；1988 年 9 月到 1992 年 6 月，该场地执行环评调研，确定场地 32000 立方码（1 立方码=0.765m³）土壤和在排水运河旁边的 2700 立方码的土壤和泥沙受 PCBs 污染，PCBs 最高含量为 4000mg/kg；半挥发有机化合物为 BEHP、PAHs 等；重金属污染物为锑、砷。1999 年 3 月才开始用热解吸法清除土壤中有机污染物。

2. 热解吸修复工程基本参数

表 6.2 和表 6.3 为美国新泽西州 Wallington 乳胶厂场地污染土壤修复工程的主要工程参数和技术参数。

表 6.2　乳胶厂场地污染土壤修复主要工程参数

工程参数	值	工程参数	值
土壤类型	黏土/泥沙	有机质含量	0.5%～3%
黏土含量/颗粒大小分布	15%～20%黏土	pH 值	7
含水量	15%～20%	容重	1.6t/m³

表 6.3　乳胶厂场地污染土壤修复主要技术参数

技术参数	值	技术参数	值
停留时间	60min	总运行时间	7.4h
系统吞吐量	225t/d（平均）	加热功率	40000000 英热①/h
出口土壤温度	482℃（典型）	回转窑内的空气	氧气含量<4%

① 1 英热=1055.05585J≈1.06kJ。

3. 工程效果

通过对该乳胶厂场地以热解吸技术开展的修复，土壤中有机物得到了有效的清除。主要目标污染物的工程修复效果浓度均低于修复目标浓度（表 6.4）。

表 6.4　乳胶厂场地污染土壤修复效果

有机物种类	修复目标浓度/（mg/kg）	工程效果/（mg/kg）
PCBs	1	0.06
BEHP	46	0.37
3，3'-二氯联苯胺	1.4	无检出
砷	20	1.63

第三节　化学修复技术

污染土壤的化学修复主要是基于污染物土壤化学行为的改良措施，如添加改良剂、抑制剂等化学物质来降低土壤中污染物的水溶性、扩散性和生物有效性，从而使污染物得以降解或者转化为低毒性或移动性较低的化学形态，以减轻污染物对生态环境或人体健康的危害。化学修复的机制主要包括沉淀、吸附、氧化-还原、催化氧化、质子传递、脱氯、聚合、水解等过程。如氧化-还原法能够修复包括有机污染物（主要是具有芳香环、稠环结构的有机污染物）和重金属在内的多种污染物污染的土壤，它主要是通过氧化剂和还原剂的作用产生电子传递，从而降低土壤中存在的污染物的溶解度或毒性。

化学修复技术主要利用加入到土壤中的化学修复剂与污染物发生一定的化学反应，使污染物被降解和毒性被去除或降低的修复技术。其主要的技术种类分为：a.化学氧化技术；b.化学还原技术；c.化学淋洗技术；d.溶剂浸提技术；e.电动修复技术。

一、化学氧化技术

污染土壤化学氧化技术是利用氧化剂的氧化性能，使污染物氧化分解，转变成无毒或低毒的物质，从而消除和减轻土壤污染和危害的技术。19世纪90年代中期，国外就开始了有机污染土壤的化学氧化修复研究，经过20多年的研究与实践，化学氧化技术已在对重金属、石油烃等常见土壤污染物的去除与氧化方面有了大量的应用，取得了良好的效果。随着污染土壤修复技术的发展，化学氧化尤其是高级氧化技术与生物修复技术等的联合与集成得到了广泛应用。

（一）普通化学氧化技术

普通氧化法就是向被污染的土壤中喷洒或注入化学氧化剂，使其与污染物发生化学反应，使污染物去除或转化为低毒、低移动性产物来实现净化目的。化学氧化剂有臭氧（O_3）、过氧化氢（H_2O_2）、高锰酸钾（$KMnO_4$）、二氧化氯（ClO_2）等。臭氧为已知最强的氧化剂之一，可以氧化大多数有机物、无机物。臭氧与其他氧化性物质（包括各种基团、离子）氧化性强弱对比如下：氟>羟基自由基>臭氧>过氧化氢>高锰酸根>次氯酸>二氧化氯>氯气>氧气。部分物质的氧化还原电位比较如表6.5所列。

表6.5　化学氧化技术常用氧化剂的氧化还原电位

氧化剂	氧化还原电位/V	氧化剂	氧化还原电位/V	氧化剂	氧化还原电位/V
·OH	3.06	MnO_2	1.67	$KMnO_4$	1.49
O_3	2.07	HClO	1.63	Cl_2	1.36
H_2O_2	1.78	ClO_2	1.50		

O_3是活性非常强的化学物质，在土壤下表层反应速度较快。Day发现，在含有100mg/kg苯的土壤中，通入500mg/kg的臭氧能够达到81%的去除率。Masten等的试验证明，向含有

萘酚的土壤中以 250mg/h 的速度通 O_3，2.3h 后可达到 95% 的去除率。如果污染物是苯，在流速为 600mg/h、时间为 4h 的情况下其去除率为 91%。但 Steh 等发现，菲经 O_3 氧化后毒性增加，且不能改善后续生物修复的效果，他们认为只有将菲分解为单环芳烃后，生物修复才能与 O_3 修复相结合。综上所述，目前在 O_3 修复中争议较大的是产物的毒性问题，这将影响 O_3 修复的应用以及与生物修复的结合。

H_2O_2 曾一度作为一种绿色氧源用于土壤生物修复以促进微生物的生长，后来它又被用作氧化剂处理土壤中的污染物。将双氧水投加到含有 TCE 和 PCE 的酸性黏土中，虽然投加量达到了 25.5g/kg 土，但反应后 PCE 的去除率只有 48%，TCE 的去除率低于 72%。因此，H_2O_2 单独用作氧化剂使用逐渐减少，可以利用以 Fenton 反应（加入 $FeSO_4$）为原理的原位化学氧化技术，产生的·OH 能无选择性地攻击有机物分子中的 C—H 键，对有机溶剂如酯、芳香烃以及农药等有害有机物的破坏能力高于 H_2O_2 本身。然而，由于 H_2O_2 进入土壤后立即分解成水蒸气和氧气，所以要采取特别的分散技术避免氧化剂的失效。

ClO_2 的标准还原电位为 1.50V，其氧化能力次于 O_3 和 H_2O_2。在土壤修复中，它通常以气体的形式直接通入污染区，氧化其中的有机物，在反应过程中几乎不生成致癌性的三氯甲烷和挥发性有机氯，且生成的总有机氯也比液氯要少得多。

$KMnO_4$ 与有机物反应产生 MnO_2、CO_2 和中间有机产物。Mn 是地壳中储量丰富的元素，MnO_2 在土壤中天然存在。因此向土壤中引入 $KMnO_4$，氧化反应产生 MnO_2 没有环境风险，并且 $KMnO_4$ 比较稳定，容易控制；不利因素在于对土壤渗透性有负面影响。Gates 等发现，每千克土壤中加入 $20gKMnO_4$ 可降解 10%TCE、90%PCE。West 等也注意到 K_2MnO_4 处理 TCE 的高效性，作为技术推广前的筛选实验，他们发现 90min 内，1.5% K_2MnO_4 能将溶液中的 TCE 浓度从 1000mg/L 降低到 10mg/L。

（二）高级氧化技术

高级氧化技术又称深度氧化技术（AOTs 或 AOPs，advanced oxidation technologies 或 advanced oxidation processes），主要指的是氧化剂在其他物质存在的情况下分解产生·OH 而发生自由基型反应。这种情况下，污染物可直接或间接"矿化"为 CO_2 和 H_2O。

高级氧化技术是相对于普通化学氧化技术而言的，主要的特点即在体系中产生的具有高度反应活性的·OH，充分利用自由基的活性，快速而彻底地对土壤中的有机污染物进行氧化处理的技术。·OH 具有如下特点：a.·OH 是一种很强的氧化剂，在已知的氧化剂中仅次于氟；b.·OH 的能量通常大于各种有机物中的化学键的通量，因此·OH 理论上可以彻底氧化和降解所有的有机污染物；c.·OH 的加成和氧化具有一定的选择性；d. 可氧化和降解微量甚至痕量污染物。

Fenton 试剂是指在天然或人为添加亚铁离子时，其与 H_2O_2 发生反应，能够产生具有高度反应活性·OH 的试剂。1894 年法国科学家 H.J.H.Fenton 在一项科学研究中发现酸性水溶液中当亚铁离子和过氧化氢共存时可以有效地将苹果酸氧化。这项研究为人们分析还原性有机物和选择性氧化有机物提供了一种新的方法。后人为纪念这位伟大的科学家，将 Fe^{2+}/H_2O_2 命名为 Fenton 试剂，使用这种试剂的反应称为 Fenton 反应。Fenton 氧化技术则是利用 Fenton 试剂的高效氧化性，对环境中的有机污染物进行氧化与降解的修复技术。它是一种高效的、应用最广泛的高级氧化法，在处理一般氧化、难生物降解的有毒有机物时具有独特的优势。

Fenton 反应有以下优点：产生的·OH 可迅速氧化去除多种有机物，反应不产生二次污染；H_2O_2 环境友好且易于处置，会缓慢分解为氧气和水，H_2O_2 可以提供一部分溶氧，而且铁的来源丰富、无毒、易于去除，减少了体系处理成本，有较好的经济效益。相对于其他高级氧化法，Fenton 反应成本较低廉，有毒副产物产生的概率显著降低，缺点是 H_2O_2 利用率低，有机物矿化有时不充分。

Fenton 氧化法的类型有普通 Fenton 法、光 Fenton 法、电 Fenton 法。普通 Fenton 法（即芬顿反应），通过投加不同含铁矿物以改进对石油类污染物的氧化去除效果。该法设备投资低，较为常用。光 Fenton 法又分为 UV/Fenton 法、VIS/草酸铁络合物/H_2O_2 法和可见光/Fenton 法。光 Fenton 法 H_2O_2 利用率高，有机物矿化充分，但能耗大，设备处理费用较高。现集中在聚光式反应器的研制以便提高照射到体系的紫外线的总量，降低运行成本。电 Fenton 法又分为阴电极法（EF-H_2O_2）、牺牲阳极法（EF-FeO$_x$）、Fenton 铁泥循环法（SR）、Fe^{3+} 阴极电还原法（EF-FeRe）。电 Fenton 法自动产生 H_2O_2，H_2O_2 利用率高，消耗大，成本较高。现研究集中在三维电极以及新阴极材料的研制上，使之与氧接触面积增加，对氧气生成 H_2O_2 起到催化作用。另外，类 Fenton 反应也是一种高级氧化法，其试剂组成为 Fe^{3+}/H_2O_2，和典型 Fenton 反应相比较，·OH 的生成要显著变慢。

（三）原位化学氧化技术

化学氧化技术亦可分为原位化学氧化和异位化学氧化两大类。鉴于污染土壤修复实施过程中原位工程的诸多优点，原位化学氧化技术近年得到了迅速发展。原位化学氧化修复技术主要是通过掺进土壤中的化学氧化剂与污染物所产生的氧化反应，使污染物降解或转化为低毒、低移动性产物的一项修复技术。原位化学氧化技术不需要将污染土壤全部挖掘出来，而只是在污染区的不同深度钻井，将氧化剂注入土壤中，通过氧化剂与污染物的混合、反应使污染物降解或导致其形态的变化。成功的原位氧化修复技术离不开向注射井中加入氧化剂的分散手段，对于低渗土壤，可以采取创新的技术方法如土壤深度混合、液压破裂等方式对氧化剂进行分散。

原位化学氧化修复技术主要用来修复被油类、有机溶剂、多环芳烃（如萘）、PCP（pentachlorophenol）、农药以及非水溶态氯化物（如 TCE）等污染物污染的土壤，通常这些污染物在污染土壤中长期存在，很难被生物降解。而原位化学氧化修复技术不但可以对这些污染物起到降解脱毒的效果，而且反应产生的热量能够使土壤中的一些污染物和反应产物挥发或变成气态物质溢出地表，可以通过地表的气体收集系统进行集中处理。该技术缺点是加入氧化剂后可能生成有毒副产物，使土壤生物量减少或影响重金属存在形态。

（四）化学氧化案例

中国南方某热电厂污染场地场调报告表明，其土壤与地下水均受到污染，污染物包括邻甲苯胺、1,2-二氯乙烷、氯乙烯、多环芳烃等易挥发的有机污染物，以及砷、镍两种无机污染物。基于污染物种类及含量水平差异，结合后续场地将规划用途（商业用地和居住用地），该修复工程选择多种修复方案联用，包括原地异位固化稳定化工艺修复重金属污染土壤、原位热脱附工艺修复深层有机污染土壤、原地异位间接热脱附修复浅层有机污染土壤，以及原位化学氧化修复地下水污染。

化学氧化实施过程中，采用岩土高压旋喷注浆技术，通过钻孔进入预定修复深度，从喷嘴高压注射药剂、压缩空气，同时向上旋转提升钻杆，至修复顶面标高。高压液流、气流使得药剂由注入点向四周土壤及地下水充分扩散，尤其在含水层扩散半径大（粉细砂达 3m 左右），药剂注射压力 25～30MPa，机械成本低。

二、化学还原技术

对地下水具有污染效应的化学物质经常在土壤下层较深较大范围内呈斑块状扩散，成为地下水污染物的直接扩散源（plume），这使常规的修复技术往往难以奏效。一个较好的方法是构建化学活性反应区或反应墙，当污染物通过这个特殊区域的时候被降解或固定，这就是原位化学还原与还原脱氯修复技术（in-situ chemical reduction and reductive dehalogenation remediation），多用于地下水的污染治理，是目前在欧美等发达国家新兴起来的用于原位去除污染水中有害组分的方法，也可用于污染土壤的治理与修复，如重金属污染土壤的还原固定与去除、有机氯农药的脱氯降解等。

原位化学还原与还原脱氯修复技术需要构建一个可渗透反应区并填充以化学还原剂，修复地下水或土层中对还原作用敏感的污染物，如铀、锝、铬酸盐和一些氯代物质，当这些污染物迁移到反应区时，或者被降解，或者转化成固定态，从而使污染物在土壤环境和地下水中的迁移性和生物可利用性降低。通常这个反应区设在污染土壤的下方或污染源附近的含水土层中。

（一）SO_2 作还原剂的修复技术

SO_2 作为还原剂的原理是通过系列反应，使土壤矿物结构中的 Fe^{3+} 被还原成 Fe^{2+}，接下来由 Fe^{2+} 还原迁移态的还原敏感污染物，使之成为活性反应区。通常将 SO_2 溶解在碱性溶液中，以碳酸盐和重碳酸盐做缓冲溶液注入污染土壤。反应后，氯代物分子结构由于还原脱氯作用而发生变化；铀、锝被还原成难溶态；铬酸盐被还原成三价铬氢氧化物或铁、铬氢氧化沉淀后，在周围环境中转变为固定态，很难被再度氧化和迁移。Amonette 等在实验室人为构建了一个土壤污染区，观察 SO_2 对无机和有机污染物的修复效率、SO_2 还原反应持续的时间和反应活性，结果表明，1/4 的 Fe^{3+} 能够很快被还原，并且随着还原程度的升高，还原效率呈指数下降，直到 75%的 Fe^{3+} 被还原为止。在此基础上构建的以含水土壤为主要组分的还原活性反应区能够在 1 周内降解 90%的 CCl_4。

（二）H_2S 作还原剂的修复技术

以 H_2S 作还原剂可对污染土壤中的铬等重金属进行还原，从而降低其生物有效性和环境风险。有研究对 H_2S 原位修复 Cr^{6+} 污染土壤进行了处理，加入的 H_2S 能够将 Cr^{6+} 还原成 Cr^{3+}，继续转化成氢氧化铬沉淀，H_2S 本身则转化成硫化物。由于硫化物被认为是没有危险的，三价铬本身生物毒性要远低于六价铬，同时铬的氢氧化物的溶解度又非常低，因此基本不会导致环境风险。原位实施修复工程时，由于 H_2S 呈气态，因此处理装置要特别设计。总的思路是，气体通过钻井注射方法注入污染土壤内部，一系列的抽提井建造在其外围，除去多余的还原剂并控制气流状态。为了防止废气溢出地表，地面上还要覆盖一层不透气的遮盖物。在处理过程的最后阶段，整个系统通入空气将残余的还原剂清洁出去。Thornton 探讨了 H_2S 原位修复处理土壤 Cr^{6+} 的可行性：Cr^{6+} 浓度为 200mg/kg，以 N_2 为载气，将浓度为 $200mg/m^3$ 和 $2000mg/m^3$ 的 H_2S 通过土壤柱，直到 S/Cr 值为 10 为止，然后用地下水或去离子水淋洗土柱，并分析淋洗液中 Cr 浓度，结果发现 90%的 Cr 已经失活，并且反应过程不可逆。

（三）Fe^0 作还原剂的修复技术

Fe^0 胶体是很强的还原剂，能够脱掉很多氯代物中的 Cl^-，并将可迁移的含氧阴离子如 CrO_4^{2-} 和 TcO_4^- 以及 UO_2^{2+} 等含氧阳离子转化成难迁移态。Fe^0 既可以通过井注射，也可以放置在污染物流经的路线上，或者直接向天然含水土层中注射微米甚至纳米 Fe^0 胶体。注射微米、纳米 Fe^0 胶体的优势在于，由于反应的活性表面积增大，因此用少剂量的还原剂就可达到设计的处理效率。深度土壤混合技术和液压技术都能用来向土壤下层注射 Fe^0 胶体，也可以布置一系列的井创造 Fe^0 活性反应墙。起初，Fe^0 胶体被注射到第 1 口井中，然后用第 2 口井用来抽提地下水，这样 Fe^0 胶体向第 2 口井方向移动。当第 1 口井和第 2 口井之间的介质被 Fe^0 胶体所饱和时，此时第 2 口井就成为了注射井，以第 3 口井作为地下水抽提井并使 Fe^0 胶体运动到它附近来。对其余的井重复以上过程，就创造了一系列活性反应区。最好是 Fe^0 胶体以高速注入；同时，要应用一种具有较高黏性的液态载体，保证 Fe^0 胶体在其中很好地悬浮并快速分散到污染土壤。Cary 等建议将无害的油作为助剂，以此延长 Fe^0 的还原寿命，使 Fe^0 难以被土壤水中的溶解氧再度氧化。因为微生物优先利用所加入的油作基质，氧作电子受体，这样溶解氧主要被微生物消耗而使作用于 Fe^0 的氧减少。此外，加入油能在油-水界面形成很大的难融合表面，对氯代烃产生捕获效应，增加 Fe^0 对氯代烃的脱卤还原作用。

（四）化学还原案例

张家口市某机械厂原址电镀污染场地划分为单一 Cr（VI）污染土壤和 Cr（VI）-氰化物复合污染土壤。在该场地土壤修复工程中，根据污染物不同主要采取异位化学还原-固化稳定化协同技术修复单一 Cr（VI）污染土壤，采用异位化学氧化+化学还原-固化稳定化协同技术修复 Cr（VI）和氰化物复合污染土壤。

重金属污染土壤污染物主要为 Cr(VI)，污染深度为 3～5m。根据前期小试、中试试验，将经过预处理的污染土壤与还原药（$FeSO_4 \cdot 7H_2O$）和固化药剂（水泥）按照添加量（质量比）分别为 1.5%和 2%，在 AUUL 破碎混合搅拌器作用下混合均匀。Cr（VI）污染土壤修复技术路线如图 6.8 所示。

污染土壤污染物为 Cr(VI)和氰化物，污染深度为 0～3m，将经过预处理的污染土壤与氧化药剂（过硫酸钠）、还原药剂（$FeSO_4 \cdot 7H_2O$）和稳定化药剂（CaO）按照药剂添加量分别为 1%、1.5%和 1%的质量比，在 AUUL 破碎混合搅拌器作用下混合均匀。复合污染土壤修复技术路线如图 6.9 所示。

土壤 Cr（VI）和氰化物由修复前最大超标浓度为 37.3mg/kg 和 186.0mg/kg，分别降低至未检出和 0.60mg/kg，修复效果良好。其氰化物含量、Cr（VI）含量及 Cr（VI）浸出浓度均低于对应的标准限值 22mg/kg、3.0mg/kg 和 0.5mg/L。

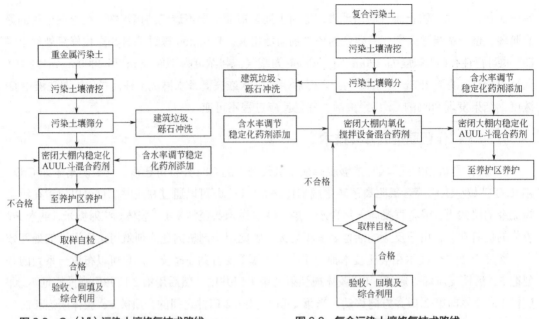

图 6.8　Cr（Ⅵ）污染土壤修复技术路线　　　　　图 6.9　复合污染土壤修复技术路线

三、可渗透反应墙

（一）概述

可渗透反应墙（permeable reactive barrier，PRB）（可渗透反应格栅）技术是地下水修复中的常用原位处理技术，通过可渗透的反应墙对地下水污染羽进行阻截和修复，反应墙的填充反应介质包括零价铁、沸石和增强微生物活性的碳源等，处理中包括了物理、化学或生物作用过程（见图 6.10）。作为地下水修复的典型原位技术，将其扩展应用于污染土壤修复，可实现土壤与地下水的共同修复。

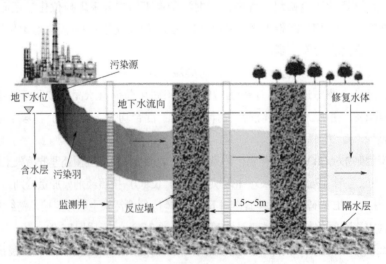

图 6.10　可渗透反应墙示意

土壤可渗透反应墙是在污染土壤区域中构建化学活性反应区或反应墙，当污染物通过这个特殊区域时污染物被降解或固定。土壤可渗透反应墙主要通过反应材料的吸附、沉淀、化学降解或生物降解等作用对污染物进行阻截进而达到修复的目的。还原性土壤可渗透反应墙作为土壤原位化学还原技术实际应用的形式，主要用于重金属污染土壤的还原固定与去除和土壤中有机氯农药的脱氯降解。PRB 材料的活性是影响修复效果的关键，在土壤 PRB 应用中主要的材料包括活性炭、粉煤灰、碳化食物废物、钢渣。其中钢渣由于其含氧化钙、氧化硅、氧化铝、氧化铁以及锰和镁的氧化物，比表面积大、多孔，易于水解和离子化产生 Ca^{2+}、OH^- 等，可作为重金属离子的良好吸附剂，在 PRB 得到了广泛的应用。

（二）土壤可渗透反应墙的应用

与地下水相比，土壤本身不具有移动性，因此如何使污染物通过可渗透反应墙体成为其在土壤修复中应用的关键。

土壤中 PRB 应用思路之一为利用 PRB 的吸附、固定等作用，阻隔土壤中污染物的迁移、转化，降低土壤污染物的移动性和危害，如土壤环境中挥发性污染物的 PRB 阻隔。有现场应用土壤 PRB 用作阻隔低浓度氯代有机物蒸气入侵的水平渗透反应墙，现场应用以土壤、还原铁粉、水泥、硅藻土、活性炭等材料为原料，混合形成一层具有满足工程特性的水平渗透反应墙；通过化学反应、物理及化学吸附、微形态封闭等多种作用，有效阻止水平渗透反应墙以下污染土壤及地下水中低浓度有机氯代化合物的迁移，使其满足国家环境质量标准，达到消除其对人体健康和生态环境造成风险的目标。此种阻隔式 PRB 主要适用于有机氯代物在垂直方向上的阻隔，特别是在大面积非敏感用地污染土壤隔离治理方面前景广阔。

土壤中 PRB 应用的另一种思路则是与其他技术联合实现污染物迁移至土壤反应墙，在反应墙中通过物理、化学甚至生物作用去除污染物或降低其毒性。此种思路在污染土壤修复中的实际应用以电动修复-可渗透反应墙联合修复（EKR-PRB）最为典型（见图 6.11）。EKR-PRB 联合修复技术是一种新型、绿色环保、对土壤结构破坏性小的土壤修复技术。EKR 处理效果受溶解度的影响很大，对溶解性差和脱附能力弱的污染物以及非极性有机物的去除效果不好。而单纯的 PRB 则因填充材料与污染物的作用以及无机矿物沉淀等，使其容易堵塞。因此，将 EKR-PRB 联用，则可以有效避免二者缺点，提高污染物的去除效率，并降低修复成本。用电动力将毒性较高的重金属及有机物质向电极两端移动，使污染物质与渗透性反应墙内的填料基质等充分反应，去除或降解成毒性较低的低价金属离子和有机物，达到去除或降低毒性的目的。

在电动修复-可渗透反应墙联合修复体系中，零价铁处理有机氯化物存在 3 种还原剂，即金属铁（Fe^0）、亚铁离（Fe^{2+}）和氢（H）。金属铁对有机氯化物的还原脱氯目前认为有氢解、还原消除、加氢还原以及吸附作用 3 种可能的反应路径。Arnold 等认为 Fe^0 对有机氯化物的转化是与脱氯还原反应在金属铁表面的吸附过程同时进行的，铁的效率不仅取决于铁的含量、溶液的 pH 值，并且还与零价铁颗粒的表面积有关。

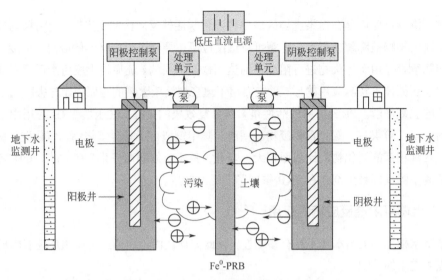

图 6.11　电动修复-可渗透反应墙联合修复

四、化学淋洗技术

（一）概述

化学淋洗技术又称为化学清洗技术、土壤冲洗技术等，是指借助能促进土壤环境中污染物溶解或迁移作用的化学/生物化学溶剂，在重力作用下或通过水力压头推动清洗液，将其注入到被污染土层中，然后再把含有污染物的液体从土层中抽提出来，进行分离和污水处理的技术。土壤淋洗过程包括了淋洗液向土壤表面扩散、对污染物质的溶解、淋洗出的污染物在土壤内部扩散、淋洗出的污染物从土壤表面向流体扩散等过程。

按照对提取液的处理方式，化学淋洗法又可分为清洗法和提取法。清洗法是用清水或含有能与污染物形成配位化合物的溶液冲洗土壤，当污染物（如重金属）到达根层以外但却未达到地下水时，用含有能与污染物形成难溶性沉淀物的溶液继续冲洗土壤，使其在一定浓度的土层中形成难溶的中间层，以防止其污染地下水。土壤淋洗系统按运行方式分为单级淋洗和多级淋洗。其中单级淋洗主要原理是物质分配平衡规律，即在稳态淋洗过程中从土壤中去除的污染物质的量应等于积累于淋洗液中污染物质的量。单级淋洗还可分为单级平衡淋洗和单级非平衡淋洗两类；多级淋洗系统不受淋洗平衡条件的限制，处理方式亦灵活、多变，可采用顺流、逆流或交叉流进行淋洗。淋洗法有时可作为分离污染土壤的预处理法，如将被二硝基甲苯污染的土壤采用淋洗方法分出大粒径砂石，然后再对细粒径土壤进行生物修复处理。图 6.12 所示为化学淋洗技术的主要原理和流程。

化学淋洗液可以是清水，也可以是包含酸、碱、有机溶剂等化学淋洗助剂的溶液，通过不同助剂的增溶、乳化等效果，改变污染物的化学性质和溶解特性，使其从土壤介质中更好地释放出来，进入淋洗液而排出土壤系统。可见，提高污染土壤中污染物的溶解性和它在液相中的可迁移性，是实施该技术的关键。到目前为止，化学淋洗技术主要围绕着用表面活性剂处理有机污染物，用螯合剂或酸处理重金属来修复被污染的土壤。开展修复工作时，既可以在原位进行修复也可进行异位修复。

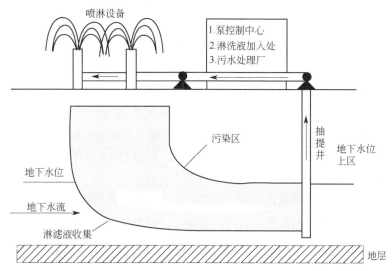

图 6.12　化学淋洗技术修复污染土壤的基本原理与流程（周启星 等，2004）

（二）化学淋洗技术的特点

化学淋洗法在污染土壤修复的实践中取得了良好的效果，与其他修复技术相比，具有以下特点：a. 可以去除土壤中大量的污染物，限制有害污染物的扩散范围；b. 投资及消耗相对较少；c. 操作人员可以不直接接触污染物；d. 涉及土壤和淋洗液的分离，淋洗液/污染物的分离及淋洗液的循环利用；e. 淋洗中使用的潜在有害化学品可能难以从处理过的土壤中分离出来。

化学淋洗技术尤其是原位化学淋洗修复之后方便重复实现其土地功能，在土壤资源日益紧张的大形势下，化学淋洗技术因此突出的优点广受国外许多国家的欢迎，但鉴于国内相关技术在现场的工程化应用较少，此项技术目前在国内并未开展大规模的应用。

（三）化学淋洗技术的影响因素

化学淋洗技术主要受以下条件制约：a. 污染物组成复杂的影响；b. 土壤中腐殖质成分的影响；c. 溶剂和土壤组分反应的影响；d. 土壤中大量的细粒径黏土成分的影响。

（1）土壤质地　土壤质地对土壤淋洗的效果有重要影响。该技术较为适合于砂质土壤，当黏粒含量达 20%～30% 时处理效果不佳，而黏粒含量达 40% 时则不宜使用。

（2）污染物类型及赋存状态　污染物可以一种微溶固体形态覆盖于或吸附于土壤颗粒表层，或通过化学键与土壤颗粒表面结合，或土壤受到复合污染时，污染物以不同形态而存在，导致处理过程的选择性淋洗。

（3）淋洗剂类型的适宜性　淋洗剂是否高效是制约化学淋洗技术修复效率的重要因素，常见淋洗剂包含有机淋洗剂和无机淋洗剂两大类。有机淋洗剂通常为表面活性剂和螯合剂等，常用来去除疏水性有机物，或与金属形成配位化合物而增强其移动性；无机淋洗剂通常为酸、碱、盐、氧化剂或还原剂等，常常被用来淋洗无机污染物，如重金属等。淋洗剂的使用可能会改变土壤环境的物理和化学特性，进而影响生物修复潜力。此外，在多雨地区还会加大污染地下水的风险，因此使用时须慎重。淋洗法对于烃、硝酸盐等污染的治理比较经济，但对导水性差的土壤或强烈吸附于土壤的污染物（如 PCBs 和 PCDDs）则不适用。为有效去除土壤中的污染物，在实际应用中可将土壤淋洗与泥浆反应器技术相结合。

（四）化学淋洗案例

1. 美国俄勒冈州 Cirvallis 地区铬污染土壤原位化学淋洗

此地区土壤质地主要为粗砂和细砂，土壤中铬含量 > 60000mg/kg 土，地下水含铬严重超标，污染土层达 5.5m。主要治理和工程措施包括：a. 挖掘 1100t 土壤并移走；b. 布置 23 口抽提井，12 口监测井；c. 在最高污染区布设两个盆状过滤点；d. 建造两条穿透污染斑块的过滤沟；e. 建设废水（淋洗液）处理设施以去除铬；f. 改变地表水排水状况，使排水渠绕过处理地点。作为美国超级基金计划修复项目的典型案例，俄勒冈州 Cirvallis 地区铬去除技术参数见表 6.6。

表 6.6　俄勒冈州 Cirvallis 地区铬去除技术参数

参数	总量	每日量
地下水抽提	26000000L	44000L
流出液中铬（Ⅵ）浓度	146～19233mg/L	—
铬（Ⅵ）去除量	12000kg	19kg
填充物容量	18000000L	30000L
流出液中平均铬（Ⅵ）浓度	—	1.7mg/L
产生污泥（25%固体）	170m³	0.28m³

2. 新泽西州 Winslow 镇污染土壤异位化学修复

该案例是美国超级基金项目中非常有名的修复实例，是 USEPA 首次全方位采用土壤清洗技术治理土壤的成功实例。Winslow 镇是一个工业废弃物倾泻地，其土壤和底泥中含多种重金属污染物，如砷、铍、镉、铬、铅、铜、锌、镍，污泥中铬、铜、镍 > 10000mg/kg。污染土壤面积为 4hm²，污染土壤量达 19000t。修复工程采用全方位土壤淋洗系统，包括筛分、剧烈水力分离和空气浮选。污染土壤中重金属的去除效果明显，其中镍处理后为 25mg/kg、铬 73mg/kg、铜 110mg/kg。

五、溶剂浸提技术

（一）概述

溶剂浸提技术（solvent extraction technology）是一种利用溶剂将有害化学物质从污染土壤中提取出来或去除的技术。化学物质如 PCBs、油脂类等水溶性差，容易吸附或粘贴在土壤上，处理起来有难度。然而，溶剂浸提技术能够克服这些技术瓶颈，使土壤中 PCBs 与油脂类污染物的处理成为现实。溶剂浸提技术的设备组件运输方便，可以根据土壤的体积调节系统容量，一般在污染地点就地开展，是典型的土壤异位处理技术。图6.13为溶剂浸提技术的简要流程。

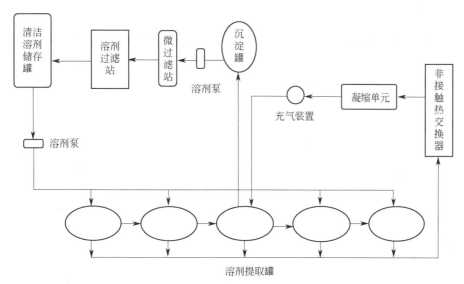

图6.13　溶剂浸提技术的简要流程

溶剂浸提技术是近年发展迅速的难降解有机污染物快速去除技术，其主要特点如下：

① 其突出优势在于可用于处理土壤中难以分离和去除的污染物。

② 同其他原位处理技术相比，异位开展的溶剂浸提技术更为快捷和高效。溶剂浸提技术的开展一般是在原场地进行挖掘和浸提处理，既省去大量的运输费用和额外的土壤处理费用，同时浸提剂还可以循环使用。

③ 溶剂浸提技术的处理装置和组件可以运输到其他地方进行方便组装和应用，同时还可以根据待处理土壤的规模灵活调节系统容量，且其组件多为标准件，容易购买，使该技术的可推广性大大提高。

溶剂浸提技术适用于修复PCBs、石油烃、氯代烃、PAHs、多氯二苯-p-二噁英以及多氯二苯呋喃（PCDF）等有机污染物污染的土壤。同时，这项技术也可用在农药（包括杀虫剂、杀真菌剂和除草剂等）污染的土壤上。相对湿度>20%的土壤要先风干，避免水分稀释提取液而降低提取效率，黏粒含量高于15%的土壤不适于采用这项技术。

（二）溶剂浸提技术影响因素

1. 土壤类型

砂质土壤中，土壤空隙率大，溶剂扩散进土壤颗粒内部阻力较小，所以石油污染物比较容易去除；而当黏粒含量较高时，土壤通透性较差，同时由于其比表面积较大，对污染具有强烈吸附作用，会大大降低污染物的溶出效率。

2. 土壤有机质含量

土壤有机质的含量与污染物的吸附量呈正比，土壤有机质含量较高时不利于污染物的去除。

3. 土壤含水率

总体来说，溶剂浸提效率随着含水率的增大而不断下降。随着土壤中含水率的增大，会在溶剂与含油土壤的接触界面处形成一层水膜，减少了液固两相间的接触面积，进而影响到石油污染物从土壤迁移到溶液中的迁移效率。

4. 污染物性质及老化时间

有机污染物组分不同则溶剂浸提效率相异，饱和组分和芳香组分等轻质组分较易去除；而胶质和沥青质等重质成分由于其分子量大、黏度高，强烈吸附在土壤中，较难去除。复杂有机污染物在土壤中老化时间越长，轻组分挥发，剩余重组分强烈吸附在土壤中，不易除去，所以老化时间越长越不易去除。

5. 浸提剂性质

浸提剂界面张力过小易发生乳化现象，使两相较难分离；浸提剂黏度低则流动性好，有利于流动与传质。另外，结合安全性、经济性和不造成二次污染，萃取剂还应具有化学稳定性、热稳定性、无毒无害、不易燃易爆。

（三）溶剂浸提技术强化

溶剂浸提技术强化可从多方面着手，主要是提高浸提剂浸提能力、加快传质过程等。

1. 搅拌

提高搅拌强度一方面能增强土壤颗粒表面之间的摩擦作用，克服土壤颗粒与污染物分子之间的作用力；另一方面能促使萃取剂与污染物充分作用，使污染物更易从土壤中脱附。有研究表明，土壤中石油类污染物的去除效率一般随搅拌强度的增加而提高。

2. 超声

超声可击碎土壤颗粒，促使萃取剂进入土壤颗粒内部而发挥作用，显著促进有机污染物从土壤上解吸，提高土壤中污染物的去除率。

3. 超临界萃取

超临界状态下可大大提高有机污染物的浸提效率，其适用于含有 PCBs 和 PAHs 等有机污染物的污染土壤的修复。应用过程中，一般可首先将污染土壤放置于装有临界流的容器中，利用 CO_2、丙烷、丁烷或酒精，在临界压力和临界温度下形成流体，使有机污染物移动到容器上部，随后泵入第二个容器；在第二个容器中，湿度和压力下降，浓缩的有机污染物被回收处理，临界再次回收利用。有研究用此种方法处理 PCBs 污染的沉积物，萃取效率可达 90%～98% 之间。然而，超临界萃取技术工艺复杂，费用较高，限制了其使用与发展。

（四）案例——PCBs 污染土壤的修复

美国 Terra Kleen 公司利用溶剂浸提技术已经修复了大约 $2 \times 10^4 m^3$ 被 PCBs 和二噁英污染的土壤和沉积物，浓度高达 $2 \times 10^4 mg/kg$ 的 PCBs 减少到 1mg/kg，二噁英的浓度减幅甚至达到了99.9%，达到并超过了有毒物质控制议案中关于 PCBs 浓度 2mg/kg 的标准。在原理上，溶剂浸提修复技术是利用批量平衡法，将污染土壤挖掘出来并放置在一系列提取箱（除出口外密封很严的容器）内，在其中进行溶剂与污染物的离子交换等化学反应。溶剂的类型的选择取决于污染物的化学结构和土壤特性。当土壤中的污染物基本溶解于浸提剂时，再借助泵的力量将其中的浸出液排出提取箱并引导到溶剂恢复系统中。按照这种方式重复提取过程，直到目标土壤中污染物水平达到预期标准。同时，要对处理后的土壤引入活性微生物群落和富营养介质，快速降解残留的浸提液。

应用溶剂浸提技术开展污染土壤中 PCBs 类物质的去除平均成本为 165～600 美元/t，与传统的挖掘运走处理技术相比，成本有大幅下降。

六、电动修复技术

（一）概述

电动修复技术又称为电动力学修复技术（electrokinetic remediation），是通过在污染土壤两侧施加直流电压形成电场梯度，使土壤中污染物质在电场作用下通过电迁移、电渗流或电泳等方式被带到电极两端，从而使污染土壤得以修复的方法。

当电极池中的污染物达到一定浓度时，便可通过收集系统排入废水池按废水处理方法进行集中处理。土壤电动修复装置主要包括直流电源、电极、电解池和污染液体的处理装置等。电解池通常设有气体出口，用来排放阴、阳两极产生的氢气和氧气；电极材料可选择铂、软合金、石墨等。电动修复技术主要有原位修复、序批修复和电动栅修复。

电动修复法常用于重金属污染土壤的修复，近年也见于对有机污染物如石油烃污染土壤的修复。钱署强等建立了土壤电动修复实验装置，并以 Cu^{2+} 为模拟污染物进行实验研究。研究表明，以柠檬酸为清洗液，在适宜的操作条件下，土壤中 Cu^{2+} 的去除率可达 89.9%。此外，田间和实验室研究还表明，电动修复法不仅适用于被无机污染物污染的土壤修复，同时也适用于低浓度的有机物如酚、乙酸、苯和二甲苯等污染土壤的修复。与其他修复方法相比，电动修复方法处理速度快，成本低，特别适合于处理黏土中的水溶性污染物，但对于非水溶性污染物，则可先通过化学反应将其转化为水溶性化合物，然后再进行脱除。

（二）电动修复原理

土壤中污染物在电场作用下将发生运动，其主要运动机制有电迁移、电渗析流、电泳和酸性迁移（pH 值梯度）等（图 6.14），表 6.7 为电动修复几种主要的电动效应。

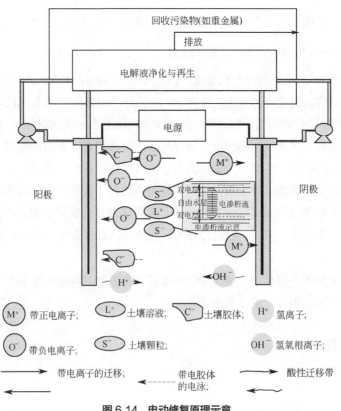

图 6.14　电动修复原理示意

表 6.7　电动修复中的几种主要的电动效应（王慧 等，2007）

电动效应种类	运动物质	运动速度	与土壤性质关系
电迁移	带电离子	快	较小
电渗析流	孔隙水	较慢	密切
电泳	胶体粒子	较慢	密切

1. 电迁移

指带电离子在土壤溶液中向带相反电荷电极方向运动，如阳离子（如金属离子）向阴极方向移动，阴离子（如一些带电有机物质基团）向阳极方向移动。

2. 电渗析流

土壤微孔中的液体在电场作用下由于其带电双电层与电场的作用而作相对于带电土壤表层的移动。大多数土壤颗粒表面通常带负电荷，当土壤与孔隙水接触时，孔隙水中的可交换阳离子与土壤颗粒表面的负电荷形成扩散双电层。双电层中可移动阳离子比阴离子多，因此在外加电场作用下过量阳离子对孔隙水产生的拖动力比阴离子强，因而会拖着孔隙水向阴极运动。

3. 电泳

带电粒子相对于稳定液体的运动，即土壤溶液中的带电胶体微粒在电场作用下发生的迁移。由于电动修复过程中带电土壤颗粒的移动性很小，因而电泳对污染物移动特别是在重质土壤电动修复中的贡献常常可以忽略。

4. 酸性迁移

在电动修复过程中，伴随着各种电动效应的产生，电极表面发生电解，阳极产生 H^+ 和 O_2，阴极则产生 H_2 和 OH^-，式（6.1）和式（6.2）为电动修复过程中的电极反应。由于阳极和阴极的反应，致使阳极附近 pH 呈酸性，pH 值可能低至 2，此处带正电的 H^+ 向阴极运动；而阳极附近 pH 值则可能高达 12，此处带负电的 OH^- 向阳极迁移，分别形成酸性迁移带和碱性迁移带。在此过程中，H^+ 迁移的速度是 OH^- 的 2 倍，且 H^+ 的迁移与电渗析流同向，因此最终使整个电动修复区易形成酸性迁移带。酸性迁移带的形成有助于 H^+ 与土壤表面的金属离子发生置换反应，有利于已沉淀的金属离子重新溶解，进行迁移。

阳极：$\qquad 2H_2O-4e^- \longrightarrow O_2+4H^+ \quad E_0= -1.23V$ $\qquad\qquad$ (6.1)

阴极：$\qquad 2H_2O+2e^- \longrightarrow H_2+2OH^- \quad E_0= -0.83V$ $\qquad\qquad$ (6.2)

除上述 4 个主要的原理过程外，电动修复过程中还有扩散、水平对流和化学吸附等其他的迁移机制。伴随着以上几种迁移，在电动修复过程中土壤体系还存在着一系列其他变化，如 pH 值、孔隙液中化学物质的形态以及电流大小变化等。而土壤中的这些变化将引起多种化学反应发生，包括溶解-沉淀、氧化-还原等。根据化学反应自身的特点，它们可以加速或者减缓污染物的迁移。

（三）电动修复的影响因素

影响土壤电动修复效率的因素很多，包括土壤类型、污染物性质、电压和电流大小、洗脱液组成和性质、电极材料和结构等。研究表明该技术能够适用于从层状黏土到精细砂土的多种土壤类型，土壤性质基本不影响该技术的使用，但是在一定程度上影响其修复速度和效率。

1. 土壤类型

土壤类型对电动修复效率的影响非常复杂，电动修复可适用于从黏土到粉砂土的多种土壤类型，但不同渗透率的土壤其运动修复效率和机制有所差别。如有研究表明，Cr、Hg、Pb 等重金属在黏土中的去除率高达 85%～95%；而多孔、高渗透性的土壤中重金属去除率则低于 65%。土壤类型的差异还通过对 pH 缓冲能力的影响而影响电动修复的效率和过程。具有较低酸碱缓冲能力的高岭土由于较易获得介质的酸性，对重金属有较高的去除率；而蒙脱土则通常酸碱缓冲能力较高，需要较多的酸碱试剂来增强重金属的脱附。

2. 污染物特性

不同的污染物种类，其电动修复的机制有较大差异，如电动修复过程中，重金属离子等带电污染物主要通过电迁移的方式去除，而有机污染物的去除则主要依赖于土壤间隙水分的电渗析流。污染物的价态也会对电动修复的效率产生影响，如六价铬在自然条件下以阴离子形式存在，具有较高的移动性，在电动修复过程中容易从土壤溶液中去除；而三价铬在微酸性条件下以阳离子形式存在，具有较大的吸附能力，在中性及碱性条件下，三价铬易发生沉淀，很难去除。

3. 电压和电流

电压和电流是电动修复过程的主要控制参数，较高的电流强度能够加快污染物的迁移速度，能耗与电流的平方成正比，一般电动修复过程采用的电流强度为 $10\sim100mA/cm^2$，电压梯度在 $0.5V/cm^2$ 左右。

（四）电动修复的特点

电动修复作为非常有潜力的污染土壤修复技术，与其他技术相比，具有下述显著优点。

① 成本较低，原位电动修复技术不需要把污染的土壤固相或液相介质从污染的现场挖出或抽取出去，而是依靠电动修复过程直接把污染物从污染的现场清除，显著减少花费。电动修复技术的处理费用为 20~30 美元/t，与一般处理成本为 150~200 美元/t 相比，该技术具有很好的竞争力。

② 与挖掘、异位土壤淋洗等技术相比，电动修复对场地破坏很小，可很大程度上维持景观与建筑。

③ 由于电动修复技术有多种去除土壤污染物的机制，故对水力传导性较差的特别是黏土含量高的土壤也有较强的适用性。

但是，电动修复也有其一定的限制，如下所述。

① 污染物的溶解性和污染物从土壤胶体表面的脱附性能对该技术的成功应用有重要的影响。

② 金属电极电解过程中会发生溶解，产生腐蚀性物质，因此需采用惰性物质如碳、石墨、铂等。

③ 土壤含水率低于 10%时，处理效率会受到较大影响，非水溶相有机物（NAPLs）在电动修复处理过程中常会引发系统堵塞。

④ 电动修复主要将污染物富集于两极，并未完全将污染物从污染土壤体系中去除，所以现在倾向于将电动修复与其他修复技术联合，如电动-微生物（植物）联合修复技术，以电动修复技术将重金属或有机污染物集中到相应的区域，以微生物或植物修复技术对其进行降解、矿化和吸收。

（五）电动修复的应用

在大量实验室模拟研究的基础上，电动修复现已在重金属如 Pb、Cu、Cr 等和有机污染（如 TCE、石油烃等）土壤的修复与治理上得到了大量应用。

电动修复用以去除土壤和地下水中重金属离子的实验室研究已经比较成熟，目前研究的重点是污染区域现场中试和示范工程。原位电动修复在重金属污染土壤治理中的应用已在荷兰取得了较好的结果：对铅、铜污染土壤的原位修复试验表明，43d 后土壤中的铅减少 70%，铜减少 80%；以此技术处理土壤难溶的汞化合物，土壤中 99%以上的汞得以去除。Lageman 对 Pb、

Cu 污染的土壤进行了现场修复研究，其中 Pb 的浓度为 300~1000mg/kg，Cu 的浓度为 500~1000mg/kg，测试区为长 70m、宽 3m。经过 43d，每天施加 10h 的电压，结果 Pb 的去除率达 70%，Cu 的去除率达 80%，能量消耗为 65kW/m³。另外，他还研究了 As、Zn 污染土壤的现场电动修复，7 周可将 As 的浓度由开始的 400~500mg/kg 降低到 30mg/kg，8 周内可将 Zn 的浓度由 2410mg/kg 降低到 1620mg/kg。德国 Karlsruhe 大学应用地理系的电动修复小组、USEPA 和美国军队环境中心都开展了污染土壤的现场电动修复研究，取得了很好的研究成果。

近年来，电动修复开始用以去除土壤中的有机污染物，或者用清洁的液体置换受有机污染的土壤。这种技术比较适用于去除吸附性较强的有机物，如苯酚和乙酸。Bruel 等研究了电动修复去除土壤和地下水中的石油类和氯代烃，实验证明这类物质可以被去除至溶解度以下，六氯苯和三氯乙烯的去除率可达 60%~70%。Shapiro 等研究了从高岭土中电动去除酚和乙酸的可行性，实验证明电压为 60V/m 时，对于 450Lg/L 的苯酚，使用土壤孔隙体积 1.5 倍的水置换，苯酚去除率大于 94%；对于 0.5mol/L 的乙酸，使用 1.5 倍孔隙体积的水流置换，95% 的乙酸能够被去除。Acar 等电动修复苯酚污染的高岭土，去除效率可达 85%~95%。

七、固化/稳定化

（一）固化/稳定化定义及分类

固化/稳定化是指将污染物固定或密封在惰性固体基质中，以降低污染物毒性或风险的一种修复技术。其中固化（solidification）是将废物中的有害成分用惰性材料加以束缚的过程，常将污染土壤按一定比例与固化剂混合，经熟化最终形成渗透性很低的混合物；稳定化（stabilization）则是将废物的有害成分进行化学改性或将其导入某种稳定的晶格结构。从修复过程角度来看，固化过程是将整块固体密封以降低物理有效性，稳定化则是化学改性或将污染物导入稳定化材料晶格以降低化学有效性，在实际修复过程中可以固化或稳定化某一种过程为主，二者也可同时存在，故固化/稳定化在污染土壤修复现场应用中常作为一类技术，对土壤中的污染物通过物理和（或）化学过程进行固定或稳定。

固化/稳定化技术是一大类降低土壤中污染物生物有效性、毒性和危害的技术，其种类多样、现场应用方法灵活。固化/稳定化技术在实际应用中可以直接应用，也可以玻璃化、沥青化、水泥窑协同处置、化学改良等具体的修复技术名称实现对污染土壤的修复和降低危害。

玻璃化是固化的一种形式，通过加热将污染土壤熔化，冷却后形成稳定的玻璃态物质，金属、放射性物质等被封存。玻璃化技术可将污染的土壤与废玻璃或玻璃的组分 SiO_2、Na_2CO_3、CaO 等一起在高温下熔融，冷却后形成玻璃态物质。玻璃化技术相对复杂，实际应用中会出现难以达到完全熔化以及地下水的渗透等问题；熔化过程中需要消耗大量的能量，由于将土壤加热到 1600~2000℃，使此技术成本很高，限制了其应用；玻璃化技术对某些特殊废物（如放射性废物）非常适用，通常条件下玻璃非常稳定。且玻璃化之后污染土壤的体积可以降低 20%~40%。

沥青化也是污染土壤固化技术的一种，是指把热沥青和废物材料泥浆加入到热挤压机中进行混合的过程。水从混合物中挥发，使混合物的含水量在 0.5%。沥青冷却以后，废物就被沥青封装了起来。沥青化最终产物为土壤和沥青的均匀混合物，冷却后污染物即被封存固定。

水泥窑协同处置是水泥工业提出的一种新的废弃物处置手段，将满足或经过预处理后满足入窑要求的固体废物投入水泥窑，在进行水泥熟料生产的同时实现对固体废物的无害化处置过程。水泥窑协同处置用于污染土壤的修复主要是利用生产水泥的设备（水泥窑）与主体工艺，对挥发性较低的有机污染（如 POPs 类物质）土壤或重金属（如铬）污染土壤进行处置，将污染物封存、固定于水泥产品中。其固化/稳定化药剂即为水泥熟料，协同处置体系温度一般在 800~900℃。入窑进行协同处置的污染土壤应有稳定的化学组成和物理特性，其化学组成、理化性质等不应对水泥生产过程和水泥产品质量产生不利影响。另外，水泥窑协同处置过程还应满足水泥窑大气污染物排放浓度和水泥熟料中污染物浸出浓度等环境方面的要求，主要相关标准包括《水泥窑协同处置固体废物污染控制标准》和《水泥窑协同处置固体废物环境保护技术规范》。

化学改良则是稳定化的一种，常用于农田土壤的改良和风险管控，指向土壤中投加各种改良剂，调节土壤的酸碱度及化学组成，控制反应条件，使重金属能以生物有效性较低、毒害程度较弱的形态存在。

（二）固化/稳定化影响因素

1. 土壤特性

影响固化/稳定化过程和效果的土壤特性主要包括土壤质地、土壤 pH 值和土壤含水率。黏粒含量高、质地黏重的土壤由于土壤胶体含量高对污染物的固化/稳定化效果更好；土壤 pH 值对固化/稳定化的效果至关重要，以水泥或石灰为基料的固化/稳定化系统在凝结和石化阶段都需要碱性环境，一般要维持系统 pH 值在 10 以上，整体而言，碱性土壤环境更有利于重金属的沉淀反应，对重金属的长期稳定性有十分重要的作用；土壤含水率主要涉及污染物的溶解度和迁移性，进而影响固化/稳定化效果，故在固化/稳定化实施过程中土壤含水率是重要的指标，一般现场工程实施的养护期间土壤含水率保持在 35%~45%。

2. 土壤污染物性质

土壤污染物总浓度决定了固化/稳定化药剂添加比例和最终的固化/稳定化效果，是修复过程中重要的影响因素；而污染物的种类也对固化/稳定化药剂的选择及最终效果有不同的要求和影响，对无机污染物，添加固化剂/稳定化剂即可实现非常好的固化/稳定化效果；当无机物和有机物共存时，尤其是存在挥发性有机物（如多环芳烃类）时，则需添加除固化剂以外的添加剂以稳定有机污染物。

3. 固化/稳定化药剂

影响因素包括固化/稳定化药剂的种类和投加比例。其中固化剂主要有水泥、沥青；稳定化药剂则包括石灰性物质、有机类物质、离子拮抗剂、化学沉淀剂等，具体稳定剂有石灰、磷酸盐、堆肥、硫磺、高炉渣、沸石、片状纤维状硅酸盐、氧化铁和氧化铝等。固化/稳定化药剂的投加比例也至关重要，影响固化/稳定化效果和修复成本，故合适的投加比例应在小试结果基础上参考现场因素最终确定。固化/稳定化药剂向土壤中投加的方式多种多样，若为水溶性化学修复剂，可以通过灌溉将其浇灌或喷洒在污染土壤的表面，或通过注入井把液态化学修复剂注入亚表层土壤；如果试剂会产生不良环境效应，或者所施用的化学试剂需要回收再利用，则可通过水泵从土壤中抽提化学试剂；非水溶性改良剂或抑制剂可以通过人工撒施、注入、填埋等方法施入污染土壤；如果土壤温度较大，并且污染物质主要分布在土壤表层，则适合使用人工撒施的方法；若非水溶性的化学稳定剂颗粒较细，可以用水、缓冲液或是弱酸配置成悬浊液，用水泥枪或近距离探针注入污染土壤。

（三）固化/稳定化案例

上海某有机物重金属复合污染地块修复工程位于上海市近郊，总面积 66031m² （约 99 亩），场地北侧区域历史上为工业用地。前期调查结果显示场地内部分区域的土壤受到了多环芳烃和重金属（镍、砷、铅）的复合污染。该场地计划修复后作为居住用地，因此场地污染风险控制的总体思路是通过对多环芳烃污染土壤进行修复而削减污染源，对重金属污染土壤进行稳定化从而阻断其暴露途径。从原位修复和异位修复的角度考虑，由于污染物大部分集中于地表以下 2.0m 以内的浅层土壤中，因此更适合采用开挖后原地异位修复的模式，修复达标后原地回填或用于道路施工中层覆土及绿化带下层垫土。

多环芳烃污染土壤为开挖进行异位化学氧化处理的修复技术路线，而镍、砷和铅重金属污染为开挖异位稳定化修复的技术路线（图 6.15）。

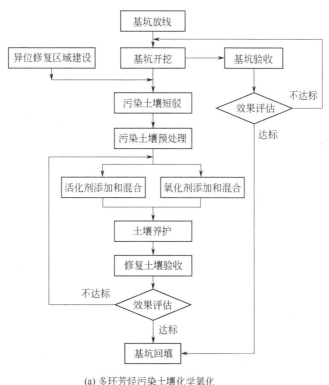

(a) 多环芳烃污染土壤化学氧化

图 6.15

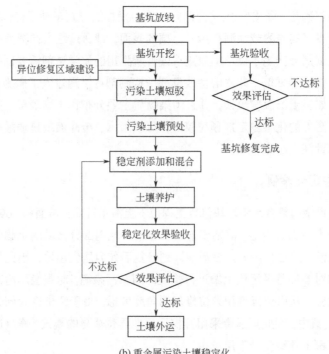

(b) 重金属污染土壤稳定化

图 6.15 固化/稳定化技术路线

根据修复方案首先采用芬兰 ALLU DS3-23 X75 混合筛分斗设备对污染土壤进行筛分预处理，预处理后的土壤现场按 4.5%的投加比例施加稳定化药剂，然后使用 ALLU 多功能筛分铲斗配合小松 BZ-200 一体化土壤处理设备联合进行污染土壤混合、搅拌作业。每日在现场采样测定土壤含水率及 pH 值，在养护期间保持土壤含水率在 35%～45%之间，pH 值在 10 左右。如含水率或 pH 值明显偏离控制范围，则添加水分或 Ca(OH)$_2$ 进行调节。

工程竣工验收则分基坑底和侧壁验收、修复土堆验收，从污染土壤修复效果和现场基坑清挖后达到验收标准两个方面保障工程效果和后续场地的安全再利用。

八、等离子体技术

（一）等离子体技术修复污染土壤基本原理与过程

继固液气三态后等离子体被列为物质的第四态，由正离子、负离子、电子和中性粒子组成。在这个体系中因其总的正、负电荷数相等，故称为等离子体。等离子体按温度高低可分为平衡态（高温）等离子体和非平衡态（低温）等离子体，其中高温等离子体中电子温度和离子温度相等时，等离子体在宏观上处于热力学平衡状态，因体系温度可达到上万摄氏度，故又称之为高温等离子体，如恒星等离子体和热核聚变反应中的等离子体均属于这一类型；而低温等离子体电子温度远高于离子温度，电子温度可达上万摄氏度，而离子和中性粒子的温度却可低至室温，故又称为低温等离子体，一般气体放电产生的等离子体属于这一类型。气体放电产生的等离子体主要包括直流辉光放电、脉冲辉光放电、常压辉光放电、磁控管放电、电容耦合射频放电、介质阻挡放电、电晕放电和微波诱导放电等，其中介质阻挡放电具有电子密度高和常压下进行的特点，电荷的传递和能量分散有限、大部分能量被用于激发原子和分子，产生自由基等活性粒子。双介质层阻挡放电还具有不直接与放电气体发生接触、避免电极腐蚀的优点。基于以上特点，利用介质阻挡放电去除环境中的难降解物质成为可能。

由于等离子体中活性粒子的种类与数量各异，有机污染物降解途径多种多样，产生的中间产物难以检测，使等离子体降解有机污染方面的机理研究具有较大的难度。另外，由于土壤介质的复杂性，其对有机污染物的影响，使活性物质的定性及定量研究、基于物料平衡分析污染物降解机理的过程难度加大，导致等离子体对土壤环境中污染物的去除难度进一步增加，造成这方面的研究尚处于开始阶段。有研究者发现土壤中 PCP 降解初期主要通过 O_3 间接氧化和羟基自由基（·OH）等活性物质攻击薄弱的羟基邻位和对位，产生羟基化中间产物，同时进行分子脱氯；羟基化中间产物继续受到 O_3 直接氧化作用，苯环结构打开，形成小分子有机酸，继续分解，最终矿化成 CO_2 和 H_2O，其降解途径如图 6.16 所示。

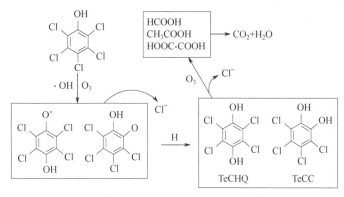

图 6.16 土壤中等离子体降解 PCP 的途径

（二）等离子体技术修复污染土壤影响因素

等离子体作用于土壤环境，会对土壤微生物、土壤营养物等产生作用或影响，进而会在一定程度上改变土壤特性。

低温等离子体对土壤微生物影响主要分为以下几个方面：a. 活性自由基效应，产生等离子体的过程中会产生许多自由基，这些自由基能够与细胞内部的核酸和蛋白质发生氧化使细胞死亡；b. 粒子穿透作用，气体被电离所产生的等离子体内也有许多的带电的正负离子，这些离子以较高的速度运动，离子的运动速度能够克服细胞膜的承受能力，穿过生物表面的细胞膜而破坏里面的细胞器，最终使细胞死亡；c. 紫外效应，在产生等离子体的过程中也会产生许多紫外光，细胞内的脱氧核糖核酸会吸收这些紫外光，进而使脱氧核糖核酸产生变异，使细胞死亡；d. 电场作用，由于革兰氏阴性菌、革兰氏阳性菌和真菌的细胞壁较薄，当电场达到一定强度时能够将细胞刺破，使细胞死亡。同时，等离子体还会对土壤酶活性产生影响，短时间等离子体处理，微量的热效益对酶活性具有促进作用，可使酶活性升高；随着等离子体处理时间的增加，体系温度进一步升高，等离子体中的活性粒子之间相互碰撞，可能会与酶活性中心相互作用，破坏酶的蛋白质或 DNA/RNA 结构从而使酶的活性降低甚至失活。

低温等离子体可使土壤水溶性有机碳、总氮和铵态氮的含量总体升高，土壤水溶性硝态氮含量变化较大，总体趋势有所降低。

低温等离子体修复污染土壤影响因素主要包括电源电压、土壤性质、载气特性等。

（1）电源电压　等离子体流化床修复多环芳烃土壤研究发现菲的降解效率随着电压的增大有明显提升：电压为 7.5kV 时降解效率为 31.5%；电压增大到 15kV 时降解效率增大到了 99.1%。

（2）土壤性质　等离子体产生的高能电子及活性物质可与土壤水分子发生碰撞生成·OH，可优先与目标污染物发生反应，强化降解反应；土壤水会改变土壤导电性，使电晕在土壤中的迁移和传导发生变化，导致其放电状态和能量分布发生改变，使土壤中发生不同的化学反应。

（3）载气特性　主要是载气种类和流量，载气成分不同产生的活性物质的种类和密度也不相同，从而导致降解效率不同。例如，PCP 降解过程中，氧气 98.6% ＞ 空气 83.5% ＞ 氮气 19.1%。

第四节　生物修复技术

目前应用的污染土壤修复技术主要是物化技术，包括氧化法、蒸汽浸提技术、抽气法、有机溶剂法、水力冲洗法、表面活性剂冲洗法、频率射电技术、渗透反应栅和生物处理技术，以及物化和生物处理相结合的修复技术等。研究表明，物化处理技术由于成本较高，易造成二次污染、治理不彻底等，通常作为事故应急处理技术。对于污染程度深、范围广的污染土壤，物化治理技术常具有难以克服的缺点。相比之下，生物技术因费用低、不易造成二次污染、对土壤结构破坏度小等优点受到普遍的关注和重视。

污染土壤生物修复广义上指一切以利用生物为主体的环境污染治理技术，包括利用植物、动物和微生物吸收、降解、转化土壤中的污染物，使污染物的浓度降低到可接受的水平；或将有毒、有害污染物转化为无害的物质。广义上的生物修复包括微生物修复技术、植物修复技术和动物修复技术。在生物修复技术中，微生物修复是最早开始研究，也是现场修复工程中应用较多的，对生物修复技术的发展和促进起到了至关重要的作用，因此狭义上的生物修复即微生物修复。

一、微生物修复技术

污染土壤的微生物修复技术（microbial remediation）是利用微生物的作用降解土壤中的有机污染物，或通过生物吸附和生物氧化、还原作用改变有毒元素的存在形态，降低其在环境中的毒性和生态风险。

用微生物方法修复受有机物污染的土壤必须具备 2 个方面条件：a. 在土壤中存在能够降解或转化污染物的微生物；b. 有机化合物大部分具有可生物降解性，即在微生物作用下由大分子化合物转变为简单小分子化合物的可能性。只有同时具备上述这两方面的条件，有机物污染土壤的生物修复才能实现。

微生物修复广泛用于有机污染土壤治理的研究与应用，如石油烃、PAHs、PCBs 等，至今仍是备受关注的研究方向与领域。与有机污染土壤的微生物修复相比，关于重金属污染土壤微生物修复方面的研究和应用较少，直到最近几年才引起人们的重视。重金属不像有机污染物可以被微生物吸收和矿化，主要是依靠微生物降低土壤中重金属的毒性，或通过微生物活化重金属来促进植物对重金属的吸收等其他修复过程。重金属污染的微生物修复包含2个方面的技术：a. 重金属的生物吸附，被活的或死的生物体所吸附的过程；b. 重金属的生物氧化、还原，利用微生物改变重金属离子的氧化、还原状态来降低环境和水体中的重金属水平。细菌产生的特殊酶能还原重金属，如 *Citrobacter* sp. 产生的酶能使 U、Pb 和 Cd 形成难溶磷酸盐；利用细菌也可降低废弃物中 Se、Pb 的毒性；一些微生物对 Cd、Co、Ni、Zn、Pb、Cu 等有较强的亲合力。虽然用微生物吸附重金属方法修复矿区废弃物已有报道，但微生物对重金属的吸附作用主要还是用于废水治理。

（一）微生物修复技术种类

1. 原位微生物修复技术

原位微生物修复是指在不经搅动、挖出的情况下，通过向污染土壤中补充氧气、营养物或接种微生物对污染物就地进行处理，以达到污染去除效果的生物修复工艺。另外，当不宜挖取污染土壤进行异位处理时可采用原位微生物修复方法对污染土壤进行修复。原位修复一般多采用土著微生物进行处理，有时也加入经过驯化和培养的微生物，以加速修复过程。同时，该工艺还常采用各种工程化措施来强化处理效果，包括生物通气、渗滤、空气扩散等。

原位微生物修复技术一般具有下述优点：a. 工艺路线和处理过程相对简单，不需要复杂的设备；b. 处理费用相对较低；c. 由于被处理的土壤不需搬运，对周围环境影响和生态风险较小。原位生物修复技术有污染场地的详细调查、处理能力研究、切断污染源、修复技术的设计与实施、修复效果的监测与评估5个基本环节。

（1）翻耕技术（landfarming）　翻耕处理法是指通过在受污染土壤上进行耕耙、施肥、灌溉等活动，为微生物代谢提供一个良好环境，保证生物降解的发生和强化，从而使受污染土壤得到修复的一种方法。Hyzy 等在两个池塘废弃地用该技术处理土壤中的焦油，结果土壤中微生物生长活跃，土壤菌数高达 10^9 个/g，PAHs 浓度从 1000mg/kg 降至 1mg/kg。翻耕处理法主要适用于土壤渗滤性较差、土层较浅、污染物又较易降解的污染土壤，但这种方法易造成污染物的转移。

（2）生物通气法（biorenting）　生物通气工艺是一种强化污染物生物降解的修复技术，即在受污染土壤中强制通入空气，将易挥发的有机物一起抽出，然后排入气体处理装置进行后续处理或直接排入大气中。此法常用于地下水层上部透气性较好而被挥发性有机物污染土壤的修复，也适用于结构疏松多孔的土壤，因其有利于微生物的生长繁殖。一般在用通气法处理土壤前，首先应在受污染的土壤上打 2 口以上的井，当通入空气时先加入一定量的氮气作为降解菌生长的氮源，以提高处理效果。

生物通气工艺通常用于处理被地下储油罐泄漏污染的土壤，这些土壤可先进行生物修复，然后再用生物通气工艺处理生物修复后污染程度降低的土壤。据研究报道，增加氮素营养虽可以加快污染物的降解速度，但氮不宜太多，氮素补充过多则可能阻止生物降解。Cruiz 应用生物通气法修复被石油污染的土壤，当加入高效降解菌后可使石油烃浓度降解至检出水平以下。美国犹他州针对被航空发动机油污染的土壤，采用污染区打竖井及竖井抽风的原位生物降解，经过 13 个月后土壤中油平均含量从 410mg/kg 降至 38mg/kg。

2. 异位微生物修复技术

异位微生物修复是将受污染的土壤、沉积物移动到另外的地点，采用生物和工程手段进行处理，使污染物降解，恢复污染土壤原有的功能。主要的异位微生物修复工艺类型包括生物泥浆反应器、堆肥处理技术和厌氧处理技术等。

（1）生物泥浆反应器（bioslurrying）　生物泥浆反应器处理法是把污染土壤移到反应器中，让土壤在反应器中与水相混合成泥浆，在处理过程中再添加必要的营养物、通入空气，使微生物和底物充分接触，从而完成代谢的过程。该方法适用于修复表土及水体的污染。徐向阳等利用土壤泥浆反应器模拟研究在厌氧条件下投入颗粒污泥来修复被芳香烃污染土壤，结果表明，当污染土壤中的 PCP（五氯酚）浓度为 30mg/kg 时，其土壤泥浆中土著厌氧微生物对 PCP 具有一定的还原脱氯降解活性，28d 平均 PCP 的降解速率为 0.258mg/（kg·d）。土壤泥浆反应器在厌氧操作条件下对 PCP 降解速率优于好氧条件，而且 PCP 的降解速率随污泥颗粒量的增加而增大。目前人们对生物反应器的研究越来越多，但由于其费用较高，因此生物反应器在农田污染土壤中的应用还处于试验阶段。

（2）堆肥处理技术（composting）　堆肥修复工艺就是利用堆肥技术，将污染土壤与有机废物（木屑、秸秆、树叶等）、粪便等混合起来，依靠堆肥过程中微生物的作用来降解土壤中难降解的有机污染物，是一种与土地处理技术相似的生物处理方法。

该方法的最大特点是通过添加土壤改良剂为微生物的生长和石油类物质的降解提供能量，该方法适用于易挥发、高浓度的石油污染土层的修理与修复。可添加的改良剂主要包括树枝、树叶、秸秆、稻草、粪肥、木屑等。改良剂可增大土壤的通透性，提高了氧气的传输效率，而且还可提供快速繁殖微生物群落所需要的基本能源。

① 仓储式堆肥（in-vessel composting）。也称机械化堆肥，其目的是通过控制气量、温度、含水率、氧化浓度和挥发性固体等参数以减少臭味的产生，降低堆肥过程的时间周期。其优点为占地少，可以连续操作，能较好地控制运行条件和尾气的产生；缺点是固定投资大，维护管理成本高，工作量大。

② 条垛式堆肥（windrow）。该工艺采用膨胀剂与脱水污泥混合，自然通风，需经常进行机械倒垛以保持好氧条件。

③ 通气式静态堆肥（aerated static pile）。该工艺为条垛式堆肥的改进型，空气靠外部动力强行通入物料中，因而缩短堆肥周期，易于防止出现厌氧条件及臭味。条垛式堆肥和通气式静态堆肥统称为非封闭式堆肥，其优点是固定投资小，病原微生物杀灭率在自然升温下增大；缺点是占地面积大，控制不好则会产生臭味；自动监测和控制的堆肥自动监控可大幅度提高堆肥效率。

堆肥法处理污染物的方法主要有 3 种：a. 直接将污染物与原料混合后堆置处理；b. 将污染物质与堆置过的材料混合后进行二次堆置；c. 在污染土壤中添加堆肥产品。

堆肥技术作为高效且成本较低的有机污染土壤修复技术，在实际污染土壤修复中得到了大量尝试与应用。张旭红等按照 5∶1 的比例添加锯末后加入 5%的草炭对北京某焦化厂污染土壤进行好氧堆肥处理，研究了添加草炭好氧堆肥对实际有机污染土壤中 PAHs 的降解效果。结果表明，添加草炭好氧堆肥能有效降解有机污染土壤中的 PAHs，堆肥 49d 后，16 种优先控制 PAHs 总值从 1085.42mg/kg 降低到 71.10mg/kg，总降解率达到 93.27%。在堆肥过程中，微生物在 PAHs 降解过程中起到很大的作用。

（3）厌氧处理技术　大量研究证明，厌氧处理法对某些污染物如三硝基甲苯、PCBs 等的降解比好氧处理更为有效。现已有如厌氧生物反应器之类的厌氧生物修复技术在污染土壤修复中开展了一些尝试。但厌氧处理对工艺条件要求较为严格，而且可能在处理过程中产生毒性较大、更难降解的中间代谢产物，故在修复土壤污染中的实际应用比较少。

（二）微生物修复技术的优缺点

1. 微生物修复的优点

① 污染物降解完全，二次污染少；

② 操作简单，可进行原位处理；

③ 对环境扰动小，不破坏植物生长所需土壤环境；

④ 费用低；

⑤ 可处理多种不同的污染物，面积大小均适用，并可同时处理污染土壤和地下水。

2. 微生物修复的缺点

① 当污染物溶解性较低或与腐殖质、黏粒结合较紧时，污染物不能被微生物降解；

② 专一性强，不同微生物只能降解一种或少数几种有机污染物；

③ 可处理污染物浓度存在限制；

④ 对于毒性大、结构复杂的污染物见效较慢。

微生物修复技术具有广阔的应用前景，但应用范围有一定的限制，与热处理和化学处理相比见效慢，所需修复周期可以为几天、几个月甚至到几年，其长短受污染物种类、微生物物种和工程技术差异的制约。

实践表明，微生物技术如与物理和化学处理配套使用，通常会取得更好的效果。比较理想的有效组合是首先用低成本的生物修复技术将污染物处理到较低的浓度水平，然后再采用成本较高的物理或化学方法处理残余的不易被微生物降解或利用的污染物。

（三）微生物修复技术的影响因素

国内外的研究均表明，土壤中污染物的微生物降解受到土壤非生物学特性（或因子）（如土壤质地、污染物含量与性质、氧含量、营养物含量、湿度、温度、pH 值）和微生物学特性（或因子）（如微生物种群、活性和数量、代谢特征）的影响。这些因素相互作用构成了污染物生物降解的土壤微生态环境。在以微生物为主体的污染土壤生物修复过程中，微生态环境非生物学因子作为微生物降解的非限定性因子，通过增进或制约微生物的活动影响着污染物的微生物降解过程和降解速率。因此,在石油污染土壤生物修复过程中优化与调控微生态环境因子、增强微生物酶活性水平,建立高效的生物修复模式是实现污染土壤有效治理的重要措施。微生物与污染物界面之间的作用关系研究结果进一步证实,通过改善污染土壤的微生态环境,利用化学与生物学增溶手段,对于提高污染土壤中高分子难降解有机污染物的微生物降解效率和微生物活性是至关重要的。

1. 污染物的生物有效性

研究表明,有机化合物中 C_{10}~C_{12} 范围内的正烷烃、烷基芳烃和芳香族化合物的毒性最小,最易被微生物降解。C_5~C_9 范围内的正烷烃、烷基芳烃和芳香族化合物有较高的毒性,以挥发作用为主。气态正烷烃 (C_1~C_4) 可被生物降解,但只能被专性降解细菌利用。C_{22} 以上的正烷烃、烷基芳烃和芳香族化合物毒性较小,但因其溶解度极低,室温下多呈固态出现,而不利于生物降解。高分子芳烃比低分子芳烃难被微生物降解,有取代基的芳烃降解性则更差。复杂组分烃类化合物的生物降解性和生物利用性差,一般不能单独作为碳源和能源直接被微生物利用,而是通过共基质作用将复杂组分部分转化为可被微生物利用的中间产物,如环烷烃、PAHs、杂环化合物等,从而实现最终降解。有研究证明,在烃类污染物中加入其他有机碳源如木质素,能够加快降解。另外,复杂组分烃类各组分间可能存在降解抑制性使其生物利用性降低。如 Soren 等对甲苯的生物降解研究结果表明,当吡咯、噻吩、呋喃等有毒烃组分存在时甲苯的降解率较低。

表6.8为不同有机物的生物可降解性比较。

表6.8 不同有机物的生物可降解性

有机物种类	生物降解难易程度	有机物种类	生物降解难易程度
简单烃类化合物,(C_5~C_{15})	非常容易	醚类、单氯代烃类化合物	容易
酒精类、苯酚类、胺类	非常容易	烃类化合物($>C_{20}$)	困难
酸类、酯类、氨基化合物类	非常容易	多氯代烃类化合物	困难
烃类化合物(C_{12}~C_{20})	容易	多环芳烃类、多氯联二苯类、杀虫剂	非常困难

对于石油烃、农药、PAHs 及 POPs 等有机污染物而言,一方面污染物可为微生物的生长代谢提供碳源;另一方面其所具有的高生物毒性会抑制微生物的活性。因此土壤中有机物含量的差异会对微生物产生不同的影响。有研究表明,土壤石油含量为 1~100mg/kg 不会对细菌产生毒性;石油含量相对较高时,能刺激降解微生物的繁殖;当含量过高,生物降解的速率则会受到明显影响,甚至对微生物产生毒性作用,阻止和减缓代谢反应的速率,致使生物降解无法进行。污染物的毒性及作用机理因有毒物质的性质、浓度以及对微生物的暴露方式的不同而具有差异。Dibble 等报道,当向土壤中添加油泥使土壤烃含量为 12000~50000mg/kg 时,土壤微生物呼吸强度增大;烃含量达到 100000mg/kg 时,呼吸强度不再增大;烃含量达到 150000mg/kg 时,呼吸强度下降。

2. 土壤质地

土壤质地由不同粒级矿物颗粒的组成所决定,影响着土壤的结构和物理、化学性质。土壤质地不同,会造成土壤孔隙度和比表面积的差异,进而改变土壤的过滤和渗透性能、持水能力、氧饱和度、污染物吸附和解吸特性、营养物质输移特性等，间接对微生物的活性和降解性能产生影响。因此，土壤质地将影响有机物的微生物降解速度。水分和氧气输移性能良好的土壤，污染物易被微生物降解。

3. 温度

国内外研究表明，温度对土壤中有机污染物降解的影响主要表现在降解性功能菌的生长速度、酶的活性与种群的构成。土壤中的微生物大多是中温微生物，生长温度为 10～45℃，此温度范围以外微生物活性很低。其次，温度会影响污染物的物化特性，改变其溶解性和蒸汽压，使得有机物组分通过挥发或溶解进入水相被微生物利用。另外，温度会对水-土体系的有机物吸附-解吸平衡产生影响。高温造成污染物从土壤颗粒上解吸，有利于生物利用。根据已有研究结果，土壤中石油微生物降解的最佳温度为 30～40℃；30℃时，石油生物降解速率常数分别为 3℃、9℃和 20℃时的 5.5 倍、3.7 倍和 1.8 倍。

4. pH 值

土壤的 pH 值变化较大，在 2.5～11.0 范围内波动。适宜土壤微生物生长代谢的 pH 值一般为 7.0～7.8。由于有机物微生物降解过程的产酸作用，一定程度上导致土壤 pH 值的下降。因此，在生物修复过程中，调控土壤的酸碱水平是保证微生物降解活性的基本措施。Verstraete 等的研究表明，在 pH 值为 4.5 的酸性土壤中，瓦斯油的生物降解作用很弱，将 pH 值调到 7.4 后饱和化合物和芳香化合物的生物利用率有所提高。

5. 含水率

水分是生命过程中不可缺少的部分，微生物作为自然界生物的重要构成，其生存与繁殖对水分具有明显的依赖性。含水率适中的土壤中，当土粒周围形成水膜后细菌开始活动，离开土粒进入水膜内，并进行分裂。研究表明，微生物对石油等疏水性化合物的降解主要发生在油水分界面。

土壤中的空气和水分含量互为消长。当空隙中水分含量过大，引起土壤中氧含量的显著降低，此时，以好氧微生物占主导的生物修复就会受到抑制。一般来说，含水率为土壤最大持水量的 50%～80% 是好氧微生物活性的最佳范围。

6. 营养物质

土壤中毒性较低的有机物可为微生物提供碳源，此时，往往可被微生物利用的有效 N、P 等营养元素成为影响细菌生长增殖的限制性因素。其原因在于有机污染土壤中由于烃类化合物含量的过量增加，造成微生物大量繁殖，导致 N、P 的过量消耗而含量降低。通常有机污染土壤中的 N、P 配比以（5:1）～（10:1）对微生物生长较为合适，但需结合实际处理的污染土壤确定。

一般微生物可有效利用的养分为无机的 N 源和 P 源，也有某些研究者探索用有机 N 源（如尿素、谷氨酸等）代替无机 N 源。另一些研究者通过加入油溶性营养物如石蜡化尿素、磷酸三辛酯等，避免营养物质随水流失，由此 21d 石油降解率达到 63%，而对照组仅为 40%。

营养物的含量过高，则仅能促进 N 的循环和硝化细菌的活性，对有机污染物降解的促进作用很小。同时，有研究认为某些微量元素，如硫、锰、铁等亦会对微生物的性能产生影响。总体上，国内外对污染土壤生物修复营养水平的研究，主要集中在 N、P 营养元素的研究，对其他微量营养元素的研究很少，且没有相应的量化结论。

7. 电子受体

电子受体的种类和含量对污染土壤石油微生物降解速率具有重要影响。目前，好氧环境中电子受体主要为自由氧，也有采用过氧化氢或其他离子作为电子受体。魏德洲等认为过氧化氢的浓度为 600mg/L 时，土壤中石油污染物的去除率比对照样提高了近 3 倍。

细菌和真菌对脂肪族、环芳烃和芳烃降解的第一步是利用氧化酶氧化底物，因此自由氧的存在是好氧微生物降解烃类的必要条件。土壤中可利用氧与土壤类型、松散度以及含水率等有关，其含量是土壤中有机物微生物降解的限制因素之一。复杂组分石油在厌氧或缺氧环境中的生物降解鲜见报道，大多为苯系物的厌氧生物降解，但生物降解效率较低，而且对降解过程、微生物利用方式等机理仍不十分清楚。

丁克强等利用自行设计的生物反应器在控制土壤水分、养分的情况下进行菲污染土壤进行生物修复研究。结果表明，通气量为 $0.08m^3/h$ 时，菲的降解率最高，达 72.6%；与对照样相比，微生物量最多，其中细菌、真菌都显著高于对照样；多酚氧化酶活性也最高。通气量为 $0.08m^3/h$ 处理，可以控制土壤中酸度变化，保持土壤中 pH 值的稳定，实现污染土壤中的菲的较快降解。

综上所述，影响污染土壤生物修复的非生物学特性的因素很多，并且各种因素之间相互制约、相互作用，共同对微生物的生长和功能活性产生制约作用。因此，在污染土壤生物修复效应的研究中，除考察不同因素对微生物作用的影响外，应从整体考虑构成非生物和生物学特性的各个因子的相互关系和共同效应，找出其内在联系，为微生物创造宜于活性发挥的微生态环境。

（四）土壤修复功能微生物及其表征

土壤中广泛分布着种类繁多、数量巨大的微生物，其中以细菌量为最大，占 70%～90%。在每克肥土中可含 25 亿个细菌，70 万个放线菌，40 万个真菌，5 万个藻类以及 3 万个原生动物。土壤中的微生物分布十分不均匀，受空气、水分、黏粒、有机质和氧化还原物质分布的制约。对于污染土壤，由于污染物所产生的环境压力，使微生物群落发生变异，数量和活性发生改变，适应污染土壤环境或以相应的污染物为底物微生物逐渐成为优势群落。

迄今为止，研究者发现能够降解烃类等有机污染物的微生物有 200 多种，分属于 70 多个属，其中细菌 28 个属，丝状真菌 30 个属，酵母菌 12 个属。石油降解菌中革兰氏阴性菌的种类和数量均比革兰氏阳性菌要多。常见的降解阴性菌有假单胞菌属（*Pseudo- monas*）、弧菌属（*Vibrio*）、不动细菌属（*Acinetobacter*）、黄杆菌属（*Flavobacterium*）、气单胞菌属（*Aeromonas*）、无色杆菌属（*Achromobacter*）、产碱杆菌属（*Alcaligenes*）和肠杆菌科（*Enterobacteriaceae*）等；革兰氏阳性菌有棒状杆菌属（*Corynebacterium*）、节细菌属（*Arthrobacter*）、芽孢杆菌属（*Bacillus*）、葡萄球菌属（*Staphylococcus*）、微球菌属（*Micrococcus*）和乳杆菌属（*Lactobacillus*）。

另据报道，常见的降解功能真菌种群数由高到低为木霉属（*Trichoderma*）、青霉属（*Penicillium*）、曲霉属（*Aspergillus*）和森田属（*Mortierella*）。

1. 污染土壤修复功能微生物分类

在生物修复中对污染物降解起作用的微生物可根据其来源分为三种类型，即土著微生物、外源微生物和基因工程菌（GEM）。

(1) 土著微生物　微生物修复的基础是土壤中常见的各种微生物。土壤遭受污染后，会对微生物产生自然驯化和选择，一些特异的微生物在污染物的诱导下产生分解污染物的酶体系，进而将污染物降解、转化。

在微生物修复工程的实际应用中，目前大多数都采用土著微生物。其原因：一方面是由于土著微生物降解污染物的潜力较大；另一方面因为外源微生物在环境中难以保持较高的活性，基因工程菌的应用目前仍受到较严格的限制。引进外源微生物和基因工程菌时必须注意其对土壤原生微生态环境的影响。

(2) 外源微生物　土著微生物虽然在土壤中广泛地存在，但其生长速度较慢，代谢活性不高，或者由于污染物的存在造成土著微生物的数量下降，致使其降解污染物的能力降低，因此有时需要在污染土壤中接种一些降解污染物的高效菌。例如在 2-氯苯酚污染的土壤中，只添加营养物时，7 周内 2-氯苯酚浓度从 245mg/kg 降为 105mg/kg，而添加营养物并接种 *Pseudomonas putida* 纯培养物后，4 周内 2-氯苯酚的浓度即明显降低，7 周后其浓度仅为 2mg/kg。

接种外源微生物会受到土著微生物竞争的影响，因此要接种大量的微生物才能形成优势菌群，以便迅速促进生物降解过程。研究表明，在实验室条件下，每克土壤接种 10^6 个五氯酚(PCP)降解菌，可以使五氯酚的半衰期从 2 周减少为 1d。接种到土壤中用于启动生物修复的最初步骤的微生物称为"先锋微生物"，它们能起到催化作用，加快生物修复的速度。

近年来，在污染物高效降解菌的分离、选育方面已经取得许多新进展。如美国分离出能降解三氯丙酸或三氯丁酸的小球状反硝化细菌；意大利从土壤中分离出某些菌种，其酶系能降解 2，4-D 除草剂；日本发现土壤中的红酵母能有效地降解剧毒的多氯联苯。

目前，利用外源微生物进行微生物修复的方法已越来越多，特别是在不利于微生物生存的极端条件下，接种微生物的做法更为常见。利用外源微生物与土著微生物共同降解污染物有时也能够取得较好的效果。1993 年，在美国 124 个污染点的生物修复中，使用土著微生物的修复点占 77%，接种外源微生物的修复点占 14%，两种方式同时使用的修复点占 9%。

(3) 基因工程菌　近年来，采用遗传工程手段研究和构建高效的基因工程菌已引起人们的普遍关注，构建基因工程菌的技术包括组建带有多个功能质粒的新菌株、降解性质粒 DNA 的体外重组、质粒分子育种和原生质体融合技术等。例如将甲苯降解基因从 *Pseudomonas putida* 转移给其他微生物，从而使受体菌在 0℃ 时也能降解甲苯。这比简单地接种特定的微生物要有效得多，因为接种的微生物不一定能够成功地适应外界环境的要求。

基因工程菌接种到修复现场后会与土著微生物产生激烈的竞争。因此，基因工程菌必须有足够长的存活时间，其目的基因才能稳定地表达出特定的基因产物——特异的酶。如果在环境中基因工程菌最初没有足够的能源和碳源，引入土壤的大多数外源基因工程菌就不能在土壤中生存和增殖。解决这一问题的一条新思路就是为目的基因宿主微生物创建一个生态位，使其能利用土著微生物所不能利用的"选择性基质"从而产生选择性生存位置。理想的选择性基质（如某些表面活性剂）应当对人和其他高等生物无毒、价廉且便于使用。选择性基质有时还会成为土著微生物的抑制剂，从而增加基质的有效性，增强其对有毒物质的降解效果。在环境中加入选择性基质会造成土壤微生物系统的暂时失衡，土著微生物需要一段时间才能适应变化，而基因工程菌正好可以利用这段时间建立自己的生态位。由于土著菌群中的某些菌在后期也可利用这些基质，因此在现场修复中，基因工程菌主要适用于一次性处理目标污染物，而不适用于反复使用。

尽管利用遗传工程提高微生物降解能力的工作已取得良好的效果，但是目前美国、日本和其他大多数国家对基因工程菌的实际应用有严格的立法控制。在美国，基因工程菌的使用受到《有毒物质控制法》的限制。一些人担心基因工程菌释放到环境中会产生新的环境问题，导致对人和其他高等生物产生新的疾病或影响其遗传基因。但一些微生物学家指出，从科学的观点看，一种微生物是否适于释放到环境中，主要是取决于该微生物的生物特性（如致病性等），而不是看它究竟是如何得来的。他们指出，应该实事求是地对待基因工程菌问题，过分严格的立法和不切实际的宣传会阻碍现代微生物技术在环境污染治理中的推广应用。

对于外来微生物（包括基因工程菌和一般外源微生物）在污染土壤修复中的作用，不同学者持不同的看法。有的学者认为，接种外来微生物是提高土壤中污染物降解速度的有效方法。依据是土壤中缺乏能降解某些化合物或乳化某些非水溶性化合物的微生物，或土壤中虽然有降解微生物的存在，但微生物的数量达不到使污染物快速分解所要求的生物量，或即使污染土壤能够满足上述条件，接种功能性分解菌，亦可以有效缩短污染土壤的修复时间。有些学者则认为，土壤微生物种群通常也包括了能够降解大部分化学物质尤其是常规性或天然化合物的菌株，且对污染物具有迅速反应的能力。再者，由于土著微生物对所处土壤环境有高度的适应性，且有很强的竞争能力，可以逐步消除因接种外来微生物在污染物分解初期形成的速度优势。无论如何，土壤中降解微生物类型与群落结构是值得研究的问题。土著微生物的数量、活性与降解效能的提高对于污染土壤的修复是至关重要的。

2. 污染土壤微生物群落结构分析

在污染土壤的生物修复过程中，微生物群落结构和功能是决定污染物生物降解效率和降解机制的关键因素。因此，污染土壤微生物群落分析是研究污染土壤生物修复效应的基础，具有非常重要的意义。

目前，污染土壤中的微生物群落分析主要包括基于传统培养的古典微生物学手段和不经培养的现代分子生物学手段。

已有研究成果认为，基于培养的微生物群落分析一定程度上会导致微生物缺失，从而造成对微生物相互关系和群落结构的信息丢失，影响土壤微生物种群结构分析。为此，基于现代分子生物学技术的土壤微生物种群结构研究，由于其微生物学信息的完整性而受到环境微生物研究人员的关注。

（1）基于传统培养的古典微生物学手段　该技术是基于实验室模拟培养，对微生物的数量、活性和种群进行分析，是环境微生物学发展的基础，在污染土壤修复的分析与研究、微生物分离与鉴定等至今仍在发挥重要的作用。传统的微生物分析方法包括微生物数量（如总微生物计数的显微镜法、活菌计数的平板培养法及最大或然计数法）、活性[多种酶活性如脱氢酶活性（TTC）、脲酶活性、磷酸酶活性及荧光素双醋酸酯（FDA）活性等]及微生物种群几个方面。

但是由于人工培养环境不能完全模拟自然环境条件对微生物生长、发育和繁殖的影响，同时人工培养下的单一环境对土壤生态系统中不同微生物种间的协同、拮抗等影响微生物的种间关系更是缺乏有效模拟，造成传统培养模式下的微生物群落研究具有一定的主观性，对微生物群落的分析可能不够全面和客观。表 6.9 为常见介质中可培养微生物的比例。

表6.9　常见介质中可培养微生物的比例

介质	可能的微生物量级/（个/kg）	可培养比例/%
土壤	$10^{10}\sim10^{12}$	$0.1\sim1$
海洋底泥	$10^{8}\sim10^{10}$	$0.01\sim0.11$
活性污泥	$10^{9}\sim10^{11}$	<10

可见，土壤中可被人工分离的微生物仅占微生物总量的 0.1%～1%，而人工培养未进行关注和研究的占到 99%，甚至更多的微生物可能会在自然土壤环境的生物地球化学循环及污染物迁移、转化及降解过程中起着更为重要的作用。使传统微生物培养和分析在污染土壤修复研究中受到一定制约。

（2）不经培养的现代分子生物学手段　其技术核心是通过土壤微生物总 DNA 提取，结合微生物种群多样性检测的分子标记方法，如聚合酶链式反应（PCR）、限制性片段长度多态性（RFLP）、随机扩增多态性 DNA（RAPD）、DNA 扩增指纹（DAF）、扩增片段长度多态性（AFLP）、基因芯片，以及 16SrRNA 基因序列研究等，对微生物的种群结构进行分析。现代分子生物学技术在土壤微生物群落分析中的应用可有效避免在传统的分离、富集和培养中微生物信息大量丢失、种群结构变化识别不完整等问题，可以更直接和可靠地反映土壤微生物的群落结构及其多样性。图 6.17 为 PCR 扩增原理示意。

目前，在细菌系统分类学研究中常用的分子钟是 rRNA，其具有种类少、含量大（约占细菌 RNA 含量的 80%）、分子大小适中、存在于所有生物中，且其进化具有良好的时钟性质等特点，在结构与功能上具有高度的保守性，素有"细菌化石"之称。rRNA 在大多数原核生物中都有多个拷贝，5S、16S 和 23S rRNA 的拷贝数相同，16S rRNA 由于大小适中，约 1.5kb，既能体现不同菌属间的差异，又能利用测序技术较容易得到其序列，在细菌分类和微生物种群测定方面得到了广大研究者的认可。通过对其序列的分析，可以判定不同菌属、菌种间遗传关系的远近。

利用 16S rRNA 基因序列研究污染土壤微生物种群结构主要包括 3 个步骤：a. 从土壤样品中分离微生物总 DNA；b. 对其 16S rRNA 片段进行 PCR 扩增；c. 扩增产物用变性梯度聚丙烯酰胺凝胶电泳（DGGE）、温度梯度聚丙烯酰胺凝胶电泳（TGGE）、单链构象多态性分析（SSCP）或限制性片段长度多态性（RFLP）等方法进行分析，观察其多样性。其中，TGGE 为 DGGE 的变种，是以温度而不是变性剂造成 DNA 电泳的梯度。国内外实际应用以 DGGE 为主，TGGE 由于稳定性和分离效率比 DGGE 稍差在污染土壤微生物种群研究中未被广泛应用。上述方法中，PCR-DGGE 技术具有简单、快捷、相对成熟等特点在环境微生物学研究领域得到广泛的应用。

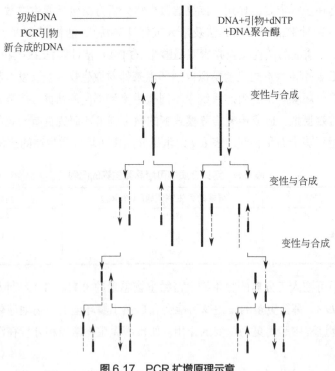

初始DNA

PCR引物

新合成的DNA

DNA+引物+dNTP
+DNA聚合酶

变性与合成

变性与合成

变性与合成

图 6.17 PCR 扩增原理示意

　　Fantrousai 等用嵌套式 PCR 技术监测污染土壤生态实验系统中的 3-氯苯脱氯细菌的外源基因的种类。Masson Luke 等应用 PCR 技术对 PCB 污染土壤中的微生物进行特异扩增和分离。Chandler 等通过控制基因的数目，以 MPN-PCR 技术来评价被燃料污染的土壤中的萘过氧化物酶基因 *nahAc*、链烷单加氧酶基因 *alkB* 及 *dmpB* 的数量。墨西哥学者 J. Milcic-Terzic 等从柴油污染土壤中分离出可降解柴油、甲苯和萘的微生物，并对其进行 PCR 扩增和 DNA-DNA 克隆杂交，结果表明，柴油降解微生物 DNA 中既含有 *xylE* 基因，又含有 *nah* 基因，而甲苯降解微生物 DNA 中则只含有 *xylE* 基因，萘降解微生物 DNA 中只含有 *nah* 基因。

　　不经培养的 PCR-DGGE 技术在土壤微生物种群多样性研究中已有广泛应用，目前经常与实时 PCR 等分子生物学技术联合进行污染土壤微生物群落分析。Otte 等从污染土壤中分离出可以降解 PCP 和 PAHs 的微生物种群，在生物泥浆反应器中，PCP 降解菌的降解中间产物可使生物降解活性提高。而 Becaert 等对从木材防腐油污染的土壤中发现的可以降解五氯酚和烃类物质（$C_{10} \sim C_{50}$）的土著微生物群落进行了研究。泥浆反应器降解实验表明，降解五氯酚的细菌的活性没有受到其他石油降解微生物存在的抑制。

　　PCR-DGGE 技术在污染土壤微生物种群分析方面的有效应用一直受到关注。J.D.van Elsas 等研究了石油污染土壤中分枝杆菌的多样性及芘的分解，以 PCR-TGGE 方法对其典型条带进行测序以比较分枝杆菌的群落结构。TGGE 结果表明，重污染土壤的微生物的多样性比轻污染区少。由于在毒性土壤中分枝杆菌和种群数量明显比非毒性土壤偏低，故微生物多样性的降低可能是由有毒污染物的抑制所致。D.Juck 等对加拿大北部两地的石油污染土壤的嗜冷微生物群落进行了分析，认为嗜冷微生物群落的影响因素复杂，包括土壤污染水平和污染物的物化性质等。

（五）微生物修复技术案例——中原油田五厂污染土壤修复试验工程

油区耕地污染主要由石油开采、加工和运输过程中的操作不当或者意外事故所致。据了解，我国石油企业每年产生落地原油约 7 万吨，受污染土壤中石油烃含量在 1%～10% 范围内不等，对生态环境造成严重破坏。在化工污染中，原油对土地的污染占不小的比例。在油田开采过程中，不论是测井、钻井还是开采加工，多多少少都会有污染。

本工程在河南濮阳五星乡后港村的一块试验场地面积为 11 亩，被原油污染 18 年，存在管道穿孔污染、井台周围的石油泄漏污染以及泥浆池污染等多种污染情况的场地上开展。这是中原油区污染土壤的典型形式。土地污染后，农民长期弃耕，并用作打麦场，场地土壤板结严重。场地土壤盐含量普遍较高，为正常耕地的 2～4 倍，为中重度盐污染，地块中降解有机质的微生物活性低。场地污染类型为油盐混合型污染，其所含的苯并芘对植物的毒性较大，生物很难降解，治理难度非常大。

该项目的技术创新点是把生物反应耦合起来，利用真菌和细菌两种生物进行修复。这两种菌有不一样的降解机理。真菌有可降解高分子的特性。把长链芳烃和多环芳烃切断喂给细菌，细菌可再把它降解成小分子，最后分解成二氧化碳和水，并分解出表面活性剂，促进芳烃从原油污染的地块中被活化出来。如此循环反复，有利于土壤的快速修复。

课题组研究了大规模高密度发酵微生物菌剂的工艺和具有协同降解石油烃能力的真菌-细菌复合修复制剂，建立并实施了将真菌和细菌协同降解石油烃与麦秸发酵生产腐殖酸相结合的技术路线，在中原油田多种污染特征地块进行了原位修复试验。中试面积达 11 亩，并于修复结束后进行了小麦种植。

据了解，修复前场地大约 90% 的区域都有不同程度的盐渍。通过机械翻耕，工作人员在修复地块 25cm 深处构建了约 5cm 厚的疏松麦秸层。秸秆埋在土壤的耕作层和主体层之间，为的是打断土壤的毛细管结构，阻止其因水蒸发而向上返盐。工作人员还添加了一种菌，让麦秸尽快变成多糖和腐殖酸，促进微生物更好地生长，实现生物过程的第二次耦合。同时，加麦秸使耕作层土质疏松，促进了洗盐的效果。在水浸洗盐的过程中，除偶尔用机井水进行灌溉，其余皆利用河南濮阳雨季的自然降水进行灌溉。由于麦秸层的构建抑制了深层土壤中盐离子上返到表层土发生表聚的现象，因此水浸洗盐水通过渗透进入深层土壤而没有外排，避免了对正常耕地的二次污染。

现场修复结束后，土壤样品被送到中国农林科学院进行全面分析。结果显示，主要理化指标都得到了不同程度的改善，接近或达到正常耕地的水平。污染土壤在修复前，地表 80% 无植被覆盖。随着修复的结束，修复地块地表植物茂盛，根系生长正常，能起到固土作用，这说明土壤恢复了作物种植能力。

对油田来讲，该项目最大的意义还在于社会效益和社会责任感的体现。采用该技术可在一年内实现污染土壤的修复达标，其示范意义重大。治理后的土壤可在当年恢复种植能力，在第二年获得农业收获。这对于促进油田污染耕地的复耕，最终停止对农民的赔付是有益的。根据这两年的场地试验数据，估算修复总体费用在 1650～2100 元/亩之间，仅相当于当地一年赔付金额（1300 元/亩）的 1.3～1.6 倍。在付出较小的代价后，即可免除每年要赔付 1300 元/亩的负担。在显著降低油田生产成本的同时，可大大提升油田企业的社会形象。

二、植物修复技术

植物修复（phytoremediation）是利用某些可以忍耐和超富集有毒元素的植物及其共存微生物体系清除污染物的一种环境污染治理技术。植物修复应用比较成熟的是通过不同的机理和过程开展的重金属污染土壤的修复与净化，所以狭义上的植物修复技术即指的是清洁污染土壤中的重金属，随着植物修复技术的发展和概念的外延，逐步将其用于包括有机化合物、重金属、放射性物质等多种类型污染土壤的修复研究与实践，即广义的植物修复技术。

植物修复系统可以看成是以太阳能为动力的"水泵"和进行生物处理的"植物反应器"，植物可吸收转移元素和化合物，可以积累、代谢和固定污染物，是一条从根本上解决土壤污染的重要途径，因而植物修复在土壤污染治理中具有独特的作用和生态学意义。

（一）植物修复的原理

1. 植物修复原理

从原理上讲，植物修复有 6 种类型：a. 植物萃取技术；b. 植物钝化技术；c. 植物挥发技术；d. 植物降解技术；e. 植物转化技术；f. 植物刺激技术。

图 6.18 为土壤中植物去除污染物的原理示意。

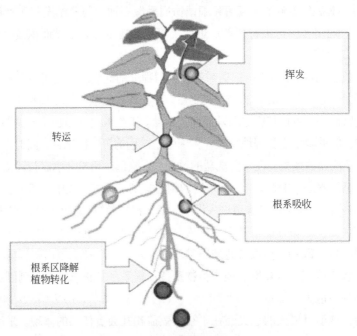

图6.18　植物修复的基本原理

（1）植物萃取（phytoextraction）　利用重金属超富集植物从土壤中吸收重金属，并将其转运到可收割的部位；然后收割植物富集部位，并经过热处理，微生物、物理或化学的处理，减少植物的体积或质量，以达到降低加工、填埋和人工操作费用的目的。生长于重金属含量较高土壤中的植物，可产生适应重金属胁迫的能力，这类植物有 3 种情况：a. 不吸收或少吸收重金属元素；b.将吸收的重金属元素累积在植物的地下部，使其不向地上部转移；c.大量吸收重金属元素并将其转移到地上部，但植物仍能正常生长。

（2）植物钝化（phytostabilization）　利用特殊植物将污染物钝化/固定，降低其生物有效性及迁移性，使其不能为生物所利用，达到钝化/稳定、隔断、阻止其进入生物体和食物链的目的，以减少其对生物和环境的危害。植物在污染元素钝化中有两种主要功能保护污染土壤不受侵蚀，减少土壤渗滤以防止污染物的淋溶：通过在根部累积和沉淀作用对污染物起到钝化或稳定化作用。

（3）植物挥发（phytovolatization）　植物可以从土壤吸收污染物并将其转化为气态物质释放到大气中，主要用于VOCs或挥发性重金属，如汞的植物修复。近年来发现某些特殊植物具有转化和挥发土壤硒的特性，可将环境中的Se转化为气态形式。许多植物可从污染土壤中吸收硒并将其转化为可挥发态的二甲基硒或二甲基二硒，从而降低硒对土壤生态系统的毒性；印度芥菜有较高的吸收和积累硒的能力；另外，一些农作物（如水稻、花椰菜、卷心菜、胡萝卜、大麦和苜蓿等）也具有吸收、挥发土壤硒的能力；将细菌体内的汞还原酶基因转入拟南芥属植物后，得到的转基因植物比对照植物的耐汞能力提高了10倍，并可吸收土壤中的汞，将其还原为零价汞后挥发到大气中；由植物挥发出的汞仍是有毒的，需要进一步的工作将其转化为无毒的形态，或使气体汞的挥发作用控制在环境许可的范围内。

（4）植物降解（phytodegradation）　利用植物及其根际微生物区系将有机污染物降解，转化为无机物或无毒物质，以减少其对生物与环境的危害。

（5）植物转化（phytotransformation）　在植物的根部或其他部位通过新陈代谢作用将污染物转化为毒性较小的形态。

（6）植物刺激（phytostimulation）　植物的根系分泌物如氨基酸、糖、酶等物质能促进根系周围土壤微生物的活性和生化反应，有利于污染物的释放和降解。

除重金属污染土壤的植物修复，植物修复可用于石油化工污染、炸药废物、燃料泄漏、氯代溶剂、填埋场淋滤液和农药等有机污染物的治理。与重金属污染土壤的植物修复技术相比，有机污染的植物修复技术起步更晚。植物对有机污染土壤的修复有3种机制：a.植物直接吸收有机污染物，这些污染物或不经代谢而直接在植物组织中积累，或将污染物的代谢产物积累在植物组织中，或将有机污染物完全矿化成无毒或低毒的化合物（如二氧化碳、硝酸盐、氨和氮等）；b.从植物中释放出促进生物化学反应的酶，将有机污染物分解成毒性较小的化合物；c.植物刺激效应，即强化根际（根-土壤界面）的矿化作用，通过植物提高微生物（细菌和真菌）的活性来促进有机污染物的降解。

2. 植物修复中酶的作用

某些植物根系释放到土壤中的酶可直接降解有机化合物，且降解速度快。在这一降解过程中，有机污染物从土壤中的解吸和质流过程成为限速步骤。植物死亡后，释放到环境中的酶还可以继续发挥分解作用。虽然植物修复主要还是靠整株植物来实现，然而，某些植物酶对有机污染物的降解提高了植物修复的潜力；当pH值较低、金属浓度和细菌毒性较高时，游离的酶有可能被破坏或钝化。

某些"特异"植物的根系能够释放出有利于有机污染物降解的化学物质，其中包括单糖、氨基酸、脂肪酸、维生素、酮酸等低分子化合物以及多糖、聚乳酸和黏液等大分子有机物，它们与植物脱落的死亡细胞以及植物向土壤释放的光合产物共同构成一个特殊系统，即根际，由此增加土壤有机质含量，改变有机污染的吸附特性，从而促进它们与腐殖酸的共聚作用。植物根系中生长的菌根均能与植物共生，具有独特的代谢途径和特异性酶系，可以代谢非根际细菌所不能降解的有机物。

3. 植物修复中根际区（rhizosphere）作用及其机理

根际区是受植物活根影响的土壤微区，是土壤生物活性特别旺盛的区域。植物根际在污染土壤修复中起着重要作用，植物提供了微生物的生长环境，可向土壤环境释放大量分泌物，从而提高微生物矿化有机污染物的速率或增强重金属的移动性以便于其从土壤环境中去除。根际环境为微生物作用的活跃区域，植物可将地面氧气转移至根区，使根区的好氧分解作用能够正常进行。植物根区的菌根真菌与植物形成共生作用，有其独特的酶解途径，用以降解不能被细菌单独转化的有机物。植物根区分泌物刺激了细菌的转化作用，在根区形成了有机碳，根细胞的死亡也增加了土壤有机碳，这些有机碳的增加可阻止有机化合物向地下水转移，也可增强微生物对污染物的矿化作用。

在植物根际内，污染物的降解过程实际上包含了植物-微生物的联合作用，它包括如下内容。

（1）微生物好氧代谢过程　单一的专性好氧菌对芳烃类、苯磺酸类等污染物的降解作用并不明显。但是，若将这些单一的好氧菌与根际内其他微生物群落混合，组成共栖关系，即可显著提高对这些难降解污染物的矿化能力，防止有机污染物中间体的生成与积累。

（2）微生物厌氧代谢过程　厌氧菌对环境持久性污染物（POPs）如 PCBs、DDT 和 PCE（五氯乙烯）的去除能力较强。一些有机污染物（苯和其相关污染物）在厌氧条件下可完全矿化为 CO_2。

（3）腐殖化作用过程　土壤的腐殖化作用过程也是一种有效的污染物解毒方法。用同位素标记法实验证明，腐殖化作用可以影响 PAHs 在土壤-植物系统中的转归。根际微生物可以加速腐殖化进程，减少污染物的暴露时间，从而减轻有害物质对植物的潜在毒性。

以微生物作用为主要方式的生物修复对治理土壤中有机污染十分有效，但也有其局限性，特别是对重金属污染的清除效率较低。近年发展起来的植物-微生物联合修复技术，利用植物的独特功能，并与根际微生物协同作用，从而发挥生物修复的更大效能。

对于微生物而言，植物发挥着相当重要的作用。植物以多种方式帮助微生物转化，植物根际在生物降解中起着非常重要的作用。植物提供了微生物的生长环境，可向土壤释放大量分泌物（糖类、醇类和酸类等），其数量占年光合作用产量的 10%～20%，细根的迅速腐解也向土壤中补充了有机碳，可以提高微生物矿化有机污染物的速率。植物根系分泌的糖类、有机酸、氨基酸、脂肪酸等有机质，能够降低根际土壤的 pH 值，加上植物根系对土壤水分、氧含量、土壤通气性的调适，刺激了根系附近微生物群体的发育，使根际环境成为微生物作用的活跃区域。植物为微生物提供适宜的生存场所还表现在植物可以将地面氧气转移至根区，使根区的好氧分解作用能够正常进行。土壤中有机碳的含量与有机污染物的降解有直接关系；多环芳烃的降解会随植物根系微生物密度增加而增加，草原地区的微生物对 2-氯苯甲酸的降解率比无植物生长的对照区高 11%～63%。

（二）植物修复技术的优缺点

1. 植物修复的优点

① 植物修复最显著的优点是价格便宜，可作为物理化学修复系统的替代方法；根据美国的实践，种植管理的费用在每公顷 200～10000 美元之间，即每年每立方米的处理费用为 0.02～1.00 美元，比物理化学处理的费用低几个数量级。

② 对环境扰动少，植物修复是原位修复，不需要挖掘、运输和巨大的处理场所；不破坏土壤生态环境，能使土壤保持良好的结构和肥力状态，无需进行二次处理，即可种植其他植物。植物修复技术可增加地表的植被覆盖，控制风蚀、水蚀，减少水土流失，有利于生态环境的改善。

③ 对植物集中处理可以减少二次污染，对一些重金属含量较高的植物还可以通过植物冶炼技术回收利用植物吸收的重金属，尤其是贵重金属。

④ 植物修复不会破坏景观生态，兼具景观与生态价值，能绿化环境，容易为大众所接受。

2. 植物修复的缺点

① 植物修复过程通常比物理、化学过程缓慢，比常规治理（挖掘、异位处理）需要更长的时间，尤其是与土壤结合紧密的疏水性污染物。

② 植物修复受到土壤类型、温度、湿度、营养等条件的限制，对土壤肥力、气候、水分、盐度、酸碱度、排水与灌溉系统等自然条件和人工条件有一定的要求。植物受病虫害侵染时会影响其修复能力。

③ 对于植物萃取技术而言，污染物必须是植物可利用态并且处于根系区域才能被植物吸收。

④ 用于净化重金属的植物器官往往会通过腐烂、落叶等途径使重金属元素重返土壤，因此必须在植物落叶前收割，并进行无害化处理。

⑤ 超积累植物通常矮小、生物量低、生长缓慢、生长周期长，因而修复效率低，不易于机械化作业。

⑥ 用于修复的植物与当地植物可能会存在竞争，影响当地的生态平衡。

（三）植物修复的影响因素

利用植物去除土壤中有机物污染涉及有机污染物性质、土壤环境条件和植物种类，因此植物对有机污染物的吸收和代谢主要受下述 3 个方面因素的影响（植物修复重金属污染土壤的影响因素亦具有相似性）。

1. 有机污染物的理化性质

土壤中有机污染物浓度是影响植物修复效率的直接因素，而有机污染物的生物有效性是植物-微生物系统中污染物吸收和代谢效率的关键。生物有效性也和化合物的相对亲脂性有关。亲脂性常用辛醇-水分配系数 K_{ow} 或 $\lg K_{ow}$ 表示，其值越小，表示该化合物的水溶性越高，而亲脂性越小。亲脂性高的化合物一般容易通过细胞膜。土壤中有机污染物是通过在水中的扩散和质体流动过程达到根系表面的。对于 $lgK_{ow} > 3$ 的化合物，由于根系表面的强烈吸附而不易在植物体内转运；水溶性高的化合物（$lgK_{ow} < 0.5$）则不能被吸附到根系表面或不能进行主动的跨膜运输。因此，植物对位于浅层土壤中的中度憎水有机物（$lgK_{ow}=0.5\sim3.0$）有很高的去除效率，这包括一些苯系物（BTEX，即苯、甲苯、乙苯和二甲苯）、氯化溶剂和短链的脂肪族化合物等。污染物分子量的大小也影响其通过渗透而进入植物细胞的速度，利用植物修复有机污染土壤时，植物根系对有机污染物的吸收往往局限于小分子极性化合物，并且吸收速率通常很低。

2. 土壤环境条件

除有机污染物的性质之外，土壤有机污染物的吸附也会影响其生物有效性，与土壤颗粒紧密吸附的污染物不易被植物或微生物吸收和分解。影响污染物吸附的土壤理化特性主要有土壤质地、黏粒矿物类型、有机质含量、阳离子交换量、含水量及 pH 值等。此外，污染时间长短也是影响其生物有效性的重要因素。土壤含有的可生物降解的污染物，会因污染时间较长而转变为难降解的污染物。与土壤颗粒紧密吸附的污染物、微生物或植物难吸收的污染物不易被植物降解。如果污染物既不与其他生物（土壤节肢动物、草食动物）发生相互作用，又不易移动，则可以考虑采用植物钝化/稳定化技术。

使用人工合成的或天然的表面活性剂可以增加有机污染物的溶解度，促进微生物对污染物的分解。这类表面活性剂包括 TritonX-100、SDS 鼠李糖脂、Tergitol NPX 等。值得关注的是使用改性环糊精不仅可以促进土壤有机污染物的溶解，而且对土壤中的重金属的溶解也有促进作用，从而有利于植物修复。

3. 植物种类及其性质

不同植物对同一种有机污染物生物吸收能力存在很大差异。一些高等植物能从土壤和水体中吸收大量致癌性芳香烃类物质，如多环芳烃（PAHs）。菜豆（*Phaseolus vulgaris*）根系在含 [14]C 标记蒽（ANT）（0.01mg/L）营养液中生长 30d，有 60%的 [14]C 分布在根系，茎和叶片的 [14]C 均占 [14]C 总量的 3%。在 30d 内，有 90%以上的蒽（75mg/株）可被植物代谢为其他化合物。黑麦草（*Lolium perenne*）可从土壤中吸收大量苯并[a]芘，其地上部的苯并[a]芘含量可以达到 9140μg/kg。胡萝卜对苯并[a]芘亦有较强的富集能力，其叶片的 PAHs 含量可高达 1430μg/kg。

植物吸收有机污染物之后，可以通过木质作用将污染物储藏在新的植物结构中；或转化为对植物无毒的代谢物，储藏于植物细胞中；也可以将其代谢或矿化，将其挥发到大气中。植物根对化学物质的吸收速率不仅取决于该物质在土壤溶液的浓度及其物理、化学特性，还与植物本身的特性有关。其中，植物的蒸腾作用是决定植物修复工程中污染物吸收速率的关键变量，它又与植物种类、叶面积、养分、土壤水分、风力条件和相对湿度有关。

（四）植物修复存在的问题与研究展望

1. 植物修复存在的问题

① 植物修复总体效率偏低，一般当年的植物修复效率通常不高于 10%～15%，甚至更低，

严重限制了植物修复的推广与应用。

② 植物修复结束后，随着植物的死亡和凋落其生物量将回归土壤体系，因此污染物又回到土壤生态环境中。即使是对植物进行收获，收获的植物不同部位常含有成分及含量各异的污染物，因此对其进行妥善的后处理是植物修复必须面对的问题，处理得当可以回收重金属等有经济价值的产品，但一旦处理不当会造成重金属等污染物的扩散和二次污染问题。

③ 一般一种植物只能对一种或少数几种污染物有超富集作用，对于大量含有多种重金属、重金属-有机物、生物-化学污染等多种污染物复合污染的场地修复就很难奏效。

2. 植物修复展望

① 通过调查与分析，寻找新的生物量大的超累积植物。
② 筛选生物量大、具有中等积累重金属能力的植物。
③ 采用植物基因技术，培育一些生物量大、生长速率快、生长周期短的超积累植物。
④ 深入研究超积累植物和非超积累植物吸收、运输和积累金属的生理机制。

（五）案例——湖南郴州邓家塘砷污染土壤修复示范工程

2000 年 1 月 8 日，郴州市苏仙区邓家塘乡发生一起严重砷污染事故，导致 600 多亩（1 亩=666.7m²）稻田弃耕、2 人死亡、400 多人集体住院，诱发严重纠纷和暴力冲突。以此事件为代表，砷污染导致的生态与环境、人体健康等相关问题受到了广泛关注。

在国家高技术发展计划（863 项目）、973 专项和国家自然科学基金重点项目的支持下，中国科学院地理科学与资源研究所 2001 年在湖南郴州建立了世界上第一个砷污染土壤植物修复工程示范基地。项目利用蜈蚣草叶片对砷的超强富集能力（砷含量可高达 0.5%），和其对砷和磷的吸收不表现为拮抗作用的特点，协同发挥作用，增施磷肥以增强蜈蚣草对砷的吸收和富集能力。项目运行期间，田间管理除水肥管理外，还需除草、冬季盖膜防冻等措施。每年去除土壤砷的效率为 10%左右。收割的蜈蚣草通过砷的固定剂安全焚烧，以避免对环境可能引发的二次污染。

三、动物修复技术

（一）概述

土壤动物是土壤生态系统中的主要生物类群之一，占据着不同的生态位，对土壤生态系统的形成和稳定起着重要的作用。这些动物主要由土壤原生动物和土壤后生动物群落组成。一般平均每克土中含有原生动物的数量可达 1 万～4 万个；而土壤后生动物群落主要有线虫、千足虫、蜈蚣、轮虫、蚯蚓、白蚁、老鼠等。据从数量上估计，每平方米土壤中，无脊椎动物，如蚯蚓、蜈蚣及各种土壤昆虫有几十到几百个，小的无脊椎动物可达几万至几十万个。它们对土壤肥力保持和生产力的提高具有很重要的作用，土壤生物区系、土壤生物多样性和全球变化对土壤生物的影响已成为土壤生态学研究的前沿领域。

目前，土壤动物还没有统一的准确定义。狭义土壤动物是指生活史全部时间都在土壤中生活的动物；广义土壤动物指凡是生活史中的一个时期（或季节中某一时期）接触土壤表面或者在土壤中生活的动物均称为土壤动物。狭义定义与实际应用不相符，所以土壤动物修复技术适宜采用的是土壤动物广义定义。许多学者在论述生物修复技术时都涉及动物修复技术，但没有提出一个准确的概念。由土壤动物的广义定义可以看出，动物修复技术起主要作用的是土壤动物，因此有研究者认为土壤动物修复技术是利用土壤动物及其肠道微生物在人工控制或自然条件下，在污染土壤中生长、繁殖活动过程中对污染物进行破碎、分解、消化和富集的作用，从而使污染物降低或消除的一种生物修复技术。土壤动物在土壤中的活动、生长、繁殖等都会直接或间接地影响到土壤的物质组成和分布，特别是土壤动物对土壤中的有机污染物机械破碎、分解作用。它们还分泌许多酶等，并通过肠道排出体外。与此同时，大量的肠道微生物也转移到土壤中来，它们与土著微生物一起分解污染物或转化其形态，使得污染物浓度降低或消失。

（二）动物修复原理

1. 土壤动物对一般有机污染物的处理机理

随着城市的发展和人们生活水平的提高，生活垃圾越来越多，密集型农业的进一步发展，特别是畜牧业的发展，产生了大量的粪便，其排到环境中去，严重污染土壤环境。有关资料显示生活垃圾以每年 9%的速度递增。如果这些畜禽粪便和生活垃圾随意堆放，不做适当处理，势必对周围环境的水体、土壤、空气和作物造成污染，成为公害，成为畜禽传染病、寄生虫病和人畜共患疾病的传染源。而这些污染物正是许多土壤动物的食物。土壤动物有许多腐生动物，它们专门以有机物为食，处理能力也相当惊人。在人工控制条件下，土壤动物的处理能力和效率更加强大。中国农业大学开发出了大型的蚯蚓生物反应器，日处理有机废弃物 6t。全国已有 500 多家公司利用蚯蚓处理畜禽粪便，也有许多农场养殖蝇蛆等来处理粪便，大大地降低了粪便量。中国农业大学的孙振钧教授等研究的蚯蚓生物反应器每台每年可处理生活垃圾等废弃物几千吨，同时可以产生 1800t 蚓粪有机肥料。

土壤动物主要是通过对生活垃圾及粪便污染物进行破碎、消化和吸收转化，把污染物转化为颗粒均匀、结构良好的粪肥。而且这种粪肥中还有大量有益微生物和其他活性物质，而原粪便中的有害微生物大部分被土壤动物吞噬或杀灭。其次，土壤动物肠道微生物转移到土壤后，填补了土著微生物的不足，加速了微生物处理剩余有机污染物的处理能力。

2. 土壤动物对农药、矿物油类的富集

农药中的有机氯、有机磷等具有很强的毒性，会对高等动物的神经系统、大脑、心脏、脂肪组织造成损伤；而矿物油类抑制土壤呼吸，使得土壤肥力降低。从生态学角度上看，土壤动物处在陆地生态链的底部，对农药、矿物油类等具有富集和转化作用。谢文明在土壤中添加有机氯培养蚯蚓，发现蚯蚓对所加的有机氯农药的生物富集因子为 1.4～3.8，对六六六和滴滴涕的富集作用明显。王一华、王振中、张薇等分别对甲螨、线虫等土壤动物生物指示作用进行了研究，发现这些土壤动物对农药的富集作用比较明显，可以用作农药污染土壤的动物修复。

3. 土壤动物对重金属的形态的转化和富集作用

土壤由于自身的特殊性成为了重金属污染物的归宿地，土壤重金属污染日益严重，其导致土壤肥力退化、农作物产量降低和品质下降，严重影响了环境质量和经济的可持续发展。植物修复已经很难满足这类土壤的要求。每次用植物富集重金属就是对土壤肥力的一次消耗，只收获植物，而不给土壤补充养分。而如果利用动物来富集重金属或转化其形态，不但不会降低土壤肥力，而且还可以提高土壤肥力。邓继福等对污染区土壤中蚯蚓和蜘蛛体内的重金属含量进行了分析，发现蚯蚓对重金属元素有很强的富集能力，其体内 Cd、Pb、As、Zn 与土壤中相应元素含量呈明显的正相关，对蜘蛛体内重金属含量的分析结果也表现出同样的趋势。朱永恒在土地污染的评价研究中得到，蚯蚓富集量随着污染浓度的增加而上升，蚯蚓体内的 Cd、Pb 和 As 元素的含量和土壤中这三项元素的含量具有良好的相关性，相关系数分别为 0.99、0.83、0.87。马正学等发现了腐生波豆虫（*Bodo putrinus*）和梅氏扁豆虫（*Phacodinium metchnicoffi*）富集铅含量很高，被认为是铅锌类污染土壤的指示种。韩清鹏等研究发现加锌量在 0～400mg/kg 范围内，蚯蚓对土壤氮素矿化、硝化和反硝化活性的促进作用不受加锌量的影响。蚯蚓不但富集了重金属，还可以改良土壤，保持土壤的肥力。

土壤动物不仅直接富集重金属，还和微生物、植物协同富集重金属，改变重金属的形态，使重金属钝化而失去毒性。特别是蚯蚓等动物的活动促进了微生物的转移，使得微生物在土壤修复的作用更加明显；同时土壤动物把土壤有机物分解转化为有机酸等，使重金属钝化而失去毒性。成杰民对蚯蚓、菌根相互作用对土壤、植物系统中迁移转化的影响时发现蚯蚓活动不仅增加了黑麦草根部的积累，菌根则能促进从黑麦草根部向地上部转移。黑麦草吸收含量与土壤和蚓粪中可提取态含量之间呈显著正相关，蚓粪中 Cd 含量显著高于土壤中的含量。因此，蚓粪中有效态 Cd 是植物吸收的重要供源。

（三）动物修复应用及展望

动物修复与植物修复、微生物修复等相对成熟的生物修复技术相比，开展的领域和研究还相对较少，目前是主要的评价污染物环境毒理学特性的重要手段。把土壤动物用于修复污染和恢复退化土壤生态系统研究得比较少，这方面的理论和技术还有待于进一步地研究。有些土壤动物养殖技术如蚯蚓、蝇蛆等的养殖已经很成熟，而其他一些具有很强修复能力的动物的养殖有待于进行深入的探讨。与植物修复技术、微生物修复技术相比，土壤动物研究滞后，且与前两种研究技术的结合不够紧密。而土壤动物在土壤生态中的作用也是不可忽视的。因此，土壤动物修复技术也应该得到重视。

1. 土壤动物直接用于修复

土壤动物大规模养殖技术的进一步成熟，为土壤动物修复提供了基础。同时土壤动物修复技术的应用也促进了土壤动物养殖技术的发展。这不仅会开发出一个新的产业，同时生物修复技术改变了人们环境生态保护意识，增强了人们对环境土壤动物的保护。

农牧业产生的大量废弃物正是土壤动物最好的食物。通过土壤动物的大规模养殖，这些废弃物将是很好的原料，粪便不出畜禽养殖场就能快速地处理完，秸秆也能快速地被处理，而不用担心秸秆焚烧污染大气和浪费大量有机质，同时通过发展土壤动物养殖，还可以产生大量的有机肥料。土壤动物的蛋白质含量在 55%～65%，是上好的蛋白饲料。对于含有沼渣、纸浆废渣及其他工业及生活有机垃圾等污染的土壤都可以用土壤动物单独地进行修复。有的时候还需要结合工程技术进行土壤污染治理。

当污染物中含有大量重金属及农药残留，用于土壤修复的动物则需要进行特别的处理。往往土壤中含的重金属或农药超出土壤动物的半致死浓度时，可以通过工程措施、农艺措施等降低其浓度后进行动物修复。

2. 土壤动物修复技术与微生物、植物修复技术等相结合

土壤动物修复技术如果能和微生物修复技术、植物修复技术、工程技术相结合，将更能发挥其功能，提高修复能力。成杰民等研究了蚯蚓-菌根相互作用对土壤、植物系统中迁移转化作用时发现，蚯蚓活动增加了黑麦草根部的积累，菌根能促进从黑麦草根部向地上部转移，二者具有促进向地上部分转移的协同作用。蚓粪和土壤中提取态 Cd 含量与黑麦草吸收量呈显著相关，而蚓粪中提取态 Cd 含量均显著高于土壤中的含量。这就明显地可以看出蚯蚓、菌根、黑麦草三者相互作用对重金属的富集作用增强了。在很多时候，植物的存在对土壤环境起到了调节作用，如涵养水源，调节土壤水分；分泌有机酸等物质，调节土壤 pH 值，提供土壤的缓冲性能，从而提高了土壤动物在土壤中的生存能力，加强了土壤动物处理能力和富集能力。土壤动物、植物、微生物三者结合进行污染土壤的修复，才能真正地修复污染土壤，重建起稳定的土壤生态系统。

第五节　污染土壤修复模式与应用

一、污染土壤修复应用模式及其发展

污染土壤修复技术在实际应用过程中应根据污染场地水文地质条件、污染特征、修复周期、场地修复后用途等综合选择适宜的单项修复技术或协同（联合）修复技术。我国污染土壤修复体系经过 10 余年的构建和发展，主要形成了以下 3 种应用新模式。

（1）行业典型场地修复与再利用　此模式主要针对污染场地土壤的修复，结合石油及其炼化、有机化工、煤化工、机械加工、金属加工利用等行业的特点，形成以行业典型污染场地为突破口的适应性污染土壤修复技术及其再利用模式。

（2）强化修复与风险管控相结合　此模式主要针对农田土壤，以土壤安全利用和农产品品质为目标,结合固化/稳定化和适宜农产品品种选育，共同达到土壤污染风险管控与生产力高效、安全、经济性多方面协同发展综合模式。

（3）区域多介质环境协同修复　在以环境安全为整体目标的新形势下，环境修复已发展到土壤、地下水、地表水等多介质环境协同修复的新模式，如矿区或流域综合环境修复与治理，

其目标为多介质环境生态功能的全面恢复与提高。

二、污染土壤修复技术比较及其应用

污染土壤修复技术目前在现场应用较为普通的包括土壤气相抽提、热解吸（常温解吸）、固化/稳定化、电动修复、化学淋洗、化学氧化与还原、微生物与植物修复等单项修复技术和化学氧化-生物修复技术联合、物理分离-化学淋洗、电动-微生物联合等复合修复技术，实现物理-化学、物化-生物的典型技术联合或全面联合修复。

表 6.10 列出了现场主流各修复技术的特点及其适用性等的结合比较。

表 6.10   不同修复技术的特点及其适用性综合比较

技术	环境保护	有效性	可实施性	潜在限制	适用污染物	花费/(美元/t)
固化/稳定化	最终产物需要进行现场或异地处置	有效控制风险	一般可行	稳定土壤，污染物仍在其中	对有机污染物和重金属有效	80～330
气相抽提	污染物以气态的形式抽出	对 NAPLs 无效	总体上可行	需要气体处理装置	对 VOCs 有效	20～100
化学淋洗	污染物以溶解态析出并处理	复杂污染物需复合溶剂	总体可行	对低渗透黏土层不适用	对 VOCs 有效	25～250
微生物修复	污染物被微生物降解	灵活、环境适应性强	一般可行	该技术需要进一步研究	高浓度污染物可能无效	30～160
植物修复	污染物被植物转化吸收或利用	长周期下稳定有效	适用于大面积场地	周期长需对植物进一步处理	重金属、有机物	20～50
无行动	无额外保护进入受到控制	限制直接接触	无额外的实施措施	周围的场地利用将受到限制	—	0（必要的监测费用）

我国华北、华南、华东、华中、西南、东北 6 大地区共 27 个大型污染场地修复技术调研结果表明，能量密集型异位修复技术在大型污染场地治理过程中应用广泛。其中热脱附技术应用频率最高，占 37%，热脱附和水泥窑协同处置等能量密集型修复术占 54%，其次是固化/稳定化和化学氧化技术，分别占 16%和 14%（图 6.9）。

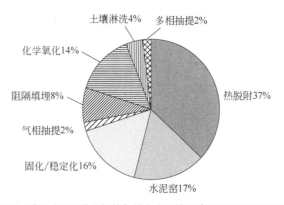

图 6.19   我国大型污染场地修复技术应用情况（截至 2020 年 9 月）

实际污染土壤工程修复中，可根据污染场地的实际情况选择与之匹配的联合修复技术，达到修复效果并尽可能降低修复成本。例如，重金属污染场地修复中，可选择固化/稳定化、化学氧化还原、化学淋洗、水泥窑协同处置等技术组合对其进行联合修复；有机污染场地修复中，可以热脱附、化学氧化、土壤淋洗（如表面活性剂淋洗）、气相抽提等技术进行联合修复，若有机污染物浓度较低，亦可结合生物修复技术进行联合修复；重金属-有机物复合污染场地中，则可选择固化/稳定化、热脱附、化学氧化还原、化学淋洗等技术进行联合修复。表 6.11 列出了现场实际的联合修复技术应用情况。

表 6.11 联合修复技术应用情况

联合修复技术	污染物种类	修复效果	项目
微生物-植物联合修复	石油烃	土壤含油量降至 402mg/kg，去油率高达 95.5%，满足《农用污泥污染物控制标准》（GB 4282—2018）中 A 级土壤标准	陕西某采油厂石油污染土壤的修复示范工程
化学氧化-淋洗联合修复	氰化物	氧化技术和淋洗技术联合使用，氧化剂用量为 3%，淋洗 1 次，土壤氰化物可以满足总量 9.86mg/g 和浸出 0.1mg/kg 的修复目标	天津某氰化物污染场地修复工程实践
固化/稳定化-化学氧化-常温解吸联合修复	砷、氯仿、石油烃、治螟磷	经过 6 个月的修复，修复后土壤检测结果均低于修复目标值	广西某退役农药厂污染场地修复工程
固化/稳定化-植物修复联合修复	镉、铅、砷	通过稳定和玉米种植，耕作层土壤中 Cd、Pb、Zn 有效态含量均降低 40% 以上，A 区土壤均降低 30% 以上，AB 区种植玉米可食部分重金属含量 95% 以上达标且均有增产	云南省某农田土壤重金属污染修复项目
土壤淋洗-化学氧化还原联合修复	铬（VI）	污染土壤总量约为 18845.6t，铬(VI)最高浓度由 56mg/kg 降至修复治理目标限值 25mg/kg 以下	唐山某电镀场污水污染场地修复工程
固化/稳定化-化学氧化还原联合修复	铬（VI）氰化物	铬(VI)和氰化物最大超标浓度由 37.3mg/kg 和 186.0mg/kg 分别降低至对应的标准限值 3.0mg/kg 和 22mg/kg 以下，Cr(VI)浸出浓度<0.5mg/L	张家口市某机械厂原址电镀污染场地土壤修复工程

思考题

1. 什么是污染土壤修复？土壤修复技术包括哪些主要类型？
2. 污染土壤的物理修复有哪些方法？简述各种方法的原理。
3. 简述污染土壤化学修复的过程。
4. 污染土壤电动修复的原理是什么？主要的限制因素是什么？
5. 与传统的修复技术相比，植物修复技术具有哪些优点和缺点？

第七章
污染场地环境管理

第一节　概述

　　污染场地是长期工业化、城镇化等的产物，已经成为世界性的环境问题，目前已构成了对人类和环境的严重危害，如美国 Love 运河事件、荷兰 Lekkerker 事件和英国 Loscoe 事件等。污染场地（contaminated site）是因堆积、储存、处理、处置或其他方式（如迁移）承载有害物质，对人体健康和环境产生危害，或具有潜在风险的区域（李发生 等，2009；李广贺 等，2010）。

　　目前，世界各国对污染场地的基本概念各不相同，如 USEPA 定义污染土地（contaminated land）是被危险物质污染需要治理或修复的土地，而污染场地（contaminated sites）则包括被污染的物体（例如建筑物、机械设备）和土地（例如土壤、沉积物和植物）；加拿大政府认为污染场地是物质浓度高于背景值，对人类健康和环境已造成或可能造成即时或长期危害的土地，或者是污染物浓度超过了政府法规和政策中规定的浓度的土地；英国环境污染委员会（RCEP）则认为污染场地是当地政府认定由于有害物质污染而引起严重危害或有引起危害可能性的土地，以及已经引起或可能引起水体污染状况的土地。不管各种污染场地定义的关注主体及其重点功能，其都直接或间接包含了 2 个方面的含义：a.污染场地是指一个特定的区域，具体包括土壤、地下水、地表水等；b.特定的空间区域已经被有害物质污染，并已对空间或区域内的人类或自然环境产生了负面影响或存在潜在的负面影响。而在污染场地包含的范围、空间和环境介质方面有所差异。

　　近年来，我国工业企业搬迁和固体废物堆放等引起的污染场地数量很多，加之各种农业面源污染、地下污染源污染等时有发生，致使土壤及地下水系统的污染、修复及其环境管理成为前国内外污染场地研究的热点内容，而污染场地的数量也在持续增长中，尤其是我国由于污染场地相关的调查、分析、管理及修复工作整体起步较晚，污染场地的数量和基本情况至今仍不清楚。表 7.1 为欧洲一些国家污染场地及其数量，表 7.2 为我国近年来的工业搬迁场地数量及其基本情况。

　　世界银行 2010 年研究报告《中国污染场地的修复与再开发的现状分析》表明，近年来，北京市四环内百余家污染企业搬迁；重庆市 2011 年列入市政府预算进行调查的搬迁场地预计有 127 家，到 2015 年全市约有 1300 家企业需要搬迁。据媒体报道，有关专家在北京、深圳和重庆等城市的调查显示，最近几年工业企业搬迁遗留的场地中有将近 1/5 存在较严重污染。2004 年北京宋家庄地铁站挖掘作业和 2006 年武汉三江地产项目施工场地发生的工人急性中毒事故均是遗留污染场地造成的。

表 7.1　欧洲一些国家污染场地基本情况

国家	工业场地		废弃场地		军用场地	可能受到污染的场地		污染场地	
	已废弃	使用中	已废弃	使用中		确定数量/个	估计总数/个	确定数量/个	估计总数/个
奥地利	*	*	*	*	*	28000	约 80000	135	约 1500
比利时	*	*	*	*	*	7728	14000	8020	n.i.
丹麦	*	*	*	—	*	37000	约 40000	3673	约 14000
芬兰	*	*	*	*	*	10396	25000	1200	n.i.
法国	*	*	*	*	*	n.i.	约 800000	896	n.i.
德国	*	*	*	*	*	202880	约 240000	n.i.	n.i.
希腊	—	—	—	—	*	n.i.	n.i.	n.i.	n.i.
冰岛	—	—	—	*	—	n.i.	300~400	2	n.i.
爱尔兰	*	*	*	*	—	n.i.	约 2000	n.i.	n.i.
意大利	*	*	*	*	*	8873	n.i.	1251	n.i.
卢森堡	—	—*	*	*	—	616	n.i.	175	n.i.
荷兰	*	*	*	*	—	n.i.	约 120000	n.i.	n.i.
挪威	*	*	*	*	*	2121	n.i.	n.i.	n.i.
葡萄牙	*	*	*	*	—	n.i.	n.i.	n.i.	n.i.
西班牙	*	*	*	*	*	4902	n.i.	370	n.i.
瑞典	*	*	*	*	*	7000	n.i.	2000	n.i.
瑞士	*	*	*	*	*	35000	50000	约 3500	n.i.
英国	*	*	*	*	*	n.i.	约 100000	n.i.	约 10000

注："*"表示有此种类型的污染场地；"—"表示无此类型场地或无信息；"n.i."表示缺乏信息。

表 7.2　中国典型地区工业企业搬迁情况及其相关场地信息

地区	场地信息
北京市	北京市年度污染场地名录中显示，2019 年北京市共有 10 处污染场地
重庆市	重庆市环保局发布的重庆市 2018 年污染地块名录中，共有 58 处污染场地，其中 28 块污染地块开展详细调查和风险评估
上海市	上海市建设用地土壤污染风险管控和修复名录显示，截至 2019 年 12 月 31 日，上海市共有 30 处污染场地正在进行治理修复工作
广州市	在 2020 年开展的生态环境综合执法行动中，截至 10 月 31 日，广州市生态环境局共排查企业 2884 家，发现环境问题企业 411 家
沈阳市	2019 年度沈阳共有 3 处污染场地，其类型包括制药厂、化工厂和有色金属加工厂
浙江省	根据浙江省建设用地土壤污染风险管控和修复名录，截至 2020 年 6 月 28 日，全省共有 56 处污染场地，其中 16 处属于地下水污染
江苏省	在 2019 年 12 月 25 日发布的江苏省建设用地土壤污染风险管控和修复名录（第一批）中，全省共 63 处污染场地

随着我国城镇化进程的加快、产业结构和规划布局调整，很多企业搬迁、停产或关闭。相当一部分搬迁和关停企业遗留下来的场地已被污染，给后续土地开发留下严重的环境安全隐患，成为影响和制约城市可持续发展的重要因素。污染场地由于历史遗留的危险物质和污染物以及土壤地下水的污染，其再利用和重新开发程序复杂风险较大，并对环境和公众健康可能构

成巨大威胁。因此，若要规避污染场地再开发的风险，减轻对环境和公众健康的压力，对污染场地进行环境风险管理和修复就显得非常必要。同时合理安全开发污染场地有利于缓解经济社会发展用地的需求，对保护农用耕地也将起到积极作用。

第二节　污染场地环境管理及其主要流程

污染场地管理主要是按照以下步骤对污染场地实施相关管理程序：a.污染场地筛选与登记；b.污染场地调查；c.污染场地风险评估与修复目标确定；d.污染场地修复技术的选择与实施；e.污染场地修复效果评价；f.污染场地修复后再利用。

一、污染场地筛选与登记

欧盟已有 140 多万处污染土地被列入管理名单，迄今已有约 1.4 万处被修复。其中法国约 30 万～40 万处，德国约 36.2 万处；法国现今已拥有"土壤污染档案"，对污染地点、污染种类，以及是否需要治理、治理到什么程度等均一一记录在案。挪威国家污染控制局从 1989 年开始了全国潜在污染点调查，到 1992 年年底已确认了近 2000 个潜在污染点。在对污染土地进行调查、登记、分类的同时，发达国家纷纷制定了污染土壤修复计划，建立了国家污染场地数据库，选择其中 1000 个典型的污染场地逐步开展场地污染治理。可见污染场地筛选与登记是完善污染场地环境管理体系的重要基础和保障。

随着我国的产业结构调整和各级政府及单位的发展计划，据不完全统计，2000～2005 年期间，江苏省共有 400 家化工企业搬出城区，城区内关停的小化工企业数量更是多达 1000 多家。2010 年前，江苏省城区内的所有化工企业将集中布局在化工园区，置换出 30 万亩土地。大量遗留的污染场地结合不同的后续土地开发用途，对其进行注册、登记和筛选，已成为当务之急。

二、污染场地调查

根据场地调查的对象可将其分为场地功能属性调查、场地自然属性（包括污染与生物特性）调查、场地污染物特征调查三部分。根据场地调查的时间先后及资料收集深度，可将其分为三个阶段，即历史资料调研与现场踏勘、现场初步调查、修复调查阶段。

1. 场地功能属性调查

场地的利用方式与功能属性对修复目标的制定与修复技术的选择有重要的影响，同时制约着场地修复方案和施工过程。对于特殊用途（如保护水源）的场地，其修复目标和修复技术至关重要，土壤或水体（包括地下水和地表水）质量标准就成了选择修复技术体系的依据。因此，在进行污染场地修复之前明确其功能属性是实施场地调查与修复的重要基础。

2. 场地自然属性调查

场地包气带和地下水特性、填埋物等场地自然属性对修复技术选择和方案实施有重要的影响，是建立污染场地概念模型、筛选修复技术、模拟修复效果的重要参数，同时会影响修复工程的布局、实施、现场采样等。场地生物特性指标的选择需根据污染物特征和现场初步调研资料确定，包括场地的微生物和动植物种类、数量等。对于污染场地来说，尤其要注意污染前后微生物和动植物种类和数量的变化，污染物的存在可能导致生物资源的减少和生态系统的破坏。另一方面，评估在生态系统适应环境胁迫后，可能会产生新的适应种群，对场地功能的实现和再利用可能会带来新的挑战或契机。而对以微生物为功能主体的生物修复技术而言，微生物种类、数量及其动态变化会影响修复工程的效率，是修复技术体系的重要参数。同时，污染场地的生物特性构成环境生态风险评价的重要内容。基于此，全面调研场地的生物特性是获得必需的场地条件与特性的重要途径。

3. 场地污染特征调查

场地污染特征调查包括污染物种类、污染物含量、污染历史，是修复技术选择的重要依据。与场地物理特性、生物特性和场地功能属性相比，污染特征是场地修复的行动原因。场地污染特征是风险评价中人体暴露途径和暴露水平的基础数据，也是环境生态毒性研究的基础。通过全面的调查场地的污染特征，才能有针对性地制定修复目标、选择经济高效的修复技术。

污染物种类是选择修复技术的基础依据。一方面，由于不同的污染物其代谢途径、去除原理差异较大，导致不同污染物的优势技术体系各不相同；基于目前可在现场应用的修复技术体系，不同污染物可达的修复目标也有差异。例如，生物修复、土壤汽提、土壤淋洗等技术是已经在现场成功运用可有效去除或降解石油烃等有机污染物的修复技术；而重金属污染则可以通过植物修复或土壤淋洗得到治理。另一方面，由于不同的污染物其毒性差别较大，导致了人体健康风险和场地环境生态风险的差异。如环境优先控制污染物和美国协议法令规定的污染物毒性就远高于其他类型的污染物，在修复时应加以考虑。

各场地不同的污染物含量决定了修复目标的可达性和难易程度，也影响场地功能的最终实现。污染物积累到一定水平时，会增强对人体和环境毒性，加大暴露强度。因此，大多数国家制定了地表水、地下水、土壤和大气等不同介质环境的污染物标准限值，严格控制有毒有害物质对环境和人体的危害。

污染物在场地范围内的迁移、转化等过程与污染的时间（即污染历史）密切相关，可能会涉及中间产物和生态毒性的变化，也应作为修复技术选择的依据之一。由于挥发、微生物代谢、吸附、下渗等作用，污染一定时间的场地其污染物种类和含量可能会发生变化，如自然衰减作用可以依不同的污染物种类、地层条件、场地物理特性等对污染场地进行不同程度的修复。对于有机污染的场地，经过一段时间的驯化与培养，可能会产生适应污染物的微生物种群，这对选择生物修复技术时有着重要的意义。而对于突发性的即时污染场地，有时选择快速、直接的物理措施，如固定/稳定、开挖等措施可以及时切断污染源和污染物迁移途径，再辅以其他经济、有效的修复技术，则可以达到彻底、全面的污染修复。

在充分的场地特征尤其是污染特性和其迁移机制调查基础上进行的污染场地风险评价是修复目标确定的基础，是整个修复流程模式的支撑，因此在科学的场地调查和充分的数据获取的基础上进行有效的风险评价对场地修复有着重要的意义和作用。

三、污染场地风险评估与修复目标确定

基于评估对象范围的不同，污染场地的环境风险评估可分为生态风险评估和人体健康风险评估两大类。人体健康风险评估是基于化学物质作用于人体的毒性水平和风险程度，评估污染物通过各种迁移转化和暴露途径在特定场地条件下特定暴露剂量时对人体健康产生的风险水平。生态风险评估则是应用定量的方法来评估各种环境污染物（包括物理、化学和生物污染物）对人类以外的生物系统可能产生的风险及评估该风险可接受程度的一套模式。

就评估技术而言，基于人体健康的风险评估技术发展得相对较为成熟，而生态风险评估则是从 20 世纪 80 年代末 90 年代初才开始发展起来的，主要集中于对水生生态系统的风险评估，对陆地生态系统的概念性模型则主要针对少数的特殊污染物（如农药），直到最近才对陆地生态系统风险评估给予较多的关注。

人体健康风险评估应搜集的资料包括毒理学资料、人群流行病学资料、环境和暴露的因素等。评估的目的在于评估场地及各介质中特定剂量的化学或物理因子对人体、动植物和生态系统造成的（或可能造成的）损害及其程度大小。人体健康风险评估包括健康危害判定、剂量-健康危害分析、暴露评估和健康风险表征等几方面的内容，涉及包括层次法、故障树法、模糊数学法和概率风险评估法等在内的多种方法和模型，在污染场地风险评估时根据场地条件进行方法和模型的选择与评价。

修复目标是污染场地修复技术选择与方案制定的基础和依据。修复目标应根据不同的场地功能和风险水平进行相应的选择，并进行充分的调研和论证。

目前，国外及一些国际组织制定和常用的修复目标主要分为基于背景值/标准的修复目标、基于风险评估的修复目标和基于特定场地的修复目标三类。

（一）污染场地修复目标的种类

1. 基于背景值/标准的修复目标

基于背景值/标准的修复目标最适用于因场地长期规划使得未来无法进一步修复或场地面积较小的情况。当特定的场地某种污染物未列在标准/基准值清单中，或者必须考虑特定场地详细信息，或者公众健康、安全及对环境的潜在风险不能有效量化时，应采用下述基于风险评价的修复标准或特定场地的修复标准。

特殊情况下需要测定场地背景值，通过搜集足够多的样品并通过统计分析来确定背景浓度。确定背景值方法有多种，主要取决于采用的统计方法、场地条件、采样点布设、专家的判断等，其中专家的判断是最重要的。

基于背景值/标准的修复目标是最为彻底、要求最高的修复目标，但存在如下问题：a. 由于

不考虑场地的功能与属性，均以背景值/标准为修复目标，致使场地修复目标和修复费用过高而难以接受；b. 技术水平与目标可达性之间不匹配；c. 污染场地的各介质环境质量背景值/标准难以确认，关键在于许多场地缺乏在污染之前相关物质背景含量的翔实资料。由于上述问题和局限性，我国污染场地的修复中基本无法使用基于背景值的修复目标。

2. 基于风险评估的修复目标

当暴露途径、污染物特性、受体或其他场地特性与已有的国家标准差异较大时，基于背景值/标准的标准存在问题，难以实施的情况下，基于风险评估的方法备受关注。主要包括如下情况：a. 缺乏相关介质的国家标准，或场地难以获得与标准相关的数据资料；b. 场地条件、污染受体和/或暴露途径不符合制定标准的前提条件；c. 必须考虑生态问题（如场地栖居濒危或敏感的野生动植物，稀有或濒危物种）；d. 数据信息有严重缺失（如缺少目标污染物的相关信息；暴露途径或某种污染物的污染特性无法预测或确定；风险水平不确定等）。

基于风险评估的修复目标以人体健康风险评估为出发点来指导污染场地修复目标的确定，既充分考虑了场地的功能和对人体健康的危害程度，同时可根据风险评估的结果合理确定修复的目标和程度，避免不必要的投入与花费，这也是适合我国污染场地修复体系的修复目标。

3. 基于特定场地的修复标准

这一修复目标适用于不能用背景或风险评估确定合理修复目标的场地，对于场地条件不满足进行风险评估的假设前提，场地某种环境介质中含有某种或某些特殊污染物，无标准限定，场地环境介质复杂的污染场地，可采用此种方法制定修复目标。

这一修复目标的前提是特定场地的划分与确定，我国特定场地的划分并不明确，特定场地的修复目标与要求也未成体系，因此特定场地的修复目标在中国现阶段的污染场地修复中难以有针对性地实施。

（二）修复目标的确定

综合基于背景值/标准的修复目标和特定场地修复与我国污染场地特点的关系分析，我国在进行污染场地修复时，应在完善污染场地风险评估的基础上，以基于风险评估的修复基准作为修复目标，以经济、有效的修复技术对污染场地进行修复，以达到场地功能的实施与应用。

修复目标是以不同的场地功能和利用途径为前提的，同时应参照当前阶段的可实现性，是整个修复技术的出发点和首先应满足的目标。在修复目标分类与比较的基础上，结合我国的国情，确定本规范的修复目标是基于风险评价的修复目标。

四、污染场地修复技术选择与实施

污染场地的修复技术体系包括基于修复目标的选择与制定、修复技术的选择、修复方案的确定和现场实施等，是污染场地修复的核心和实现场地功能的支撑。

（一）修复技术选择

修复技术的选择是污染场地修复的核心内容，欧美国家已经初步建立了较为系统的修复技术体系，积累了大量的现场经验。而与欧美国家相比，我国的污染场地修复技术体系正处在初步阶段，方兴未艾。进行修复技术选择时，应充分考虑技术有效性、可实施性、投资、长/短期效果、公众接受度等因素，是修复目标得以实现的基本保障。

1990 年，USEPA 制定了超级基金修复行动选择导则，规定了修复技术选择的"九原则"，涵盖人体健康和环境保护，技术的可实施性和适用性（ARARs）是技术选择的重要基础。在此基础上，考虑：a.修复技术的有效性，能够有效地降低污染物的毒性、迁移性或污染负荷；b.修复技术的短期、长期效果；c.修复技术在技术和管理上的可行性；d.投资与公众接受程度。

1999 年，欧洲提出了污染场地修复技术选择的框架体系，污染场地管理和决策过程中需考虑的关键性因素包括场地修复目标、基于风险的场地管理、场地的可持续发展、各场地相关各方的利益、修复成本和修复技术的可行性等。

为实现修复场地的可持续发展，荷兰通过比较不同修复技术对降低风险和成本、增加环境效益等的作用，同时考虑相关的经济、社会及政治价值等，建立了一套选择最佳修复技术的决策支持系统。

综上所述，各国在修复技术选择的原则方面，侧重点有所不同，但都具有适应各自国情、建立相对完整系统的选择评价体系的特点。对于我国制定修复技术选择原则与方案具有重要的借鉴意义。总体上，借鉴各国修复技术体系的特点，在选择修复技术时主要应考虑以下几个方面的内容和技术特性。

1. 技术有效性

技术有效性包括修复技术的短期和长期有效性。短期有效性是指修复工程建设以及实施阶段对施工人员的劳动安全保障及对周围人群的保护；长期有效性则是修复技术能够达到行动目标并具有长期的效果的能力或潜力，包括污染物毒性、迁移性、浓度/量的降低或减弱。一般意义上的技术有效性是指长期有效性。

修复技术有效性评价指标主要包括遗留风险水平、风险源、控制遗留风险的措施及措施的长期可靠性、监测系统和其他控制措施、技术上的不确定性等。

有效性评估方法和指标体系包括土壤污染物的半衰期、去除效果评价，以及地下水和地表水体的模型评价等。根据评估的结果，只有那些技术有效、投入合理并符合现有污染法规体系的修复技术才可纳入供选择的修复技术体系中。

2. 制度可操作性

修复技术的制度可操作性是在修复技术选择过程中获得不同的部门许可、社团接受，各类服务、特殊设备、材料和专业劳动力等的可用性。

制度上的可操作性是修复行动得以实现的保障体系。基于此意义上的制度可操作性与修复工程现场的条件、人类活动状况等密切相关，应在场地调查的基础上有针对性地开展。总体上，进行修复技术选择时，应在法律法规允许的范围内，对修复工程技术实施的制度可操作性进行评估，并以此作为修复技术选择的依据。

3. 修复工程周期

修复工期是修复技术有效性的重要依据，在基于风险评价的修复技术体系中，同等投入情况下应当选择在尽可能短的工期内实现修复目标的技术，以保障场地功能的实现。

如果修复工期过长，污染物迁移和转化的可能性增加，会造成污染范围扩大、危害加重，造成已选技术可能无法近期完成修复目标，从而需要重新选择或集成修复技术，这势必造成修复成本的增加。

4. 公众接受度

公众接受度与其他修复技术选择原则相比，更倾向于人的主观能动性，是社会经济和文明高度发达后的产物，同时体现了人作为客观环境的主体对其环境意识增强的结果。目前，在西方发达国家公众对修复技术，尤其是修复技术对环境的次生污染、场地功能实现潜力和场地污染对人体危害等方面的有一定的关注，可以起到一定的导向作用。而在国内，公众关注在环境方面的影响还很小，对修复技术选择的影响也相对更少。但随着经济发展和人民生活水平的提高，公众对环境的关注度日趋提高，因此选择修复技术时也应考虑这方面的因素，接受舆论监督，采纳公众合理建议，是污染场地修复技术选择的趋向。例如可以对公众关心的问题召开听证会。

5. 资金投入

资金投入对修复技术的制约是外部和间接的，是非技术性的因素，但有时可能是致命的，是一切修复技术选择必须考虑的先决条件。资金投入包括基建费和运行费，建设费用（材料、劳工和设备）、准备场地费用、各种管线的铺设费用、附近居民的搬迁费用、处置费用（包括运输）；工程管理费、财务服务费、法律咨询费、许可证办理费、其他不包括在实际建筑活动中的费用；运行、监测、维护费用。

资金投入评估所需的信息可能来自经销商、定价部门、估价指南，或者参考其他类似工程。在筛选过程中，应该充分比较资金投入的各个方面。当然，资本费用，操作、维护和监测费用都应该包括其中。在筛选过程中，如果不同修复行动在不同的时间发生，一般以评估时价格为准。

基于以上对修复技术选择原则的分析，修复技术的选择是在合理的资金投入范围内选择相对最高效、短期可以达到人体健康风险要求的修复目标。上述的选择原则在一定程度上存在矛盾或是相互依赖，因此应根据场地的实际情况选择合适的侧重点，综合选择合理的修复技术体系。

（二）修复方案制定与实施

在修复技术选择的基础上，针对整个场地进行技术集成，形成总体修复技术体系，制定修复方案。修复方案是指导修复工程实施的依据，方案的合理性、系统性直接决定了修复工程能否顺利进行和达到预期的修复目标。在制定修复方案时，应严格按照规范要求，思路清晰，内容详尽完整，操作性强。

美国《修复调查和可行性研究规范/指南》中详述了修复技术和方案的制定和选择步骤。技术选择针对不同的环境介质，选择依据"三原则"，即有效性、可实施性、资金投入。形成初步方案后先进行初步筛选，筛选出不多于 10 个备选方案，进行逐一分析和对比分析。其缺陷在于流程过于复杂，技术选择和方案依次独立完成，依次进行两级方案制定、细化、筛选和可行性研究，缺乏灵活性，不利于实际操作。

修复方案制定要求严谨、翔实，可实施性强。在污染场地修复实践中，需要在现有经验的基础上，以《建设用地土壤修复技术导则》（HJ 25.4—2019）为依据进行详细的归纳总结，并借鉴国外在方案制定方面的经验和教训，形成具有中国特色的规范体系。

修复技术规范中已经详细规定了修复方案的制定步骤和比选原则、工程设计与施工要求、运行/维护/监测的实施。因此，下面仅对修复方案的评价和比选进行详细论述。

首先，所选技术与国家现行相关法律的相容性，即所选技术相关内容不能与国家现行法律相抵触。如不能使用法律禁止的药品、材料等，技术实施过程中不得产生法律规定的有害物质等。

技术有效性是选择修复技术的最重要的标准，其他如可实施性、成本、长/短期效果、公众接受度等因素亦需考虑。一项技术的修复效率高，其所需的费用支出也可能较高，因此，必须在修复效果与经济效益之间达到平衡。

另外，方案评价应当包含每种方案的不确定分析，包括假设条件的变化或未知条件的影响分析等。例如，对于抽提地下水的方案，如果对含水层某个特性参数估计错误，达到地下水修复目标的时间可能会显著增加。

修复方案的选择应当考虑介质相互作用的影响。例如，污染物从土壤中挥发去除后可能导致周围空气中污染物浓度增大，对受体造成的健康风险则会加重。因此，独立地考虑不同介质有可能低估污染场地的风险性，从而忽略一些必要的修复要求与环节。例如，在污染地下水修复时把土壤和地下水放在一起进行全面的评价和修复方案的制定更加符合实际情况，场地修复的实施和效果评价也更有针对性。

（三）修复工程设计与施工

修复工程设计与施工是污染场地修复的具体实施阶段。工程设计应根据场地条件，按照修复技术方案，明确场地修复的具体施工过程。修复工程设计包括方案设计、初步设计和施工图设计三个阶段。修复工程施工要根据不同的土壤污染对象、污染种类、污染程度及场地特性和条件等，按照既定的修复方案及工程设计方案，采用对应的污染修复工程技术装备，实施修复工程。

修复工程设计与施工必须满足一定的要求。如美国纽约州的修复规范中规定修复设计与施工须依据联邦和州政府法规，方案通过审批后，具备场地准入及施工许可后进行施工，同时需要制定保障施工人员与周围居民的健康和安全计划。在施工过程中要有详细的记录，应尽量防止污染物在环境介质之间的转移。若修复工程对其他生物资源产生影响时，应制定详细的保护措施。需要制定初步的运行、监测和维护计划，并设计和建立监测系统。

修复工程的运行、维护与监测贯穿整个修复过程，以确保修复的有效性和修复目标的实现。主要包括：运行、维护修复工程系统，定期检查评估场地修复状况，监测并报告修复系统的运行情况，为系统出现的故障提供预报、预警，并采取应急的修复措施等。美国纽约州根据场地修复时间的长短（以18个月为限），将污染场地分为两类，即应急或短期修复场地和长期修复场地。对长期修复场地需要制定详细的运行、监测及维护手册及正式的监测计划，包括性能监测、有效性监测、趋势监测等。根据不同监测目的，选择适当的监测布点采样方法，确定有效的采样频率。丹麦在场地修复过程中进行项目运转及修复效应的评估，主要是检查特定修复技术的修复效果。在评估之前先确定评估所需测定的参数。评估系统制定了工作报告的次数及形式，在此前提下继续进行项目运转及修复效应的评估，确保获得预期的修复效果。

修复过程中需要及时向环境主管部门汇报修复工作进展情况，定期提交阶段性修复报告。加拿大西北辖区规定修复责任方和修复技术人员应按期实施加拿大野生生物及经济发展部（RWED）批准的修复行动计划，并在预先制定的时间表内提交监测报告。如实际操作中的修复行动与获得认可的修复行动计划有所偏差，修复责任方必须通知 RWED。RWED 在对新的行动计划进行评估后做出响应。当修复行动计划中的预期目标未能实现时，修复责任方必须重复制定和完善修复行动计划。

五、污染场地修复效果评价

修复工程实施后，对其修复效果进行全面而客观的评价是修复技术体系的全面总结与阐述，不仅对修复技术的可靠性和适用性进行判断，还是完整意义上污染场地管理的重要组成部分。在国外，成功的污染场地治理案例，其场地修复效果的评价甚至是场地关闭后的持续监测及其对当地人体健康和生态环境风险的影响是需长期跟踪和进行监测的项目。

对场地修复效果进行评价，包括治理效果和风险评价，如果达到了预期的修复目标，可以恢复场地的使用功能，且对人体健康及环境不存在直接或间接的危害时，可以终止修复，并完成修复报告。往往修复系统关闭时，监测系统仍然运行一段时间，特别是针对自然衰减系统。直至监测结果明确表明污染物被有效去除，且得到环境主管部门的批准，才可关闭监测系统。加拿大爱德华王子岛技术与环境部制定的石油污染土地修复指南中规定当修复行动计划中所有的要求都满足时，环境部门将会发出不需要进一步修复行动的通告，结束管理程序。加拿大西北辖区规定当修复责任方和修复技术提供方成功达成修复行动计划中的预期目标时，可撰写场地修复终止报告，并递交给 RWED 进行审核，确定修复效应的实现。丹麦、美国等，在修复终止、场地关闭时，都要对公众发布场地修复信息。

（一）评价指标体系

修复效果评价主要包括污染治理效果、次生污染控制和修复技术的社会效益与经济效益评价三部分。其评价指标体系如下所述。

① 场地污染物的去除效果，即污染修复效果。这是污染场地修复效果的直接体现，是达到设计目标和修复目标的基础保障。具体指标有污染物去除率、降解率、半衰期等。

② 不产生次生污染，这是评价修复技术体系的全面要求和提高，随着公众对环境的关注度提高和技术的进步，除污染修复效果本身，应对技术体系本身对环境的破坏度或影响度进行评估。主要指标包括污染物降解中间产物量及物质组成动态变化、修复过程及修复前后的介质毒理学特性评价与比较等。

③ 污染场地修复的社会效益与经济效益，此分项体系主要体现了场地修复效果的综合性，是污染修复效果的延伸与补充，对社会与经济的发展可以起到促进的作用。主要指标有修复工程的直接收益、对社会发展的影响度、公众舆论导向等。

（二）污染治理效果

污染治理效果主要是评价修复工程实施对场地污染风险的降低程度，是否达到预期的修复目标。

评价治理效果时，应当评价去除有毒污染物、减少污染物量、切断或减轻污染物向接受者迁移趋势的技术。评价依据包括：破坏、固定或处理有害物质的量；对污染物毒性、活性的减小程度；处理过程的不可逆水平；处理后遗留物的类型和数量。

如经评价风险指数达到设计要求，表明修复工程实施效果达到预期计划目标，工程可终止运行。当从技术或经济上考虑继续进行修复的可行性不大时，即使修复目标尚未完全实现，环境主管部门仍可依据不同场地情况，要求关闭系统。

（三）社会效益与经济效益

修复技术与工程的社会效益和经济效益是整体修复评价中不可缺少的有机组成部分，如果修复技术只追求去除效果，而不考虑社会效益、经济效益、环境效益、公众舆论等其他方面的因素，其总体性能和效益则只会停留在较低的水平。修复技术与工程的社会效益与经济效益评价包括：a. 场地风险水平降低，实现对公众健康的保护；b. 场地功能及价值的提高，即修复可能创造的直接经济价值；c. 修复技术体系的构建与完善，主要体现为环境效益的提高与实现。

六、污染场地修复后再利用

污染场地修复后再利用可分为两种方式，即原址利用和异址利用。为防范修复后土壤在转移过程中对环境造成二次污染，遵循减量化、无害化、少转运等原则，修复后土壤应当优先选择原址再利用方式。当原址地块同时存在第一类用地和第二类用地规划区域时，原则上修复后土壤达到第二类用地修复目标的，不得用于第一类用地规划区域；当必须使用回填至第一类用地区域时，需重新进行人体健康风险评估。修复后土壤再利用过程中，特别是异址再利用和转移过程中，需要更加注重再利用过程的风险管控，确保修复后土壤再利用的环境安全。满足以下任一情形的修复后土壤可进行异址转运再利用：a. 土壤中污染物残留浓度低于再利用区用地方式相应的风险筛选值；b. 再利用区环境可接受性评估表明再利用土壤风险可接受。

修复后土壤的再利用途径多种多样，目前已有实际应用的主要包括以下几种。

1. 建筑用地回填用土

主要是将修复后土壤在城市建设用地需要建设建筑物的用地中用作填土。以固化/稳定化后的土壤或混合产物为例，其宜在有连续硬化地面的第一类用地或第二类用地建筑物下再利用；回填区宜在当地丰水期地下水最高水位上方至少 1.2m；回填区底部和顶部铺设警示铁丝网，对区域内的工程活动起到警示作用；另外，区域警示的要求、动工许可的要求、文件存档的要求等也要齐备并符合各项规章。

2. 道路设施用土

是指修复后土壤用作在道路与交通设施用地中用作路基材料的土壤。道路设施一般属于第二类用地，修复后土壤作为道路设施用土时，除了满足环境可接受性评估的要求外，再利用区还需禁止填方在穿越水源保护区、农田等环境敏感区的道路下方；穿过填方区的供水管线应做好保护措施，如采用防腐蚀防渗漏套管，填方区附近避免接触排水设施、水量控制设施等；固化/稳定化体土壤除满足环境质量要求外，需同时满足道路工程要求（参照路基材料相关工程技术指南）方可再利用。

3. 绿化用土

主要是用作绿地与广场用地中绿化的土壤。修复后土壤作为绿地用土时除了满足环境可接受性评估的要求外，还需满足风险管控技术的要求。如修复后的绿地用土回填深度应至少距地面 1m，上层必须覆盖无污染的厚度至少为 1m 的干净填土；回填绿地上方不得种植食用作物；固化/稳定化体土壤的要求同建筑用地回填用土。

4. 垃圾填埋覆土

目前还没有填埋场覆土中污染物的浓度限制标准，在环境可接受性评估后的土壤一般都可用作覆土再利用。在大部分情景下垃圾填埋场远离人体活动范围，且其主要环境影响关注点为填埋废物的气味和渗滤液，对覆土的质量要求较宽松，一般只需要满足生活垃圾填埋场工程技术要求即可。

除上述再利用途径外，修复生达标的污染土壤还可用作制备免煤陶粒、制砖、制备生态水泥等，作为上述功能材料的部分原材料，通过按比例加入和合适的制备技术与方案，实现修复后土壤的安全再利用，同时可节约土地资源。

思考题

1. 污染场地的概念及其包含的类型有哪些？
2. 污染场地调查主要包括哪几个方面？
3. 污染场地风险评估有哪几方面的指标？
4. 污染场地修复资金的来源主要有哪些？其主要特点有哪些？
5. 污染场地修复目标的种类有哪些？其选择依据应如何考虑？

实验部分

实验一　土壤样品的采集与制备

一、实验目的与意义

　　土壤样品采集和制备是土壤理化分析的重要环节。采样过程中引起的误差往往比室内分析引起的误差大得多，因此，必须采集有代表性的土样。样品的采集和制备必须严格认真地进行，否则尽管以后分析工作很精细，仍不能得出正确的结果。因此，科学合理的土壤样品采集和制备是土壤分析的基础，是分析数据质量控制的源头步骤。从野外采回来的土壤样品，常常含有砾石、根系等杂物，土粒又相互黏聚在一起，这就会影响分析结果的准确性，所以在进行分析前，必须经过一定的制备处理。

　　(1) 掌握土壤样品采集的一般方法和原则。

　　(2) 掌握土壤样品制备的一般方法和要求。

二、所需材料

　　(1) 环刀、铝盒、削土刀。

　　(2) 取土铲、土样保存袋。

　　(3) 土壤样品标签、笔记本、笔等辅助用品。

　　(4) GPS，取样点坐标是记录取样地理位置的要求，也是目前研究和文章发表的必需基础数据。

三、实验步骤

(一) 前期准备

　　(1) 取样物品灭菌　将取土铲、土样保存袋等直接接触采集样品的物品在紫外灯下灭菌

15min。

    （2）土壤样品标签准备　取大号标签纸，按下图准备样品标签。

样品标号_____	样品名称_____
土壤类型_____	监测项目_____
采样地点_____	采样深度_____
采样人_____	采样时间_____

（二）土样的采集

    分析某一土壤或土层，只能抽取其中有代表性的少部分土壤，即土样。采样的基本要求是使土样具有代表性，即能代表所研究的土壤总体。根据不同的研究目的，可有不同的采样方法。

1. 土壤剖面样品

    土壤剖面样品是为研究土壤的基本理化性质和发生分类所采集的样品。应按土壤类型，选择有代表性的地点挖掘剖面，根据土壤发生层次由下而上地采集土样。一般在各层的典型部位采集厚约 10cm 的土壤，但耕作层必须要全层柱状连续采样，每层采 1kg；放入干净的布袋或塑料袋内，袋内外均应附有标签，标签上注明采样地点、剖面号码、土层和深度。

2. 耕作土壤混合样品

    为了解土壤肥力情况，一般采用混合土样，即在一采样地块上多点采土，混合均匀后取出一部分，以减少土壤差异，提高土样的代表性。

    （1）采样点的选择　选择有代表性的采样点，应考虑地形需基本一致，近期施肥耕作措施、植物生长表现需基本相同。采样点 5～20 个，其分布应尽量照顾到土壤的全面情况，不可太集中，应避开路边、地角和堆积过肥料的地方。

    （2）采样方法　在确定的采样点上，先用小土铲去掉表层 3mm 左右的土壤，然后倾斜向下切取一片片的土壤。将各采样点土样集中一起混合均匀，按需要量装入袋中带回。

3. 土壤物理分析样品

    测定土壤的某些物理性质。如土壤容重和孔隙度等的测定，需采原状土样，对于研究土壤结构性样品，采样时需注意湿度，最好在不粘铲的情况下采集。此外，在取样过程中必须保持土块不受挤压而变形。

4. 研究土壤障碍因素的土样

    为查明植株生长失常的原因，所采土壤要根据植物的生长情况确定取样。大面积危害者应取根际附近的土壤，多点采样混合；局部危害者，可根据植株生长情况，按好、中、差分别取样（土壤与植株同时取样），单独测定，以保持各自的典型性。

5. 环刀取样测容重

选择有代表性土壤，将其表层去掉薄层、平整，将其刀刃方向向下，上侧环刀套上刀柄，将其垂直均匀用力插入土壤，必要时可用锤子或其他辅助工具将其垂直均速砸入土层。当土壤稍溢出环刀时停止用力，用铲子将带原状土壤的环刀挖出，注意要使土壤充满整个环刀，取出后用削土刀将多出环刀部分的土壤轻轻削平，套上环刀盖，放入密封袋，贴上标签。

（三）样品的四分法分样

一般1kg左右的土样即够化学物理分析之用，采集的土样如果太多，可用四分法淘汰。四分法分样方法是：将采集的土样弄碎，除去石砾和根、叶、虫体，并充分混匀铺成正方形，画对角线分成四份，淘汰对角两份，再把留下的部分合在一起，即为平均土样，如果所得土样仍嫌太多，可再用四分法处理，直到留下的土样达到所需数量（1kg），将保留的平均土样装入干净布袋或塑料袋内，并附上标签。

（四）土壤样品制备与保存

土壤样品的处理包括风干、去杂、磨细、过筛、混匀、装瓶保存和登记等操作过程。

1. 土壤样品的制备

（1）风干和去杂　从田间采回的土样，除特殊要求鲜样外，一般要及时风干。其方法是将土壤样品放在阴凉干燥通风、无特殊的气体（如氯气、氨气、二氧化硫等）、无灰尘污染的室内，把样品弄碎后平铺在干净的牛皮纸上，摊成薄薄的一层，并且经常翻动，加速干燥。切忌阳光直接暴晒或烘烤。在土样稍干后，要将大土块捏碎（尤其是黏性土壤），以免结成硬块后难以磨细。样品风干后，应拣出枯枝落叶、植物根、残茬、虫体以及土壤中的铁锰结核、石灰结核或石子等，若石子过多，将其拣出并称重，记下所占的比例（%）。

（2）磨细、过筛　进行物理分析时，取风干土样100～200g，放在牛皮纸上，用木块碾碎，放在有盖底的18号筛（孔径1mm）中，使之通过1mm的筛子，留在筛上的土块再倒在牛皮纸上重新碾磨。如此反复多次，直到全部通过为止。不得抛弃或遗漏，但石砾切勿压碎。筛子上的石砾应拣出称重并保存，以备石砾称重计算之用。同时将过筛的土样称重，以计算石砾质量分数，然后将过筛后的土壤样品充分混合均匀后盛于广口瓶中，作为土壤颗粒分析以及其他物理性质测定之用。

2. 土壤样品的保存

（1）对于要测定含水率、微生物特性等需要鲜样品的测试项目，去掉石砾和根、叶、虫体等明显不属于土壤基质的杂物后，将其密封，测定微生物性质的样品放在冰箱中4℃一周内测定，进行分子生物学分析的样品可放于−80～−60℃保存半年左右，而进行常规测定的则可在常温下保存但需尽快测定。

（2）测定挥发性有机污染物和具有挥发性的重金属或其他指标的样品，需要在室内或风速较小的室外，无强日光照射下阴干。测定粒径等指标的样品则需要风干。

（3）化学分析时，取风干好的土样按以上方法将其研碎，并使其全部通过18号筛（孔径

1mm）。所得的土壤样品，可用以测定速效性养分、pH 值等。测定全磷、全氮和有机质含量时，可将通过 18 号筛的土壤样品，进一步研磨，使其全部通过 60 号筛（孔径 0.25mm）。测定全钾时，应将全部通过 100 号筛（孔径 0.149mm）的土壤样品，作为其分析用。研磨过筛后的土壤样品混匀后，装入广口瓶中。

（4）对于监测结束的样品，一般需要将风干或烘干样品放于储存瓶中储存 3~6 个月以供检测核对或其他用途。

实验二　土壤粒径测定与质地分析

一、实验目的与意义

土壤组成中不同粒径的砂粒、黏粒等对应不同的比表面积等参数，直接或间接导致其保水、保肥、通气，对土壤的耕作性能有重要的影响，同时，不同粒径的土壤颗粒和不同质地的土壤类型对重金属、有机物等污染物的吸附性能等均有很大的不同。因此测定土壤的粒径并以此为依据对土壤的质地进行分析与鉴定，对农业生产、污染物在土壤体系中的迁移及污染土壤的修复等均具有重要的意义。

二、仪器设备与所需材料

（1）Micro-Plus 型马尔文激光粒度测定仪。
（2）烧杯若干。

三、实验步骤

（一）土壤粒径测定

（1）土壤样品准备　将取回的土壤样品去除杂质后风干，将土样过 2mm 筛，将筛上和筛下部分分开，备用。
（2）小于 2mm 的土样部分，将其分散于盛有去离子水的烧杯中，待测。
（3）打开 Micro-Plus 型马尔文激光粒度测定仪，将测定仪探头伸入土壤悬浊液中，按其说明进行操作和测定。
（4）将测试仪生成的土壤不同粒径颗粒的百分含量数据和其分布曲线导入 Excel，对其进行分析。

（二）土壤质地分析

将测定得出的土壤样品不同粒径土壤颗粒的百分含量与我国的土壤质地分类标准（表 1）

进行比较，按不同粒径土壤颗粒的百分含量查出各样品的土壤质地。

表 1 我国土壤质地分类标准

质地组	质地名称	不同粒径的颗粒组成/%		
		砂粒 （1～0.05mm）	粗粉粒 （0.05～0.01mm）	黏粒 （<0.001mm）
砂土	粗砂土	>70	—	<30
	细砂土	60～70	—	<30
	面砂土	50～60	—	<30
壤土	砂粉土	>20	>40	<30
	粉土	<20	>40	<30
	粉壤土	>20	<40	<30
	黏壤土	<20	<40	<30
黏土	砂黏土	>50	—	>30
	粉黏土	—	—	30～35
	壤黏土	—	—	35～40
	黏土	—	—	>40

实验三　土壤含水率测定

一、实验目的与意义

土壤含水率（含水量）的多少将直接影响土壤的固、液、气三相比，含水率反映了土的状态和性质，是计算土的干密度、孔隙比、孔隙度、饱和度等的依据。在农业生产中，含水率的大小通常可作为灌溉或排水的依据，以保证作物生长对水分的需要。由于土壤孔隙中水与气是互为消长的关系，所以适宜的含水率对于土壤气体的含量也有一定的参考意义。另外，像石油烃等有机污染物由于疏水性较强，其含量的高低还与有机污染水平有一定的关系。

本实验以烘干法对土壤样品含水率进行测定，适用于细粒土、粗粒土和有机质土类。

二、所需仪器与设备

（1）电热干燥箱。

（2）铝盒（带盖）。

（3）分析天平，精确度 0.001g。

（4）干燥器。

三、测定步骤

（1）选取具有代表性的试样，细粒土取 15～20g，粗粒土、有机土各取 50g，放入铝盒内，立即盖好盒盖，擦净盒外余土，称湿土质量，精确至 0.001g。

（2）打开盒盖，将盒放入烘箱，在温度 105～110℃下烘干。烘干时间，细粒土不得少于8h，粗粒土不得少于 6h，有机质超过 5%的土，应在 65～70℃温度下烘干。

（3）从烘箱中取了出铝盒，盖好盒盖，置于干燥器内，冷却至室温，恒重，称取干土质量，精确至 0.001g。

四、计算

土壤含水率计算公式如下：

$$W = \left(\frac{m_w}{m_d} - 1 \right) \times 100\%$$

式中　W——含水率，%；

　　　m_w——湿土质量，g；

　　　m_d——干土质量，g。

本试验须进行平等测定，取二者的算术平均值，其平行差值不得大于下列规定：含水率＜40%时，允许平行差为 1%；含水率≥40%时，允许平行差为 2%。

五、记录格式

实验方法：烘干法

土样编号	盒号	盒+湿土质量/g	盒+干土质量/g	盒质量/g	含水质量/g	干土质量/g	含水率/%	平均含水率/%
		1	2	3	4	5	6	
					(4=1–2)	(5=2–3)	(6=4/5×100)	

六、注意事项

（1）天然含水率实验，应在打开土样后立即取样测定，以免水分改变，影响结果。

（2）取样应注意代表性，使其能代表土的实际情况。土中含少量碎石或其他杂物，应尽可能从试样中取出，若含量很多，则取混合均匀的试样进行实验。

（3）当原状土样含水率不均匀时，可在土样记录中说明，若了解整个土样的平均含水率，可沿土剖面竖向取试样测试。

（4）所有称量盒质量宜事先调整为等量，并视使用情况每半年或一年校正一次。盒质量误差以不超过要求精度0.01g的正、负一半即正负 0.005g 为宜。

实验四 土壤有机质的测定

一、实验目的与意义

土壤的有机质含量通常作为土壤肥力水平高低的一个重要指标。它不仅是土壤各种养分特别是氮、磷的重要来源，并对土壤理化性质如结构性、保肥性和缓冲性等有着积极的影响。测定土壤有机质的方法很多，本实验选用重铬酸钾氧化-容量法测定土壤有机质含量。

二、实验原理

在170～180℃条件下，用过量的标准重铬酸钾的硫酸溶液氧化土壤有机质（碳），剩余的重铬酸钾以硫酸亚铁溶液滴定，从所消耗的重铬酸钾量计算有机质含量。测定过程的化学反应式如下：

$$2K_2Cr_2O_7+3C+8H_2SO_4 \xrightarrow{\triangle} 2K_2SO_4+2Cr_2(SO_4)_3+3CO_2\uparrow+8H_2O$$

$$K_2Cr_2O_7+6FeSO_4+7H_2SO_4 \longrightarrow K_2SO_4+Cr_2(SO_4)_3+3Fe_2(SO_4)_3+7H_2O$$

三、主要仪器及试剂配制

（1）主要仪器设备 天平、恒温箱、锥形瓶、漏斗、酸式滴定管。

（2）主要试剂及其配制

① 0.8000mol/L（$\frac{1}{6}K_2Cr_2O_7$）标准溶液。将 $K_2Cr_2O_7$（分析纯）先在130℃烘干3～4h，称取39.2250g，在烧杯中加蒸馏水400mL溶解（必要时加热促进溶解），冷却后，稀释定容到1L。

② 0.1mol/L $FeSO_4$ 溶液。称取化学纯 $FeSO_4\cdot7H_2O$ 56g 或（NH_4）$_2SO_4\cdot FeSO_4\cdot6H_2O$ 78.4g，加3mol/L硫酸30mL溶解，加水稀释定容到1L，摇匀备用。

③ 邻菲罗啉指示剂。称取硫酸亚铁0.695g和邻菲罗啉1.485g溶于100mL水中，此时试剂与硫酸亚铁形成棕红色络合物 [$Fe(C_{12}H_8N_3)_3$]$^{2+}$。

四、操作方法与实验步骤

（1）准确称取通过0.25mm筛孔的风干土样0.1～0.5g，倒入150mL锥形瓶中，加入0.8mol/L（$\frac{1}{6}K_2Cr_2O_7$）5mL，再用注射器注入5mL浓硫酸，小心摇匀，管口放一小漏斗，以冷凝蒸出的水汽。

(2) 先将恒温箱的温度升至 185℃，然后将待测样品放入温箱中加热，让溶液在 170～180℃条件下沸腾 5min。

(3) 取出锥形瓶，待其冷却后用蒸馏水冲洗小漏斗和锥形瓶内壁，洗入液的总体积应控制在 50mL 左右，然后加入邻菲罗啉指示剂 3 滴，用 0.1mol/L FeSO$_4$滴定，溶液先由黄变绿，再突变到棕红色时即为滴定终点（要求滴定终点时溶液中 H$_2$SO$_4$的浓度为 1～1.5mol/L）。

(4) 测定每批样品时，以灼烧过的土壤代替土样做两个空白试验。

注：若样品测定时消耗的 FeSO$_4$量小于空白用量的 1/3 时，则应减少土壤称量。

五、计算

根据下列公式计算有机质含量：

$$O.M. = \frac{\frac{c \times V_1}{V_0} \times (V_0 - V) \times M \times 10^{-3} \times 1.08 \times 1.724}{m} \times 100\%$$

式中　O.M.——土壤中有机质的质量分数，%；

　　　　c——重铬酸钾（1/6K$_2$Cr$_2$O$_7$）标准溶液的浓度，mol/L，此处为 0.8mol/L；

　　　　V——滴定土样所用 FeSO$_4$体积，mL；

　　　　V_0——滴定空白时所用 FeSO$_4$体积，mL；

　　　　V_1——加入 K$_2$Cr$_2$O$_7$标准溶液体积，mL，此处为 5mL；

　　　　M——1/4C 的摩尔质量，M（1/4C）=3g/mol；

　　　　10^{-3}——将 mL 换算为 L 的系数；

　　　　1.08——氧化校正系数（按平均回收率 92.6%计算）；

　　　1.724——有机质含碳量平均为 58%，故测出的碳转化为有机质时的系数为 100/58≈1.724；

　　　　m——风干土样的质量，g。

六、注意事项

(1) 含有机质 5%者，称土样 0.1g，含有机质 2%～3%者，称土样 0.3g，少于 2%者，称土样 0.5g 以上。若待测土壤有机质含量大于 15%，氧化不完全，不能得到准确结果。因此，应用固体稀释法进行弥补。方法是：将 0.1g 土样与 0.9g 高温灼烧已除去有机质的土壤混合均匀，再进行有机质测定，按取样 1/10 计算结果。

(2) 测定石灰性土壤样品时，必须慢慢加入浓 H$_2$SO$_4$，以防止由于 CaCO$_3$分解而引起的激烈发泡。

(3) 消煮时间对测定结果影响极大，应严格控制试管内或烘箱中锥形瓶内溶液沸腾时间为 5min。

(4) 消煮的溶液颜色，一般应是黄色或黄中稍带绿色。如以绿色为主，说明重铬酸钾用量不足。若滴定时消耗的硫酸亚铁量小于空白用量的 1/3，可能氧化不完全，应减少土样质量重作实验。

七、土壤有机质含量参考指标

土壤有机质含量/%	丰缺程度
≤1.5	极低
1.5～2.5	低
2.5～3.5	中
3.5～5.0	高
>5	极高

实验五　土壤腐殖质的测定

一、实验目的与意义

土壤腐殖质是土壤有机质的主要组成成分。一般来讲，它主要是由胡敏酸（HA）和富里酸（FA）所组成。不同的土壤类型，其 HA/FA 值有所不同。同时这个比值与土壤肥力也有一定关系。因此，测定土壤腐殖质组成对鉴别土壤类型和了解土壤肥力均有重要意义。

二、方法原理

用 0.1mol/L 焦磷酸钠和 0.1mol/L 氢氧化钠混合液处理土壤，能将土壤中难溶于水和易溶于水的结合态腐殖质络合成易溶于水的腐殖质钠盐，从而比较完全地将腐殖质提取出来。焦磷酸钠还起脱钙作用，反应如下：

$$2R\begin{Bmatrix}-COO \\ -COO \\ -COO \\ -COO\end{Bmatrix}\begin{matrix}Ca \\ \\ Mg\end{matrix} + 2Na_4P_2O_7 \longrightarrow 2R\begin{Bmatrix}-COONa \\ -COONa \\ -COONa \\ -COONa\end{Bmatrix} + Ca_2P_2O_7 + Mg_2P_2O_7$$

本实验选用熊毅-傅积平改进的结合态腐殖质提取和测定方法，结合态腐殖质是指土壤中与无机组分起复合作用的腐殖质，亦即有机无机复合体中的腐殖质。通过选用不同的试剂，按结合态腐殖质溶解程度不同来区分腐殖质的结合状态。在除去土壤轻组分的基础上，首先用氢氧化钠提取松结态腐殖质；剩余土壤再用氢氧化钠和焦磷酸钠混合液提取稳结态腐殖质；残留部分为紧结态腐殖质，亦即胡敏素。

三、所需仪器与材料

(1) 天平（感量 0.001g）。

(2) 离心机（4000r/min）。

(3) 恒温培养箱（37℃）。

(4) 水浴锅。

(5) 50mL 离心管、250mL 塑料瓶、200mL 容量瓶等。

四、试剂

(1) 氢氧化钠溶液[c(NaOH)=0.1mol/L]　称取氢氧化钠 4.0g 溶于蒸馏水中稀释定容到 1000mL。

(2) 氢氧化钠和焦磷酸钠混合液[c(NaOH)=0.1mol/L, c($Na_2P_2O_7$)=0.1mol/L]称取焦磷酸钠（$Na_2P_5O_7 \cdot 10H_2O$）44.6g 和氢氧化钠 4.0g，溶于蒸馏水中稀释至 1L，此溶液的 pH 值为 13 左右。

(3) 饱和硫酸钠　硫酸钠（$Na_2SO_4 \cdot 10H_2O$）溶于水中至饱和。

(4) 乙醇　95%，化学纯。

(5) 硫酸溶液[c(H_2SO_4)=0.5mol/L]　取 28mL 硫酸（H_2SO_4, ρ=1.84g/cm^3，化学纯）加入到 200mL 左右的水中，冷却后定容到 1000mL。

(6) 稀硫酸溶液[c(H_2SO_4)=0.0255mol/L]　取 50mL 硫酸溶液（试剂 5）加入到 800mL 左右的水中，定容到 1000mL。

(7) 稀氢氧化钠溶液[c(NaOH)=0.055mol/L]　称取氢氧化钠 2.0g 溶于水中，冷却后立即定容到 1000mL。

五、操作步骤

(1) 结合态腐殖质提取　称取重组土样 5.00g，置于 100mL 离心管中，加入氢氧化钠溶液（试剂 1）50mL，混匀后于 30℃恒温培养箱内放置过夜，次日以 3000r/min 的速度离心 15min。如悬液浑浊，可加少量饱和 Na_2SO_4 溶液，混匀后放置片刻再离心，所得的提取液先收集在 250mL 塑料瓶中。离心管中的土样继续加氢氧化钠溶液（试剂 1）50mL，重复上述过程，直至提取液接近无色为止，一般需反复处理 3～5 次。收集于塑料瓶中的提取液，再次以 3000r/min 的速度离心 15min，以除去混杂的黏粒，所得的腐殖质清液，倒入 250mL 容量瓶中，用蒸馏水定容至刻度。这部分腐殖质即松结态腐殖质。

在剩余土壤中加入 50mL 氢氧化钠和焦磷酸钠混合液（试剂 2），混匀后，于 30℃恒温培养箱中放置过夜，次日以 3000r/min 的速度离心 15min。如悬液浑浊，可加少量饱和 Na_2SO_4 溶液，混匀后再离心，所得的提取液收集在 250mL 的塑料瓶中。如此反复多次，直至提取液接近无色为止，一般需反复处理 3～5 次。同样收集于塑料瓶中的提取液，通过离心法除去混杂的黏粒，所得的腐殖质清液倒入 250mL 容量瓶中，用蒸馏水定容至刻度。这部分腐殖质即稳结态腐殖质。

最后的残渣加 95%乙醇洗涤，用离心法洗至中性，洗净的土样于 40℃ 下烘干。残渣中的有机碳量即为紧结态腐殖质。

（2）结合态腐殖质总碳量测定　用移液管吸取松结态或稳结态腐殖质的提取液 10～25mL（视溶液的颜色深浅而定），移入 100mL 锥形瓶中，用硫酸溶液（试剂 5）中和到 pH7（用 pH 试纸检验），此时溶液则呈浑浊。将锥形瓶放在水浴上于 60℃ 蒸干，按重铬酸钾氧化法测定有机碳量。同样残渣中的紧结态腐殖质也采用重铬酸钾氧化法测定有机碳量。在已知各组土样含碳量时，紧结态腐殖质也可通过重组土样含碳量与松结态腐殖质碳量和稳结态腐殖质碳量差值计算得到。

（3）胡敏酸碳量的测定　取 50～100mL 松结态或稳结态腐殖质的提取液（视溶液的颜色深浅而定），移入 200mL 烧杯中，滴加硫酸溶液（试剂 5）酸化达 pH 值为 1.0～1.5（用 pH 试纸检验），此时应出现胡敏酸絮状沉淀。然后将烧杯移至水浴上，于 60℃ 保温 30min，使胡敏酸和富啡酸充分分离，然后在室温放置过夜。次日，溶液在不摇动杯底沉淀物时用细孔滤纸过滤，并将杯底沉淀物全部移入漏斗中，用稀硫酸溶液（试剂 6）洗涤沉淀，直至滤液无色为止，弃去滤液。接着用少量热氢氧化钠溶液（试剂 7）洗涤沉淀，使其完全溶解，溶液收集在 50～100mL 容量瓶中。冷却后，用蒸馏水定容至刻度。吸取溶液 10～25mL（视溶液的颜色深浅而定）移入 100mL 锥形瓶中，用硫酸溶液（试剂 5）中和到 pH7（用 pH 试纸检验），直至溶液出现浑浊为止。容器放在水浴上，于 60℃蒸干。按重铬酸钾氧化法测定有机碳量，即胡敏酸碳量。

（4）富啡酸碳量的测定　松结态和稳结态腐殖质中富啡酸碳量可直接测定，也可采用差减法求得，即富啡酸碳量为松结态和稳结态腐殖质总碳量与相应胡敏酸碳量的差值。

六、计算

有关重铬酸钾氧化法测定有机碳量（结合态腐殖质总碳量和胡敏酸碳量）的计算方法见实验四中有机质碳含量的计算：

松结态富啡酸碳量=松结态腐殖质总碳量-松结态胡敏酸碳量

稳结态富啡酸碳量=稳结态腐殖质总碳量-稳结态胡敏酸碳量

紧结态腐殖质=重组土样含碳量=松结态腐殖质总碳量+稳结态腐殖质总碳量

七、注意事项

（1）温度对腐殖质的提取量影响很大，浸提过程应保持 30℃恒温。

（2）也可通过延长离心时间或增加转速达到分离目的。

（3）腐殖酸浓缩蒸干时，温度不超过 60℃，否则腐殖酸遭分散破坏。

实验六 土壤 pH 值的测定

一、实验目的与意义

土壤 pH 值对土壤中养分存在形态和有效性、土壤理化性质和微生物活性具有显著影响。微生物原生质的 pH 接近中性，土壤中大部分微生物在中性条件下生长良好，pH=5 以下一般停止生长。土壤 pH 值亦是石油等有机污染土壤生物修复过程的一个重要监测指标。

二、实验原理

以电位法测定土壤悬液 pH 值，通用 pH 玻璃电极为指示电极，甘汞电极为参比电极。此二电极插入待测液时构成一电池反应，其间产生一电位差，因参比电极的电位是固定的，因此电位差之大小取决于待测液的 H^+ 活度与其负对数 pH。因此可用电位计测定电动势，再换算成 pH 值。一般用酸度计可直接测读 pH 值。

三、仪器设备与试剂配制

(1) 所需仪器与设备 天平、pH 计、50mL 高型烧杯、玻璃棒等。

(2) 氯化钙溶液[$c(CaCl_2 \cdot 2H_2O)$=0.01mol/L] 147.02g $CaCl_2 \cdot 2H_2O$（化学纯）溶于 200mL 水中，定容至 1L，吸取 10mL 于 500mL 烧杯中，加入 400mL 水，用少量氢氧化钙或盐酸调节 pH 值为 6 左右，然后定容至 1L。

(3) 标准缓冲溶液配制

① pH=4.03 缓冲溶液：苯二甲酸氢钾在 105℃烘 2～3h 后，称取 10.21g，用蒸馏水溶液稀释至 1L。

② pH=6.86 缓冲溶液：称取在 105℃烘 2～3h 的磷酸二氢钾 4.539g 或 $Na_2HPO_4 \cdot 2H_2O$ 5.938g，溶解于蒸馏水定容至 1L。

四、实验步骤

称取过 2mm 筛的风干土样 10g 于 50mL 高型烧杯中，加入 25mL pH=6 的 0.01mol/L 的 $CaCl_2$ 溶液（水土比为 2.5∶1），用玻璃棒剧烈搅动 1～2min，静置 30min，此时应避免空气中氨或挥发性气体的影响。然后用 pH 计测定并读出浸泡液的 pH 值，即为土壤 pH 值。

两次称样平等测定结果的允许误差为 0.1，室内严格掌握测定条件和方法时，精密 pH 计的允许差可降到 0.02。

五、注意事项

（1）土样不要磨的过细，以通过 2mm 筛为宜，样品不立即测时，最好储存于有磨口的标本瓶中，以免受大气中氯和其他挥发性气体的影响。

（2）加水或氧化钙后的平衡时间对测得的 pH 值是有影响的，且随土壤类型而异。平衡快者，1min 即达平衡，慢者可长至 1h。一般来说，平衡 30min 较为合适。

（3）pH 玻璃电极插入土壤悬液后应轻微摇动，以除去玻璃表面的水膜，加速平衡，这对缓冲性弱和 pH 值较高的土壤尤为重要。

（4）饱和甘汞电极最好插在上部清液中，以减少由于土壤悬液影响液接电位而造成的误差。

（5）土壤在 $CaCl_2$ 溶液中的 pH 值比在水中的低，因此测定结果应注明，当解释结果时也应考虑到这种差异。

实验七　土壤微生物数量测定

一、实验目的与意义

土壤微生物是土壤有机质中最活跃和最易变化的部分。土壤微生物与土壤中的 C、N、P、S 等养分的循环密切相关，其变化可直接或间接地反映土壤耕作制度和土壤肥力的变化。同时，土壤微生物还可以反映土壤污染的程度，有的污染物可作为微生物生长增殖的原料，这些类型的污染物如石油烃和其他有机污染物，铜、锌等重金属可在一定程度上刺激微生物的生长，而像铅、镉重金属等有毒有害元素的存在，则会不同程度地抑制微生物的生长。另外，土壤微生物量还与土壤养分的转化过程密切相关，影响养分的转化过程和供应状况。

微生物数量作为土壤中微生物生物量的重要指示指标，一般常用的测定方法有培养法和直接观察法两种。总微生物计数可采用细胞板计数显微镜直接观察法来测定，而活菌计数法则直接测定土壤微生物中的活体菌数，选择不同的培养基可分别对土壤微生物中的细菌、真菌、放射线菌等的数量进行测定，主要方法有平板稀释培养法、最大或然计数法（MPN）等。本实验选择最大或然计数法（MPN）对土壤中的细菌总数进行测定。

培养法所得的结果一般低于土壤中的实际微生物数量，因为培养基和培养条件均有局限性，而且细菌团块可能不易分散，细胞被土壤颗粒吸附，或者细胞在稀释培养过程中死亡。用平板法测定产生分生孢子的真菌数目，往往可得出较大的数目，因为每个分生孢子产生一个菌落，所得出的是孢子数而不是活菌体。

直接观察法所得的结果往往又偏高，因为它不能区分细胞与有机颗粒，也不能区分死细胞和活细胞。虽然这些方法均有缺点，但用于比较不同土壤、不同部位的微生物数量仍然具有重要的意义。

值得注意的是，单凭数量来评估不同微生物类群的相对重要性是不合适的，它可能得出完全歪曲的概念。因为不同类群微生物的个体差别很大，个体数量相同的微生物，其质量可能相差很远；相反，个体数量不同，其质量却可能相同。例如，农业土壤中，细菌数量与真菌数量之比约为 100：1，其质量比可能小于 1：1。因此，不同类群的微生物之间进行比较时，以细胞数量为基础，计算生物量即生物细胞的质量，具有重要的意义。

二、实验仪器与材料

(1) 天平，感量 0.001g。

(2) 恒温培养箱。

(3) 灭菌锅。

(4) 超净工作台。

(5) 振荡器。

(6) 自动取液器：5mL、1mL。

(7) 与取液器相配的枪头。

(8) 1L 锥形瓶 1 个、200mL 锥形瓶若干。

(9) 玻璃珠若干。

(10) 封瓶膜。

三、试剂配制

(1) 磷酸缓冲液（pH=7.0）　1L 去离子水中加入 42.99g $Na_2HPO_4 \cdot 12H_2O$ 和 10.88g KH_2PO_4。

(2) 牛肉蛋白胨培养基（200mL）　1g NH_4Cl，2.6g 牛肉蛋白胨（或 2g 牛肉膏，0.6g 蛋白胨）。

四、实验步骤

(1) 实验用品及试剂灭菌　试管架前一行为无菌水，后三行为培养基，其编排如下：

无菌水（4.5mL）	10^{-1}	10^{-2}	10^{-3}	10^{-4}	10^{-5}	10^{-6}	10^{-7}	10^{-8}	10^{-9}	10^{-10}
培养基（4.5mL）	10^{-1}	10^{-2}	10^{-3}	10^{-4}	10^{-5}	10^{-6}	10^{-7}	10^{-8}	10^{-9}	10^{-10}
培养基（4.5mL）	10^{-1}	10^{-2}	10^{-3}	10^{-4}	10^{-5}	10^{-6}	10^{-7}	10^{-8}	10^{-9}	10^{-10}
培养基（4.5mL）	10^{-1}	10^{-2}	10^{-3}	10^{-4}	10^{-5}	10^{-6}	10^{-7}	10^{-8}	10^{-9}	10^{-10}

在 200mL 锥形瓶中放入 100mL 去离子水和少量玻璃珠，瓶口用封口膜包好。将枪头放入对应的枪头盒。将上述物品及配好的牛肉蛋白胨培养基放于灭菌锅中 121℃灭菌 30min，备用。

(2) 灭菌后，将上述物品放入超净工作台，冷却。将冷却后的牛肉蛋白胨培养基用 5mL，取液器各取 4.5mL 加入后者然后将 2g 土壤样品放入锥形瓶中，然后在 200r/min 的摇床上振荡 1h，使得土壤中的微生物均匀分布到水相中。

（3）接种工作在超工作台中进行。于 200mL 锥形瓶中用枪头吸取 0.5mL 土壤悬浊液至 10^{-1} 无菌水中，混合均匀后，分别吸取 0.5mL 至 3 支 10^{-1} 培养基中，并吸取 0.5mL 至 10^{-2} 无菌水中。于 10^{-2} 无菌水中分别吸取 0.5mL 至 3 支 10^{-2} 培养基中，并吸取 0.5mL 至 10^{-3} 无菌水中；依次类推，在培养基试管中得到 $10^{-3}\sim10^{-10}$ 浓度的微生物系列。

（4）将试管架置于 37℃ 恒温培养箱中，培养 72h。培养时间到后，检查各梯度试管，凡有微生物生长的试管会变浑浊。

五、计算

土壤中的细菌数量可通过查表 2，以下式来进行计算：

$$M = \frac{M_0}{m} \times \left(1 + \frac{W}{100}\right)$$

式中　M——土壤样品的细菌数量，个/g 干土；

M_0——查表所得细菌数量，个；

m——土壤样品质量，g；

W——土壤含水率，%。

表 2　三管法附表

数量指标	近似值	数量指标	近似值
000	0.0	222	3.5
001	0.3	223	4.0
010	0.3	230	3.0
011	0.6	231	3.5
020	0.6	232	4.0
100	0.4	300	2.5
101	0.7	301	4.0
102	1.1	302	6.5
110	0.7	310	4.5
111	1.1	311	7.5
120	1.1	312	11.5
121	1.5	313	16.0
130	1.6	320	9.5
200	0.9	321	15.0
201	1.4	322	20.0
202	2.0	323	30.0
210	1.5	330	25.0
211	2.0	331	45.0
212	3.0	332	110.0
220	2.0	333	140.0
221	3.0		

注：微生物数量=查表值×最高位幂次。

实验八　土壤微生物 FDA 活性的测定

一、实验目的与意义

土壤中多种污染物的微生物降解基本均涉及酶的驱动，因此，土壤酶活性是度量土壤微生物降解活性的重要指标。同时，土壤酶活性的高低也可反映土壤的肥力和土壤元素生物地球化学循环的强弱。因此，土壤酶活性的测定有重要的意义。酶的种类很多，土壤介质中已有研究的也达数十种，由于酶催化反应的专一性很高，不同种类的酶驱动和催化不同类型的反应，对污染物的去除有不同的作用。

荧光素双醋酸酯（FDA）可被不同的酶如蛋白酶、脂肪酶和酯酶消解，产物为荧光素，可利用分光光度计和荧光光度计定量测定，其在最大吸收波长下的吸光值（abs）与细胞活性成正比，是多种环境样本中微生物总酶活性的迅速、灵敏、简便的测定方法。测定基质的差异及不同环境样品在理化性质、污染状况、微生物活性高低等方面的差异均会影响 FDA 方法的重要操作步骤与适用性。

二、实验仪器与材料

(1) 天平，感量 0.001g。
(2) 恒温培养箱。
(3) 离心机。
(4) 恒温振荡器。
(5) 锥形瓶、玻璃珠等。

三、试剂配制

(1) 荧光素双醋酸酯（FDA）溶液　准确称取 100mg FDA 试剂（纯度≥99.99%）溶于约 40mL 丙酮（分析纯），用丙酮定容至 50mL，混匀，即为 2mg/mL 的 FDA 溶液。

(2) 荧光素标准溶液　分别吸取 0.1mg/mL 的荧光素钠标准溶液 1mL、2mL、3mL、4mL、5mL、6mL，并加入 50mL 容量瓶中，再用去离子水分别稀释至 50mL，摇匀后得到 2μg/mL、4μg/mL、6μg/mL、8μg/mL、10μg/mL、12μg/mL 的系列溶液。

(3) 氯仿/甲醇混合终止剂　将氯仿（分析纯）和甲醇（分析纯）试剂以 2：1（体积比）充分混合。

(4) 磷酸缓冲液（pH=7.0）　1L 去离子水中加入 42.99g $Na_2HPO_4 \cdot 12H_2O$ 和 10.88g KH_2PO_4。

四、实验步骤

（1）称取 3g 左右样品（记录土壤样品的准确质量）于 100mL 锥形瓶中，加入 20mL 磷酸缓冲液（pH=7.0），加入适量玻璃珠，于 170r/min 振荡混匀 5min；加入 1.5mL 2mg/Ml FDA 溶液启动反应，于 30℃下恒温振荡培养 30min。

（2）立即加入 8mL 氯仿/甲醇（2∶1，体积比）混合终止剂终止反应，充分振荡 5min。

（3）将混合液转移至 10mL 离心管中，以 3000r/min 转速下离心 5min，取上清液在 490nm 处测吸光度。

（4）绘制荧光素标准曲线：分别吸取 0.1mg/mL 荧光素标准溶液 1mL、2mL、3mL、4mL、5mL、6mL 加入 50mL 容量瓶中，再用去离子水分别稀释至 50mL，摇匀后得到 2μg/mL、4μg/mL、6μg/mL、8μg/mL、10μg/mL、12μg/mL 的系列溶液，于 490nm 处测定各溶液的吸光度，以一系列荧光素浓度与其所得的吸光度值绘制标准曲线，求得斜率 b。

（5）将底泥样品的吸光度根据荧光素标准曲线换算为荧光素浓度，其计算公式如下：

$$C_f = b \times OD_{490}$$

式中　C_f——FDA 活性荧光素浓度，μg/mL；

　　　b——标准曲线斜率；

　　OD_{490}——土壤样品在 490nm 处测得的吸光度。

（6）FDA 活性标准化与单位换算：根据 FDA 活性的计算公式计算各样品的 FDA 活性。计算公式如下，测定与计算以干重为基准。

$$U_{FDA} = \frac{C_f \times V}{m \times t}$$

式中　U_{FDA}——壤 FDA 活性，μg 荧光素/（g·min），以干重计；

　　　V——FDA 测定体系总体积，mL；

　　　m——土壤样品质量，g 干重；

　　　t——培养时间，min。

实验九　土壤重金属含量测定

一、实验目的与意义

近年来关注较多的土壤污染与生态问题主要集中在土壤中的重金属含量方面，如 Cr、Pb、Hg 等有毒有害重金属的存在会对生物的生长、发育及生殖产生不同程度的影响和毒害。而 Cu、Zn、Mn 等金属元素则一方面作为生物所需的微量有益元素在一定含量范围内对生物有一定积极的影响；另一方面当其含量超过一定临界值后也会对生物产生毒害。因此，测定土壤介质中重金属的含量及其种类对土壤生态系统的质量与健康有重要的意义，在污染土壤修复中也具有重要的作用。

土壤中金属元素的测定方法包括原子吸收分光光度法、石墨炉法等，针对具体的金属元素如 Pb、Zn 等，还有各自的国标测定方法。近年来，随着测试手段的快速发展，ICP（电感耦合等离子体）技术的发展，使多种元素的同时测定变得简单、快捷。因此本实验选用 ICP-OES 测定技术对土壤中的重金属含量进行测定。

二、实验仪器与材料

(1) ICP-OES 测试系统。
(2) 微波消解仪或电热板。
(3) 通风橱。
(4) 天平，感量 0.001g。
(5) 天平，感量 0.1g。
(6) 消解试剂，均为优级纯。

三、实验步骤

（一）土壤中重金属的消解

(1) 准备　用纸包少许土样，于 105℃下烘干 4h。各种器皿均要在 20% HNO_3（分析纯）中浸泡过夜（注：聚四氟消解罐在消解完成后要马上清洗，用脱脂棉裹着小试管转着擦洗，再在 20% HNO_3 中浸泡过夜，用高纯水冲洗 3 遍后，保证罐内不挂水。若是已经清洗并浸泡过的消解罐，但久置未用，则向其中加满 20% HNO_3，于 80～90℃的电热板上加热 4h，要加盖子。将酸回收后，再冲洗 3 遍，同样保证罐内不挂水，放在 80～90℃的电热板上烘干即可用，要注意罐子与其盖子应一一对应）。

(2) 称样　将已经烘干并在干燥器内冷却至室温的土样，称 0.04g 左右，记下准确值。再移入消解罐内，将称量纸水平插入消解罐，然后直立迅速倒入，以避免吸附在罐壁上，并对应记下消解罐号，但先不要盖盖子，避免静电吸附。

(3) 加酸①　加 2mL HNO_3（优级纯），再加 200μL H_2O_2（优级纯），开始冒泡并伴有黄烟，待剧烈反应过后（喷气现象过后），于 130℃ 电热板上蒸至近乎干（不再流动），以完全去除有机物。

(4) 加酸②　按体积比=1∶1 比例向罐内加入 HNO_3 和 HF 各 1.5mL，要先加 HNO_3 后加 HF，沿壁缓缓加入，盖盖子，超 5min 以使壁上的液体流至底部，然后放在 80～90℃电热板上蒸干罐外的水，即可。

(5) 装钢套　保证钢套底片水平无缝，再放个白色垫片，再放套好塑料套的消解罐，再在其上放个白色垫片，再放钢片、螺钉，旋紧，于 170℃烘箱内加热一夜。

(6) 第 2 天，待钢套完全冷却后旋开，取出罐子，慢慢打开盖，敞口放在 130℃电热板上，蒸至近乎干。（此时罐内溶液为黄色，但应无黑色沉淀。若有则说明有未溶土样；若有灰白色沉淀，说明 HF 过量。前者，加热片刻，气体排出，罐内无色。如果 HF 过量的话，可在蒸至近干时，加 0.5mL HNO₃ 主要为驱赶 HF，以避免腐蚀仪器。）

（7）加酸③　上步蒸至干后再加 1mLHNO₃，1mL 高纯水，盖盖子，超声处理 30min，取出于 70℃电热板上蒸干壁外水分。

（8）定容　用高纯水冲洗 3 次消解罐内，均倒入 PET 小瓶，再用高纯水定至 80g（用精确度为十分之一的天平称量即可，要记下准确值），充分摇匀每个 PET 瓶摇 20 次，即可上机测。

（9）数据换算

$$样品重金属含量(mg/kg) = \frac{实测值(\mu g/kg) \times 稀释倍数}{1000}$$

此处采用"重量稀释法"：因为实称土样 0.04g，定容至 80g，因此稀释倍数为 2000 倍。

若预知样品重金属含量较高，则需在此基础上再稀释 10 倍（例如倒出 3g 溶液，用高纯水定至 30g），即最终稀释了 20000 倍。以避免污染仪器。

（二）ICP-OES 测定土壤中的重金属含量

（1）开机

① 确认有足够的氩气用于连续工作（储量≥1 瓶）。

② 确认废液收集桶有足够的空间用于收集废液。

③ 若仪器处于停机状态，打开主机电源（仪器左后方黑色刀闸），注意仪器自检动作，仪器开始预热，预热时间一般大约 1.5h（时间视室温而定）。

（2）点火

① 打开氩气，调节分压为 0.55～0.65MPa，等待驱气至少 40min。

② 启动计算机和 iTEVA 软件，待仪器初始化结束后，点击等离子状态图标，检查联机通信情况。

③ 确认光室稳定在 38℃±0.1℃。

④ 开启排风。

⑤ 打开循环水电源，CID 温度即开始下降，2～3min 后即可达到-40℃以下。

⑥ 检查并确认进样系统（矩管、雾化室、雾化器、泵管等）是否正确安装。

⑦ 上好蠕动泵泵夹，把样品管放入蒸馏水中。

⑧ 打开 iTEVA 软件的等离子状态对话框，进行电话操作。

⑨ 待等离子体稳定 15min 后即可进行分析操作。

（3）分析

① 编辑分析方法，先运行工作曲线，检查工作曲线，分析未知样品，进行数据处理，打印结果报告。

② 样品分析完毕后，将进样针放入 3%硝酸溶液中清洗 3～5min，再放入蒸馏水中冲洗进样系统 5～10min，点击关闭等离子体。

③ 等到循环水压力上升后（一般需要 3min），关闭循环水，使仪器处于待机状态，松开泵

管夹和样品管。

④ 待 CID 温度升至室温时，再驱气 10min 后关闭氩气。

⑤ 关闭排风。

(4) 停机

若仪器长期停用或临时性停电，关闭主机电源（仪器左后方黑色刀闸）和气源使仪器处于停机状态。建议定期开机，以免仪器因长期放置而损失。

实验十　土壤有机污染物含量测定

一、实验目的与意义

石油烃、POPs、农药、多氯联苯等有机物为土壤常见污染物类型，对其含量进行测定对判定土壤的有机污染程度有重要的指示意义，对有机污染土壤的修复有重要的参考价值，亦是判定其修复效果的重要参数。

一般测定土壤中的有机污染物含量均涉及将土壤中的有机物抽提到高溶解性的有机相中，再对其进行进一步的研究和分析，如 GC、GC-MS 等，也可通过重量法对其进行粗略的测定与分析。一般土壤中有机污染物的抽提方法可分为索氏提取、超声波提取、溶剂浸提等。本实验采用使用广泛的索氏提取法，用自动索氏提取仪对土壤的有机污染含量进行测定与分析。

二、实验仪器与材料

(1) SXT-06 索氏抽提器、研钵、定性滤纸、镊子。

(2) 试剂：氯仿（分析纯）。

(3) 材料：脱脂棉。

三、实验步骤

(1) 从土壤样品（烘干，风干或阴干）中称取约 20g（依有机污染物含量水平可做调整），倒入研钵中，加入适量（约半药匙）无水硫酸镁，将其研碎，以增加固液接触面积。

(2) 取一张直径为 15cm 的定性滤纸，折叠，在底部放一块经氯仿处理过的脱脂棉，倒入样品，再盖上一块同样的脱脂棉，包好。

(3) 用长镊子将滤纸包送入玻璃抽提筒内，再将抽提筒与抽提瓶旋好，注意过程中不要使滤纸破损。

(4) 倒入适量氯仿。

(5) 将玻璃仪器放入索氏抽提器中，固定好，打开循环水，并开启索氏抽提器开关，温度设定为 75℃。

(6) 抽提时间以氯仿无色为准。

(7) 关闭阀门，加热蒸干抽提瓶内的氯仿，再称瓶重（空瓶质量事先称好记下）。

四、计算

土壤中有机污染物的含量可按下式进行计算：

$$C_o = \frac{M_1 - M_0}{m} \times 1000000$$

式中 C_o——土壤有机污染物含量，mg/kg 干土；

M_1——抽提结束后抽提瓶加有机物的质量，g；

M_0——抽提瓶的质量，g；

m——土壤样品的质量，g 干重；

1000000——土壤中有机污染物含量的换算系数。

实验十一　土壤污染生态毒性测定

一、实验目的与意义

生态毒性作为污染土壤重要的生态指标之一，其高低对植物、微生物等土壤生物的生长、增殖等生命过程具有重要的影响，污染土壤修复过程中生态毒性的动态变化亦成为土壤修复与再利用的重要指标。

污染土壤生态毒性可分为急性毒性和遗传毒性，可通过动物试验、发光细菌毒性试验、植物生理生态试验等方法进行测定。本实验基于植物生理生态测定方法，以玉米早期根伸长和苗高、生物量等常见生理生态指标对土壤污染的生态毒性进行测定。

二、实验仪器与材料

(1) 生化培养箱、振荡器、土壤分样筛、镊子、烘箱、天平。

(2) 试剂　硝酸镉、去离子水。

(3) 材料　玉米种子、一次性纸杯、尺子、纱布、白瓷盘。

三、实验步骤

(1) 土壤准备　土壤样品过 2mm 分样筛，加硝酸镉分别配制成 0.6mg/kg、3.0mg/kg、

5.0mg/kg 镉污染土壤，放入通风橱中，老化 2 周，备用。

（2）取无污染土壤，老化后 0.6mg/kg、3.0mg/kg、5.0mg/kg 镉污染土壤各 100g，各称取 3 次放入一次性纸杯中。

（3）用去离子水浸泡玉米种子 12h，温度保持 25℃，放入铺有 4 层湿润纱布的白瓷盘中，再覆盖 2 层湿润纱布，于 30℃培养箱中催芽 24h；挑选籽粒饱满，露白一致的玉米种子，每个纸杯中放入 6 粒。

（4）每隔 3 天适当浇水和通风，玉米种子露芽后，根据幼苗长势，间苗至每杯 2 棵。

（5）每周用尺子测量玉米株高，记录数据。

（6）7 周结束后，将玉米苗拔出，测量其根长、苗鲜重、根鲜重。

（7）将苗和根分别放入烘箱，105℃烘干 6h，分别称苗与根干重。

四、计算与分析

1. 玉米苗高、根长与土壤中镉含量关系图绘制

（1）玉米苗高与土壤中镉含量关系图绘制

将不同时间玉米苗高与土壤中不同镉含量关系绘制曲线图，并对土壤中不同镉含量对玉米苗高的影响进行分析。

（2）玉米根长与土壤中镉含量关系图绘制

将玉米最终根长与土壤中不同镉含量关系绘制曲线图，并对土壤中不同镉含量对玉米根长的影响进行分析。

2. 玉米生物量与土壤中镉含量关系图绘制

（1）玉米鲜苗重与土壤中镉含量关系图绘制　将玉米最终鲜苗重与土壤中不同镉含量关系绘制曲线图，并对土壤中不同镉含量对玉米鲜苗重的影响进行分析。

（2）玉米鲜根重与土壤中镉含量关系图绘制　将玉米最终鲜根重与土壤中不同镉含量关系绘制曲线图，并对土壤中不同镉含量对玉米鲜根重的影响进行分析。

（3）玉米干苗重与土壤中镉含量关系图绘制　将玉米最终干苗重与土壤中不同镉含量关系绘制曲线图，并对土壤中不同镉含量对玉米干苗重的影响进行分析。

（4）玉米干根重与土壤中镉含量关系图绘制　将玉米最终干根重与土壤中不同镉含量关系绘制曲线图，并对土壤中不同镉含量对玉米干根重的影响进行分析。

3. 土壤污染生态毒性分析

通过上述玉米苗高、根长、生物量等与土壤镉含量的关系，分析重金属镉对玉米生长早期生态毒性的大小并识别其主要影响因素。

参考文献

[1] 李广贺, 李发生, 张旭, 等. 污染场地环境风险评价与修复技术体系. 北京: 中国环境科学出版社, 2010.

[2] 李发生, 颜增光. 污染场地术语手册. 北京: 科学出版社, 2009.

[3] 邵明安, 王全九, 黄明斌, 等. 土壤物理学. 北京: 高等教育出版社, 2006.

[4] 鲁如坤. 土壤农业化学分析方法. 南京: 中国农业科技出版社, 1999.

[5] 易秀, 杨胜科, 胡安焱. 土壤化学与环境. 北京: 化学工业出版社, 2008.

[6] 左玉辉. 环境学. 2 版. 北京: 高等教育出版社, 2009.

[7] 岳巍, 郑达英. 环境样品库与环境样品贮存. 北京: 中国环境科学出版社, 1991.

[8] 国家环境保护局. 环境背景值和环境容量研究. 北京: 科学出版社, 1993.

[9] 贾建丽. 石油污染土壤微生物学特性及生物修复效应研究. 北京: 清华大学, 2005.

[10] 王红旗, 刘新会, 李国学, 等. 土壤环境学. 北京: 高等教育出版社, 2007.

[11] 戴树桂. 环境化学. 北京: 高等教育出版社, 2006.

[12] 奚旦立, 孙裕生, 刘秀英. 环境监测. 3 版. 北京: 高等教育出版社, 2004.

[13] 全国农业技术推广服务中心. 土壤分析技术规范. 2 版. 北京: 中国农业出版社, 2006.

[14] 林先贵. 土壤微生物研究原理与方法. 北京: 高等教育出版社, 2010.

[15] 刘兆昌, 张兰生, 聂永丰, 等. 地下水系统的污染与控制. 北京: 中国环境科学出版社, 1991.

[16] 钱天伟, 刘春国. 饱和-非饱和土壤污染物运移. 北京: 中国环境科学出版社, 2007.

[17] 环境保护部自然生态司. 土壤修复技术方法与应用. 北京: 中国环境科学出版社, 2011.

[18] 张从, 夏立江. 污染土壤生物修复技术. 北京: 中国环境科学出版社, 2000: 215-218.

[19] 俞毓馨, 吴国庆, 孟宪庭. 环境工程微生物检验手册. 北京: 中国环境科学出版社, 1990.

[20] 黄昌勇. 土壤学. 北京: 中国农业出版社, 2000.

[21] 陈文新. 土壤和环境生物学. 北京: 北京农业大学出版社, 1990: 4-8.

[22] 李天杰. 土壤环境学. 北京: 高等教育出版社, 1995.

[23] 王岩, 沈其荣, 史瑞和, 等. 土壤微生物量及其生态效应. 南京农业大学学报, 1996, 19 (4): 45-51.

[24] 刘晓冰, 邢宝山. 土壤质量及其评价指标. 农业系统科学与综合研究, 2002, 5: 2-18.

[25] 王淑英, 马啸华. 土壤重金属污染的危害及修复. 商丘师范学院学报, 2005, 21 (5): 122-125.

[26] 周启星, 宋玉芳, 孙铁珩. 生物修复研究与应用进展. 自然科学进展, 2004, 721-728.

[27] 周启星. 宋玉芳, 等. 污染土壤修复原理与方法. 北京: 科学出版社, 2004.

[28] 安淼，周琪，李晖. 土壤污染生物修复的影响因素. 土壤与环境，2002：397-400.

[29] 陈玲，赵建夫，等. 环境监测. 北京：化学工业出版社，2004.

[30] 陈玉成. 土壤污染的生物修复. 环境科学动态，1997：7-11.

[31] 李章良，等. 土壤污染的生物修复技术研究进展. 生态科学，2003：189-192.

[32] 周启星. 复合污染生态学. 北京：中国环境科学出版社，1995.

[33] 高拯民. 土壤-植物系统污染生态研究. 北京：中国科学技术出版社，1986.

[34] 胡二邦. 环境风险评价使用技术和方法. 北京：中国环境科学出版社，2000.

[35] 陆雍森. 环境评价. 上海：同济大学出版社，1999.

[36] 王俊. 环境影响评价原理与方法. 长春：东北师范大学出版社，1993.

[37] 顾继光，周启星，王新. 土壤重金属污染的治理途径及其研究进展. 应用基础与工程科学学报，2003，11（2）：143-151.

[38] 骆永明. 金属污染土壤的植物修复. 土壤，1999，5：261-26.

[39] 陈世宝，华珞，白铃玉，等. 有机质在土壤重金属污染治理中的应用. 农业环境与发展，1997，14（3）：26-29.

[40] 李学垣. 土壤化学. 北京：高等教育出版社，2001.

[41] 夏立江，王宏康. 土壤污染及其防治. 上海：华东理工大学出版社，2001.

[42] 黄国强，李凌，李鑫钢. 土壤污染的原位修复. 环境科学动态，2000，（3）：25-27，37.

[43] 周启星. 污染土壤就地修复技术研究进展与展望. 污染防治技术，1998，11（4）：207-211.

[44] 周启星，俞觊觎. 垃圾填埋场植物生长及其对堆体稳定效应的研究. 环境污染与防治，1997，19（增）：2-4.

[45] 王慧，马建伟，范向宁，等. 重金属污染土壤的电动原位修复技术研究. 生态环境，2007，16（1）：223-227.

[46] 吴燕玉，周启星. 制定我国土壤环境标注（汞、镉，铅和砷）的探讨. 应用生态学报，1991，2（4）：344-349.

[47] 周启星，宋玉芳. 植物修复的技术内涵及展望. 安全与环境学报，2001，1（3）：48-53.

[48] 陈怀满. 环境土壤学. 地球科学进展，1991，6（2）：49-50.

[49] 林成谷. 土壤学. 北京：农业出版社，1983.

[50] 刘志光，余天仁. 土壤电化学性质的研究. Ⅱ微电极方法在土壤研究中的应用. 土壤学报，1983，11：160-170.

[51] 陈怀满等著. 土壤化学物质的行为与环境质量. 北京：科学出版社，2002.

[52] 李非里，刘丛强，宋照亮. 土壤中重金属形态的化学分析综述. 中国环境监测，2005，25（4）：21-27.

[53] 李彤，吴燕玉，王裕顺，等. 土壤中铜锌锰钴的活性与农业生产的关系. 见：国家环境保护局编. 环境背景值和环境容量研究. 北京：科学出版社，1993：45-52.

[54] 胡枭，范耀波，王敏键. 影响有机污染物在土壤中的迁移、转化行为的因素. 环境科学进展，1998，7（5）：14-22.

[55] 王大为，安黎哲，王勋陵，等. 石油的土壤污染对小麦、荞麦生长的影响. 西北植物学报，1995，15（5）：65-70.

[56] 陈玉成. 污染环境生物修复工程. 北京：化学工业出版社，2003：1-121.

[57] 周群英，高廷耀. 环境工程微生物学. 北京：高等教育出版社，2000：122-130.

[58] 马文漪，杨柳燕. 环境微生物工程. 南京：南京大学出版社，1989：128-131.

[59] 李广贺，张旭，黄巍. 石油污染包气带中降解微生物的分布特性. 环境科学，2000，21（4）：61-64.

[60] 焦振泉，刘秀梅. 16S rRNA 序列同源性分析与细菌分类鉴定. 国外医学卫生学分册，1998，25（1）：12-16

[61] 刘志培，杨惠芳. 微生物分子生态学进展. 应用与环境生物学报，1999，5：43-48.

[62] 黄耀蓉，李登煜，张小平，等. 五氯酚钠污染土壤的微生物活性及优势菌群研究. 西南农业学报，1999，12：39-43.

[63] 罗海峰，齐鸿雁，薛凯，等. PCR-DGGE 技术在农田土壤微生物多样性研究中的应用. 生态学报，2003，23（8）：1570-1575.

[64] 展惠英，姜梅，等. 玉门矿区污染黄土中原油的解吸研究. 安全与环境学报，2003，3（2）：54-57.

[65] 李静，张甲耀，等. 原油在土壤中的吸附和解吸研究，环境科学与技术，1997，79（4）：5-8.

[66] 魏德洲，等. 土壤微生物处理石油污染研究. 环境科学进展，1996，7（3）：110-115.

[67] 丁克强，等. 利用改进的生物反应器研究不同通气条件下土壤中菲的降解. 土壤学报，2004，41（2）：245-251.

[68] 贾建丽，翟宇嘉，房增强，等. VOCs 污染场地修复过程典型环节风险控制. 农业工程，2013，3（5）：55-59.

[69] 环境保护部，国土资源部. 全国土壤污染状况调查公报. 2014.

[70] 张大定，曹云者，汪群慧，等. 土壤理化性质对污染场地环境风险不确定性的影响. 环境科学研究，2012，25（5）：526-532.

[71] 谢云峰，曹云者，张大定，等. 污染场地环境风险的工程控制技术及其应用. 环境工程技术学报，2012：51-59.

[72] 曹云者，李发生. 基于风险的石油烃污染土壤环境管理与标准值确立方法. 农业环境科学学报，2010：1225-1231.

[73] 贾建丽，于妍，薛南冬. 污染场地修复风险评价与控制. 北京：化学工业出版社，2015：111-139.

[74] 冯承莲，赵晓丽，吴丰昌，等. 中国环境基准理论与方法学研究进展及主要科学问题. 生态毒理学报，2015，10（01）：2-17.

[75] 陈世宝，李娜，王萌，等. 利用磷进行铅污染土壤原位修复中需考虑的几个问题. 中国生态农业学报，2010，18（01）：203-209.

[76] 陈世宝，王萌，李杉杉，等. 中国农田土壤重金属污染防治现状与问题思考. 地学前缘，2019，26（6）：35-41.

[77] 王萌，李杉杉，李晓越，等. 我国土壤中铜的污染现状与修复研究进展. 地学前缘，2018，25（5）：305-313.

[78] 王小庆，陈世宝，马义兵，等. 土壤中铜生态阈值的影响因素及其预测模型. 中国环境科学，2014，34（2）：445-451.

[79] 王国庆，林玉锁. 结合《土壤污染防治行动计划》探讨中国土壤环境监管制度与标准值体系建设. 中国环境管理，2016，8（5）：39-43.

[80] 王国庆，骆永明，宋静，等. 土壤环境质量指导值与标准研究Ⅰ. 国际动态及中国的修订考虑. 土壤学报，2005，42（4）：666-673.

[81] 周启星，罗义，祝凌燕. 环境基准值的科学研究与我国环境标准的修订. 农业环境科学学报，2007，26（1）：1-5.

[82] 李燕. 重金属污染土壤微生物修复技术研究进展. 科学时代, 2014 (10): 53-56.

[83] 宋静, 骆永明, 夏家淇. 我国农用地土壤环境基准与标准制定研究. 环境保护科学, 2016, 42 (4): 29-35.

[84] 王小庆, 李菊梅, 韦东普, 等. 土壤中铜和镍的不同毒性阈值间量化关系. 生态毒理学报, 2013, 6: 890-896.

[85] 李敏, 李琴, 赵丽娜, 等. 我国土壤环境保护标准体系优化研究与建议. 环境科学研究, 2016, 29 (12): 1799-1810.

[86] 黄益宗, 郝晓伟, 雷鸣, 等. 重金属污染土壤修复技术及其修复实践. 农业环境科学学报, 2013, 32 (03): 409-417.

[87] Maja Pociecha, Domen Lestan. Using electrocoagulation for metal and chelant separation from washing solution after EDTA leaching of Pb, Zn and Cd contaminated soil. Journal of Hazardous Materials, 2009, 174(1): 670-678

[88] Bünemann, Else K, Bongiorno, et al. Soil quality—A critical review. Soil Biology and Biochemistry, 2018.

[89] Yong Guanzhu, Dong Zhu, et al. Trophic level drives the host microbiome of soil invertebrates at a continental scale. Microbiome, 2021.

[90] Xue X M, Xiong C, Yoshinaga M, et al. The enigma of environmental organoarsenicals. Critical Reviews in Environmental Science and Technology, 2021(27): 1-28.

[91] Nunes M R, Veum K S, Parker P A, et al. The soil health assessment protocol and evaluation applied to soil organic C. Soil Science Society of America Journal, 2021.

[92] Yu Zhenzhen, Liu Enfeng, Lin Qi, et al. Comprehensive assessment of heavy metal pollution and ecological risk in lake sediment by combining total concentration and chemical partitioning. Environmental Pollution, 2021, 269.

[93] Li W, Gu K, Yu Q, et al. Leaching behavior and environmental risk assessment of toxic metals in municipal solid waste incineration fly ash exposed to mature landfill leachate environment. Waste Management, 2020, 120: 68-75.

[94] Lehmann J, Kleber M. The contentious nature of soil organic matter. Nature, 2015, 528(7580): 60.

[95] Xu Zhe, Mi Wenbao, Mi Nan, et al. Comprehensive evaluation of soil quality in a desert steppe influenced by industrial activities in northern China. Scientific Reports, 2021, 11(1): 17493.

[96] Tighe, M., et al. The availability and mobility of arsenic and antimony in an acid sulfate soil pasture system. Science of the Total Environment, 2013, 463-464(2013): 151-160.

[97] Xiaoqing, Wang, Dongpu, et al. Derivation of Soil Ecological Criteria for Copper in Chinese Soils. Plos One, 2015.

[98] Xiaoqing, Wang, Dongpu, et al. Derivation of Soil Ecological Criteria for Copper in Chinese Soils. Plos One, 2015.

[99] Mao X, et al. Use of surfactants for the remediation of contaminated soils: A review. Journal of Hazardous Materials, 2015, 21: 419-435.

[100] Calderon B, A. Fullana. Heavy metal release due to aging effect during zero valent iron nanoparticles

remediation. Water Research, 2015, 15: 1-9.

[101] Bin, et al. Aging effect on the leaching behavior of heavy metals (Cu, Zn, and Cd) in red paddy soil. Environmental Science & Pollution Research, 2015.

[102] Shangguan Y X, et al. Antimony release from contaminated mine soils and its migration in four typical soils using lysimeter experiments. Ecotoxicology & Environmental Safety, 2016, 133: 1-9.

[103] Hou H, et al. Migration and leaching risk of extraneous antimony in three representative soils of China: Lysimeter and batch experiments. Chemosphere, 2013.

[104] Zhang H, L Li, S. Zhou. Kinetic modeling of antimony(V) adsorption-desorption and transport in soils. Chemosphere, 2014, 111: 434-440.

[105] Andrea, et al. Chromium in Agricultural Soils and Crops: A Review. Water, Air, & Soil Pollution, 2017, 228(5): 190.

[106] Tomoyuki Makino, Kazuo Sugahara, Yasuhiro, et al. Sakurai Remediation of cadmium contamination in paddy soils by washing with chemicals: Selection of washing chemicals. Environmental Pollution, 2006, 144(1): 2-10.

[107] Farhad Nadim, George E. Hoag, Shili Liu, et al. Detection and remediation of soil and aquifer systems contaminated with petroleum products: An overview. J. Petrol. Sci. and Eng, 2000, 26: 169-178.

[108] Matthew B. Mesarch, Cindy H. Nakatsu, Loring Nies. Bench-scale and field-scale evaluation of catechol 2, 3-dioxygenase specific primers for monitoring BTX bioremediation. Water Res. 2004, 38: 1281-1288.

[109] M. T. Balba, N. Al-Awadhi, R. Al-Daher. Bioremediation of oil-contaminated soil: Microbiological methods for feasibility assessment and field evaluation. J. Microbio Methods. 1998, 32: 155-164.

[110] Farhad Nadim, George E. Hoag, Shili Liu, Robert J. Carley, et al. Detection and remediation of soil and aquifer systems contaminated with petroleum products: An overview. J. Petrol. Sci. Eng. 2000, 26: 160-178.

[111] Hutchinson T C, Freedman W. Effects of experimental crude oil spills on subarctic boreal forest vegetation near Norman Wells. N. W. , Can. J. Bot. 1978, 56: 2424-2433.

[112] Yothers W W, et al. The effects of oil sprays on the maturity of citrus fruits. Florida State Hort. Soc. Proc. 1992, 42: 193-218.

[113] Jon E. Lindstrom, Ronald P. Barry, Joan F. Braddock. Long-term effects on microbial communities after a subarctic oil spill. Soil Biol. Biochem. 1999, 31: 1677-1689.

[114] Unep. Chemical pollution: A global review. Earthwatch, 2000: 77-91.

[115] G. Mattney Cole. Assessment and remediation of petroleum contaminated sites. Lewis Publishers, 1994: 199-300.

[116] Faisal I. Khan, Tahir Husain, Ramzi Hejazi. An overview and analysis of site remediation technologies. J. Environ. Management. 2004, 71: 95-122.

[117] Michael H. Huesemann. Predictive model for estimating the extent of petroleum hydrocarbon biodegradation in contaminated soils. Envrion. Sci. Technol. 1995, 29: 7-18.

[118] M. T. Balba, N. Al-Awadhi, R. Al-Daher. Bioremediation of oil-contaminated soil: Microbiological methods

for feasibility assessment and field evaluation. J. Microbiol. Met, 1998, 32: 155-164.

[119] Andrew M. Sekelsky, Gina S. Shreve. Kinetic model of biosurfactant-enhanced hexadecane biodegradation by Pseudomonas aeruginosa. Biotechnol. Bioeng, 1999, 63(4): 401-409.

[120] L. G. Whyte, B. Goalen, J. Hawari, et al. Bioremediation treatability assessment of hydrocarbon-contaminated soils from Eureke, Nunavut. Cold Regions Sci. Technol, 2001, 32: 121-132.

[121] G. Li, W. Huang, DN. Lerner, et al. Enrichment of degrading microbes and bioremediation of petrochemical contaminants in polluted soil. Wat. Res, 2000, 34(15): 3845-3853.

[122] Ghtnick D L, Richard P T, Luis A V, et al. Assessment of biodegradation potential of controlling oil spills. NTLS report. N0. AD-759848 National technical information serria, sqringfield, V. A. 1972: 124-167.

[123] Riser-Roberts E. Bioremediation of petroleum contaminated sites RCR press Inc USA, 1992: 70-73.

[124] Jones D M, Paul S, Renee K, et al. The recognition of biodegraded petroleum derived aromatic hydrocarbons in recent marine sediments. Msr Pollut. Bull, 1983, 14: 103-108.

[125] Pinhotty Y, Struwe S, Kjoller K, et al. Microbial changes during oil decomposition in soil. Holarct Ecol, 1979, 2: 195-200.

[126] Atlas R. Petroleum microbiology. New York: Macmillan Publishing Co Inc, 1984.

[127] Torsvik V, Sorheim R, Goksoyr J. Total bacterial diversity in soil and sediment communities: A review. J. Ind. Microbiol. Biotech, 1996, 17: 170-178.

[128] Frank S, Christoph C T. A new approach to utilize PCR single strand conformation polymorphism for 16S rRNA gene based microbial community analysis. Appl. Environ. Microbiol, 1998, 64: 4870-4876.

[129] Gerard Muyzer, Ellen C DE Waal and Andre G Uitterlinden. Profiling of complex microbial populations by denaturing gradient gel electrophoresis analysis of polymerase chain reaction-amplified genes coding for 16S rRNA. Appl. and Environ. Microbiol, 1993, 59: 695-700.

[130] Frank S, Christoph C T. A new approach to utilize PCR single strand conformation polymorphism for 16S rRNA gene based microbial community analysis. Appl. and Environ. Microbiol, 1998, 64: 4870-4876.

[131] Thomas L, Peter F D, Werner L. Use of the T-RFLP technique to assess partial and temporal changes in the bacterial community structure within an agricultural soil planted with transgenic and non-transgenenic potato plants. FEMS Microbiol. Ecol, 2000, 32: 241-247.

[132] Steven D. Siciliano, James J. Germida, Kathy Banks, et al. Changes in microbial community composition and function during a polyaromatic hydrocarbon phytoremediation fiels trial. Appl. and Environ. Microbiol, 2003, 69(1): 483-489.

[133] Bruce F Moffett, Fiona A Nicholson, Nnanna CUwakwe, et al. Zinc contamination decreases thebacterial diversity of agricultural soil. FEMS Microbiol. Ecol, 2003, 43: 13-19.

[134] Ritz K. , Griffiths B. S. Potential application of a community hybridization technique for assessing changes in the population structure of soil microbial communities. Soil Biol. Biochem, 1994, 26: 963-971.

[135] Torsvik V. , Goksoyr J. , Daae F. L. High diversity in DNA of soil bacteria. Appl. Environ. Microbiol, 1990, 56: 782-787.

[136] Torsvik V. , Goksoyr J. , Daae F. L. , et al. Use of DNA analysis to determine the diversity of microbial

communities. Beyond the Biomass, 1994: 39-48.

[137] William G. Weisburh, Susan M. Barns, Dale A. Pelletier, et al. 16S ribosomal DNA amplification for phylogenetic study. J. Bacteriol. , 1991, 173(2): 697-703.

[138] Jurgen Brosius, Margaret L. Palmer, Poindexter J. Kennedy, et al. Complete nucleotide sequence of a 16S ribosomal RNA gene from Escherichia coli. Proc. Natl. Acad. Sci. USA, 1978, 75(10): 4801-4805.

[139] Maidak BL, Olsen GJ, Larsen N. The ribosomal database project. Nucleic Acid Res, 1997, 25: 109-111.

[140] El Fantroussi S, Mahillon J, Naveau H, et al. Introduction of anaerobic dechlorinating bacteria into soil slurry microcosms and nested-PCR monitoring. Appl. Environ. Microbiol. , 1997, 63: 806-811.

[141] Greer Charles, Masson Luke, Comeau Yves, et al. Application of molecular biology techniques for isolating and monitoring pollutant-degrading bacteria. Water Pollut. Res. J. Can, 1993, 28: 275-283.

[142] Chandler D P, Brockman F J. Estimating biodegradative gene numbers at a JP-5 contaminated site using PCR. Appl. Biochem. Biotechnol, 1996, 57: 971-982.

[143] J. Milcic-Terzic, Y. Lopez-Vidal, M. M. Vrvic, et al. Detection of catabolic genes in indigenous microbial consortia isolated from a diesel-contaminated soil. Bioresource Technol, 2001, 78: 47-54.

[144] Fishcer SG, Lerman LS. DNA fragments differing by single base-pair substitutions separated in denaturing gradient gels: Correspondence with melting theory. Proc. Natl. Acad. Sci. USA, 1983, 80: 1579.

[145] Ferris M J, Muyzer G, Ward D M. Comparison of partial 16S rRNA gene sequences obtained from activated sludge bacteria. Appl. Microbiol. Biotechnol, 1997, 48: 73-79.

[146] Antonio Gelsomino, Anneke C. Keijzer-Wolters, Giovanni Cacco, et al. Assessment of bacterial community structure in soil by polymerase chain reaction and denaturing gradient gel electrophoresis. J. Microbiol. Met, 1999, 38: 1-15.

[147] Hologer Heuer, Martin Krsek, Paul Baker, et al. Analysis of actinomycete communities by specific ampli-fication of genes encoding 16S rRNA and gel-electrophoretic separation in denaturing gradients. Appl. Environ. Microbiol, 1997: 3233-3241.

[148] Bernadette M. Duineveld George A. Kowalchuk, Anneke Keijzer, et al. Analysis of bacterial communities in the rhizosphere of chrysanthemum via denaturing gradient gel electrophoresis of PCR-amplified 16S rRNA as well as DNA fragments coding for 16S rRNA. Appl. Environ. Microbiol, 2001, 67(1): 172-178.

[149] Oliver Dilly, Jaap Bloem, An Vos, et al. Bacterial diversity in agricultural soils during litter decomposition. Appl. Environ. Microbiol, 2004, 70(1): 468-474.

[150] Otte Marie Paule, Gagnon Josee, Comeau Yves, et al. Rejean Activation of an indigenous microbial consortium for bioaugmentation of pentachlorophenol/creosote contaminated soils. Appl. Environ. Microbiol, 1994, 40(6): 926-32.

[151] Becaert Valerie, Beaulieu Maude, Gagnon Josee, et al. Development of a Microbial Consortium from a Contaminated Soil That Degrades Pentachlorophenol and Wood-Preserving Oil. Bioreme. J, 2001, 5(3): 183-192.

[152] J. D. van Elsas, G. F. Duarte, A. S. Rosado, et al. Microbiological and molecular biological methods for monitoring microbial inoculants and their effects in the soil environment. J. Microbiol. Met, 1998, 32:

133-154.

[153] L. G. Whyte, B. Goalen, J. Hawari, et al. Bioremediation treatability assessment of hydrocarbon-contaminated soils from Eureka, Nunavut. Cold Regions Sci. Technol, 2001, 32: 121-132.

[154] D. Juck, T. Charles, L. G. Whyte, et al. Polyphasic microbial community analysis of petroleum hydrocarbon-contaminated soils from two northern Canadian. FEMS Microbiol. Ecol, 2000, 33: 241-249.

[155] Theresia K. Ralebitso, Wilfred F. Roling, Martin Braster, et al. 16S rRNA-based characterization of BTX-catabolizing microbial associations isolated from a South African sandy soil. Biodegradation, 2000, 11: 351-357.

[156] Evans, F. F. , et al. Influence of petroleum contamination and biostimulation treatment on the diversity of *Pseudomonas* spp. in soil microcosms as evaluated by 16S rRNA based-PCR and DGGE. Lett. Appl. Microbiol, 2004, 38(2): 93-98.

[157] Jim A. Field, Harold Feiken, Annemarie. Application of a white-rot fungus to biodegrade benzopyrene in soil. Bio-augmentation for Site Remediation. Battelle Press, 1995: 165-171

[158] Fredrickson J K. Ins situ and on situ bioremediation. Environ. Sci. Technol, 1993, 27(9): 1711-1716.

[159] Dibble J T, Bartha R. Effect of environmental parameters on the biodegration of oil sludge. Appl. Environ. Microbial, 1979, (37): 729-739.

[160] Brinkmann Dirk, Roehrs Joachim, Schuegerl Karl. Bioremediation of diesel fuel contaminated soil in a rotaing bioreactor Part I: Influence of oxygen saturation. Chem. Engi. Technol, 1998, 21(2): 168-172.

[161] Chang ZZ, Weaver RW. Nitrification and utilization of ammonium and nitrate during oil bioremediation at different soil water potentials. J Soil Contam, 1997, 6(2): 149-160.

[162] Duncan K, Jennings E, Hettenbach S. Nitrogen cycling and nitric oxide emissions in oil impacted prairie soil. Bioremediation, 1998, 11(3): 195-208.

[163] Judith G. Godbout, Yves Comeau, Charles W. Greer. Soil characters effects on introduced bacterial survival and activity. Bioaugmentation for Site Remediation, Battelle Press, 1995: 115-120.

[164] Morasch B Annweiler E and Warthmann R J et al. The use of a solid adsorber resin for enrichment of bacteria with toxic substrates and to identify metabolites: degradation of naphthalene, *o*-, and *m*-xylene by sulfate-reducing bacteria. J. Microbiol. Met, 2001, 44(2): 183-191.

[165] Anne Cornish Frazer, Peter W. Coschigano, and Lily Y. Yong. Toluene metabolism under anaerobic conditions: a review. Anaerobe, 1995, 1: 293-303.

[166] Frédéric Baud-Grasset and Timothy M. Vogel. Bioaugmentation: Biotreatment of contaminated soil by adding adapted bacteria. In: Ribert E. Hinchee, Jim Fredrickson, Bruce C. Alleman. Bioaugmentation for site remediation. Columbus: Battelle Press, 1996: 38-48.

[167] Marc Berthelet, Lyle G. Whyte, Charles W. Greer. Rapid, direct extraction of DNA from soils for PCR analysis using polyvinylpolypyrrolidone spins columns. FEMs Microbio. Lett, 1996, 138: 17-22.

[168] JiZhong Zhou, Mary Ellen Davey, Jordi B. Figueras, et al. Phylogenetic diversity of a bacterial community determined from Siberian tundra soil DNA. Microbiology, 1997, 143: 3913-3919.

[169] Rölleke, S. , Muyzer, G. , Wawer, C. , Wanner, G. and Lubitz, W. Identification of bacteria in a

biodegraded wall painting by denaturing gradient gel electrophoresis of PCR-amplified gene fragments coding for 16S rRNA. Appl. Environ. Microbiol, 1996, 62: 2059-2065.

[170] Lee S. , Malone, C. and Kemp, P. F. Use of multiple 16S rRNA-targeted fluorescent probes to increase signal strength and measure cellular RNA from natural planktonic bacteria. Mar. Ecol. Prog. Ser, 1993, 101: 193-201.

[171] Allison E. McCaig, L. Anne Glover, and James I. Prosser. Numerical analysis of grassland bacterial community structure under different land management regimens by using 16S ribosomal DNA sequence data and denaturing gradient gel eletrophoresis banding patterns. Appl. Environ. Microbiol, 2001, 67(10): 4554-4559.

[172] David M. Stamper, Marianne Walch, and Rachel N. Jacobs. Bacterial population changes in a membrane bioreactor for graywater treatment monitored by denaturing gradient gel electrophortic analysis of 16S rRNA gene fragments. Appl. Environ. Microbiol, 2003, 69(2): 852-860.

[173] Hiroyuki Sekiguchi, Masataka Watanabe, Tadaatsu Nakahara, et al. Succession of bacterial community structure along the Changjiang river determined by denaturing gradient gel electrophoresis and clone library analysis. Appl. Environ. Microbiol, 2002, 68(10): 5142-5150.

[174] Wilfred F. M. Ro"ling, Michael G. Milner, D. Martin Jones, et al. Bacterial community dynamics and hydrocarbon degradation during a field-scale evaluation of bioremediation on a contaminated with buried oil mudflat beach. Appl. Environ. Microbiol. 2004, 70(5): 2603-2613.

[175] Daniel Pope. Natural attenuation of soils. In: United States Environmental Protection Agency. Bioremediation of hazardous waste sites: practical approaches to implementation(EPA/625/K-96/001). Washing-ton: USEPA, 1996. 16-5~16-13.

[176] Carl L Potter. Biopile treatment of soils contaminated with hazardous waste. In: United States Environ-mental Protection Agency. Bioremediation of hazardous waste sites: practical approaches to implementa-tion(EPA/625/K-96/001). Washington: USEPA, 1996. 10-1~10-5.

[177] Ronald C Sims. Background information for bioremediation applications. In: United States Environmental Protection Agency. Bioremediation of hazardous waste sites: practical approaches to implementation (EPA/625/K-96/001). Washington: USEPA, 1996. 1-3~1-13.

[178] Ryan D. Wilson, Douglas M. Machay, and John A. Cherry. Arrays of unpumped wells for plume migration control bu semi-passive in situ remediation. Ground Water Monitoring and Remediation, 1997, Summer: 185-193.

[179] B. K. Gogoi, N. N. Dutta, P. Goswami, et al. A case study of bioremediation of petroleum-hydrocarbon contaminated soil at a crude oil spill site. Adv. Environ. Res, 2003, 7: 767-782.

[180] Byung-Hoon Cho, Hiroyuki Chino, Hirokazu Tsuji, et al. Laboratory-scale bioremediation of oil-contami-nated soil of Kuwait with soil amendment materials. Chemosphere, 1997, 35(7): 1599-1611.

[181] A. M. Vassallo. Study of the oxidation of oil shale and kerogen by Fourier transform infrared emission spectroscopy. Energy Fuels, 1998, 12(4): 682-688.

[182] Ronald Flewis. Site demonstration of sulrry phased biodegradation of PAH contaminated soil. Air & Waste, 1993, 43: 503-508.

[183] B. K. Gogoi, N. N. Dutta, P. Goswami, et al. A case study of bioremediation of petroleum-hydrocarbon contaminated soil at a crude oil spill site. Adv. Environ. Res, 2003, 7: 767-782.

[184] Byung-Hoon Cho, Hiroyuki Chino, Hirokazu Tsuji, et al. Laboratory-scale bioremediation of oil-contaminated soil of Kuwaiti with soil amendment materials. Chemosphere, 1997, 35(7): 1599-1611.

[185] Barathi S, Vasudevan N. Utilization of petroleum dydrocarbon by Pseudomonas fluorescens isolated from a petroleum-contaminated soil. Environ. Int, 2001. 26: 413-416.

[186] Patrick Höhener, Daniel Hunkeler, Annatina Hess, et al. Methodology for the evaluation of engineered in situ bioremediation: lessons from a case study. J. Microbiol. Met, 1998, 32: 179-192.

[187] Whyte L G, Goalen B, J. Hawari, et al. Bioremediation treatability assessment of hydrocarbon-contaminated soils from Eureke, Nunavut. Cold Regions Sci. Technol, 2001, 32: 121-132.

[188] Davies J S and Westlake D W S. Crude oil utilization by fungi. Can. J. Microbiol, 1979, 25: 146-156.

[189] Vasudevan N, Rajaram P. Bioremediation of oil sludge-contaminated soil. Environ. Int, 2001, 26: 409-411.

[190] Ronald M Atlas. Petroleum biodegradation and oil spill bioremediation. Marine Pollut. Bull, 1995, 31: 178-182.

[191] Z. Y. Wang, D. M. Gao, F. M. Li, J. Zhao, Y. Z. Xin, S. Simkins, and B. S. Xing. Petroleum hydrocarbon degradation potential of soil bacteria native to the Yellow River Delta. Pedosphere, 2008(18): 707-716.

[192] K. Scherr, H. Aichberger, R. Braun, and A. P. Loibner, Influence of soil fractions on microbial degradation behavior of mineral hydrocarbons. Eur. J. Soil Biol, 2007(43): 341-350.

[193] Soren Dyreborg, Erik Arvin, Kim Broholm. Biodegradation of creosote compounds coupled with toxicity studies. Microbial Processes for bioremediation, Battelle Press, 1995: 213-221.

[194] C. O. Obuekwe and S. S. Al-Zarban. Bioremediation of crude oil polluted in the Kuwaiti desert: The role of adherent microorganism. Environ. Int, 1998, 24: 823-834.

[195] Wu X, Fan Z, Zhu X, et al. Exposures to volatile organic compounds(Vocs)and associated health risks of socio-economically disadvantaged population in a"hot Spot"in Camden, New Jersey. Atmos-pheric Environment, 2012, 57: 72-79.

[196] Ádám B, MolnárÁ, Ádány R, et al. Assessment of Health Risks of Policies. Environmental Impact Assessment Review, 2014, 48.

[197] Jianli Jia, Hanbing Li, Shuang Zong, et al. Magnet bioreporter device for ecological toxicity assessment onheavy metal contamination of coal cinder sites. Sensors and Actuators: B, 2016, 222: 290-299.

[198] Jianli Jia, Xiaojun Li, Shuang Zong, Yang Wei, Zhao Niu, Guanghe Li. Ecological impacts of pH, water and oil on microbial communities in crude oil contaminated soils from five oil-fields in China. Fresenius Environmental Bulletin, 2015, 24, 8: 2470-2476.

[199] Jianli Jia, Xiaojun Li, Peijing Wu, Ying Liu, Chunyu Han, Lina Zhou, Liu Yang. Human health risk assessment and safety threshold of harmful trace elements in the soil environment of the Wulantuga opencast coal mine. Minerals, 2015, 5: 837-848.

[200] Chung M K, Hu R, Cheung K C, et al. Pollutants in Hong Kong soils: Polycyclic aromatic hydrocarbons. Chemosphere, 2007, 67(3): 464-473.

[201] Jiang Lin, Zhong Maosheng, Xia Tiaxiang, et al. Health risk assessment based on benzene concentration detected in soil gas. Research of Environmental Sciences, 2012, 25(6): 717-723.